# 食品安全检测技术研究

宋叶潇 刘晓鹏 李宇辉 著

IC 吉林科学技术出版社

**图书在版编目（ＣＩＰ）数据**

食品安全检测技术研究 / 宋叶潇，刘晓鹏，李宇辉
著. -- 长春：吉林科学技术出版社，2022.9
ISBN 978-7-5578-9824-3

Ⅰ．①食… Ⅱ．①宋… ②刘… ③李… Ⅲ．①食品安
全－食品检验－研究 Ⅳ．①TS207.3

中国版本图书馆 CIP 数据核字 (2022) 第 201913 号

# 食品安全检测技术研究

| | |
|---|---|
| 著 | 宋叶潇　刘晓鹏　李宇辉 |
| 出 版 人 | 宛　霞 |
| 责任编辑 | 周振新 |
| 封面设计 | 南昌德昭文化传媒有限公司 |
| 制　　版 | 南昌德昭文化传媒有限公司 |
| 幅面尺寸 | 185mm×260mm |
| 字　　数 | 240 千字 |
| 印　　张 | 19 |
| 印　　数 | 1–1500 册 |
| 版　　次 | 2022年9月第1版 |
| 印　　次 | 2023年4月第1次印刷 |

| | |
|---|---|
| 出　　版 | 吉林科学技术出版社 |
| 发　　行 | 吉林科学技术出版社 |
| 地　　址 | 长春市福祉大路5788号 |
| 邮　　编 | 130118 |
| 发行部电话/传真 | 0431-81629529 81629530 81629531 |
| | 81629532 81629533 81629534 |
| 储运部电话 | 0431-86059116 |
| 编辑部电话 | 0431-81629518 |
| 印　　刷 | 三河市嵩川印刷有限公司 |

| | |
|---|---|
| 书　　号 | ISBN 978-7-5578-9824-3 |
| 定　　价 | 120.00元 |

# 《食品安全检测技术研究》
# 编审会

# 前言 PREFACE

随着人类社会的发展和生活水平的提高，消费者对食品的要求更高，食品除营养丰富、美味可口外，还要安全、卫生。食品是人类最基本的生活物资，是维持人类生命和身体健康不可缺少的能量源和营养源。食品安全为关系到人民健康和国计民生的重大问题。食品的原料生产，初加工，深加工、运输、储藏、销售、消费等环节都存在着许多不安全卫生因素，比如，工业"三废"可污染土壤、水、大气；一些食品原料本身可能存在有害的成分（如马铃薯中的龙葵素、大豆中胰蛋白酶抑制物）；农作物生产过程中由于使用农药，产生农药残留问题（如有机氯农药、有机磷农药）；食品在不适当的贮藏条件下，可由于微生物的繁殖而产生微生物毒素（如霉菌毒素、细菌毒素等）的污染；食品也会由于加工处理而产生一些有害的化学物质（如多环芳烃、亚硝胺）等。

食品质量安全检测技术发展至今，已成为全面推进食品生产企业进步的重要组成部分。它突出地体现在通过提高食品质量和全过程验证活动，并与食品生产企业各项管理活动相协同，从而有力地保证了食品质量的稳步提高，不断满足社会日益发展和人们对物质生活水平提高的需求。为保证食品的安全，保护人们身体健康免受损害、快捷、高效、准确的检测技术手段必不可少。食品质量安全检测技术发展至今，已成为全面推进食品生产企业进步的重要组成部分。它对食品质量的稳步提高具有重要意义。

基于此本书对食品分析及安全检测关键技术进行了研究，首先对食品采样与样品处理的基础操作进行了论述，然后重点对食品的一般成分、添加剂检测技术、食品中内源毒素和药物残留的检测等技术进行了重点分析，最后对食品安全及检测新技术进行了阐述。本书可为食品检测和食品安全管理的人员提供参考。在本书的撰写过程中，参阅、借鉴和引用了国内外许多同行的观点和成果。各位同仁的研究奠定了本书的学术基础，对食品安全检测技术研究的展开提供了理论基础，在此一并感谢。此外，受水平和时间所限，书中难免有疏漏和不当之处，敬请读者批评指正。

# 目录 CONTENTS

# 第一章　样品采集及数据处理

## 第一节　样品的采集与保存

### 一、样品采集与保存的重要性和要求

采样，也称抽样，是从某原料或者产品的总体（通常指一个货批）中抽取样品的过程。有时，采样是指从怀疑发生污染、有毒和掺假的原料和产品中抽取样品的过程。采样是分析检验中最基础的工作。正确的采样方法、合理的保存和及时送检是保证食品质量与安全检验质量的前提。

参照 GB/T5009.1《食品卫生检验方法理化部分总则》，样品的采集及保存要求如下：

### （一）代表性

采样对象整体数量往往很大，各个体间的物理、化学、生物等性质存在细微差别，个别个体可能与其他差别很大。采样量相比之下则很小，只有采得代表性强样品，才可在源头保证分析结果的代表性。

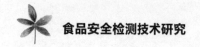

## （二）科学性

由于食品多种多样、均匀性差、货批量大，采样方法和采样量对采样结果影响很大。因此，必须科学制订和严格遵守采样程序和方法，保证分析结果的科学性。

## （三）真实性

有些样品在采样、运输和保存中易受外界因素影响而变质。因此，必须严格保护样品以减少外界因素对样品原始特性的改变，否则最后的分析结果将难以反映样品的真实特性。对于特别易变化的样品，应强调即时采样，即时分析。当采集的样品要用于微生物检验时，采样必须符合无菌操作的要求，一件用具只能用于一个样品，且保存和运送过程中应保证样品中微生物的状态不发生变化。此外，样品不得跨货批混采或替代，也不得从破损或泄漏的包装中采集（它们直接属不合格品）。

## （四）典型性

在食品安全监测中，对于怀疑被污染的原料、产品和商品，应采集接近污染源和易受污染的典型样品；对于发生中毒或怀疑有毒的原料、产品与商品，应采集中毒者有关的典型样品（如呕吐物、排泄物、剩余食物和未洗刷餐具等）；对于发生掺假或怀疑掺假的原料、产品和商品，应按可能的线索提示，采集有可能揭露掺假的典型样品。

## （五）操作规范

采样方式多样、采样过程长、操作步骤多，食品分析中采样带来的误差，往往大于后续测定带来的误差。因此，根据样品特点科学制订和严格执行规范化的采样操作和记录是保证采样精确性和可信度的关键因素。

## （六）均匀性

贮器内液体和半固态流体在采样前先要充分混匀。仓储或袋装的固态粉粒样品需分别依据规定方法均匀地从不同部位采样，充分混匀后再取样。肉类、水产等食品应按分析项目的要求分别采取不同部位的样品或混合后采样。

## （七）清楚标记，严防混淆

一个样品盛具只能用于一个样品，每个样品都须有唯一性标志，且标签上应标记有与该样品有关的尽可能详尽的资料。

## （八）注重保质

不论什么样品，采后都必须尽快检测，检测前的储运方法应保证样品不发生变质和污染。除了易变质的样品可以按照特殊规定检验后不保留外，一般样品检验后仍需保留一定时间（常为 1 个月）有待复查。因此，保留方法应尽量保证样品不发生变质和污染。

# 二、样品采集与保存的注意事项

由于食品样品的状态不同，其处理程序也不同。有的样品是冷冻的，有的则是盐渍的，有的是干燥的，有的是新鲜的。不同状态的样品，在进行检测之前，都要进行处理。我们在处理过程中，都要严格按规定的检测规程操作，不能随意更改处理程序，或是省略某项处理程序，抑或是随意颠倒处理流程，或是根据自己的检测工作经验进行操作，这些不规范的操作都将影响着检测结果。因此，样品处理工作是一项很系统和严谨的工作，准备工作可能涉及多个人或多个设备，分析人员操作的因素、设备操作的差异，这些都将影响着样品处理结果。如果处理不当，还可能带来极大的污染样品的风险，这将直接导致产品检测结果不准确。以下几点在样品采集和保存过程尤其需要注意：

## （一）注意酶活力的影响

在制备样品时尽量不要激活任何种类的酶活力，否则一些成分会发生酶促变化而改变。对于可能存在酶活力的样品，要采用冷冻、低温及快速处理。

## （二）防止脂质的氧化

食品中的脂肪易发生氧化，光照、高温、氧气或过氧化剂都能增加被氧化的概率。因此通常将这种含有高不饱和脂肪酸的样品保存在氮气或惰性气体中，并且低温存放于暗室或深色瓶子里，在不影响分析结果的前提下可加入抗氧化剂减缓氧化速度。

## （三）注意微生物的生长和交叉污染

如果食品中存在活的微生物，在不加控制的条件下极易改变样品的成分。冷冻、烘干、热处理和添加化学防腐剂是常常用于控制食品中微生物的技术。对于这类食品要尽可能地快速完成样品的制备。

## （四）注意处理过程中对重金属含量的影响

在检测食品中的有害重金属含量时，对于需要粉碎的样品，要避免粉碎设备带来的重金属污染。最常见的污染是 Fe 或者 Cr。

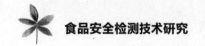

## （五）防止食品形态改变对样品的影响

食品形态的改变也会对样品的分析有影响，比如，由于蒸发或者浓缩，水分可能有所损失；脂肪或冰的融化或水的结晶，可能使食品结构属性发生变化，进而影响某些成分结构。通过控制温度和外力可以将形态变化控制到最小程度。

综上所述，食品的取样、制样技术对于食品的质量与安全检测非常重要。生产企业应建立一套完善的取制样流程和技术，以便及时提供正确的分析报告，保障食品的质量与安全；对于质量监督部门而言，不仅需要科学的检测方法，还要注意样品采集与保存技术，这是检测的重要步骤。

# 三、样品采集的基本术语、基本程序和抽样方案

## （一）基本术语

### 1. 货批和检验批

同一货批指相同品名、相同物品、相同来源、相同包装、甚至相同生产批次的物品构成的货物群体。商检时常常将大货批分成几个检验批，小的货批往往属于一个检验批。检验批的货物件数有规定（称为批量），一个检验批中应当采集的原始样品件数往往也有规定，但这些规定中包含着必要的灵活性。

### 2. 检样

由组批或货批中所抽取的样品称为检样。一批产品抽取检样的多少，按该产品标准中检验规则所规定的抽样方法和样本量执行。如若计量单位相同，一个检验批称为总体，检样之和称为样本，检样此时就等同样本单元。

### 3. 原始样品

指按采样规则、采样方案和操作要求，从待测原料、产品或商品一个检验批的各个部位采集的检样保持其原有状态时的样品。不同食品、不同检验类别的一个检验批应采集的样本量和原始样品量常有规定，采样时应遵守。即使货批很小，原始样品的最低总量一般也不得少于 1 kg（固体）或 4L（液体）。

### 4. 平均样品

将原始样品按一定的均匀缩分法分出的作为全部检验用的样品。平均样品量应不少于试验样品量的 4 倍，通常，它的总量不得少于 0.5 kg（固体）或 2L（液体）。

### 5. 试验样品

由平均样品分出用于立即进行的全部项目检验用的样品。它的量不应当少于全部检验项目需用量（设计各项目检验需用量时要考虑全部平行试验）。

### 6. 复检样品

由平均样品分出用于复检用的样品。它的量与试验样品量相等。

### 7. 保留样品

由平均样品分出用于在一定时间内保留，以备再次检验用的样品。它的量与试验样品量相等。

### 8. 缩分

指按一定的方法，不改变样品的代表性而缩小样品量的操作。一般在将原始样品转化为平均样品时使用。

原始样品的缩分方法依样品种类和特点而不同。颗粒状样品可采用四分法。即将样品混匀后堆成一圆堆，从正中画十字将其四等分，将对角的两份取出后，重新混匀堆成堆，再从正中画十字将其四等分，将对角的两份取出混匀，这样继续缩分到平均样品的需要量为止。

液体样品的缩分只要将原始样品搅匀或摇匀，直接按平均样品的需要量倒取或者吸取平均样品即可。易挥发液体，应始终装在加盖容器内，缩分时可用虹吸法转移液体。

不均匀的大个体生鲜原始样品（例如水果）的缩分比较难。应先将原始样品按个体大小分类，然后将尺寸同类的样品分别缩分，最后把各类缩分样再混合，构成平均样品或直接构成试验、复检和保留样品。这类样品在转变为分析试样时，还得再次缩分，因为只有这时候才能将样品个体破碎。

### 9. 生产线样品

生产线样品一般是指原材料，原料生产用水、包装材料或其他任何使用在生产线的材料。生产线样品的采集一般用来确定细菌污染源是否来自原材料或者加工工序中的某些地方。

### 10. 环境样品

一般主要指从车间的地面、墙壁和天花板等处取得的样品，这些样品可用于分析生产环境有无可污染食品的污物和致病微生物。

### 11. 简单随机抽样

指按照随机原则，从大批物料中抽取部分样品。操作时，应使所有物料的各个部分都有均等的被抽到的机会。随机取样可以避免人为倾向，但是对不均匀样品，仅用随机抽样法是不够的，必须结合代表性取样，从有代表性的各个部分分别取样，才能保证样品的代表性。

### 12. 代表性抽样

指用概率抽样方法中的非简单随机抽样法进行采样，即根据样品随空间（位置）、时间变化的规律，将样品总体的元素单位按一定规律划分后，采集能代表各划分部分相应组成和质量的样品，然后再均匀混合的采样方法。比如，可对储器中的物料均匀分层取得检样、可随生产流动过程在某工序定时取得检样、可按产品生产组批从每批中均匀取几个检样、可按生产日期定期抽取几个检样，可以按货架商品的架位分布序号抽取检样等，然后把各检样均匀混合形成原始样品。

## （二）基本程序

采样的基本程序如图 1-1 所示。

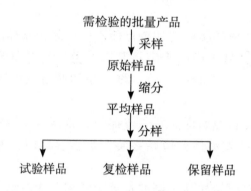

图 1-1　采样的基本程序

原始样品应由采样负责人（或由货主和检验单位委托的具有专业资格的采样人）按规定的采样程序和方法前往货批现场采集，由货主自己送达检验单位的受检样品不等同检样和原始样品，这种样品的检验结果在法律上不能作为货批的检验结果。采样工作的大部分时间和工作量多花在检样和原始样品的采集中。为减少运输负担，有些缩分工作可在采得原始样品之后，立即在货批所在地进行，但是通常是将原始样品带回检验单位后，在制备样品的过程中再缩分为平均样品。将平均样品分为试验样品、复检样品和保留样品的工作应当是在样品送回到分析单位后尽快进行。一旦获得试验样品，应当立即开始检验，同时进行复检样品和保留样品的保存工作。如果实际情况不允许立即对试验样品进行检验，这种样品也需按一定方法保留，不能使之变质。

## （三）抽样方案

在多数情况下，科学性的抽样应当是指统计学抽样（或者称为概率抽样），它是从一批产品中随机抽取少量产品（样本）进行检验，并根据检验结果来推断整批产品的质量。GB/T 2828.1—2012《计数抽样检验程序》和 GB/T 6378.4—2008《计量抽样检验程序》规定了按统计学抽样方案进行检验的程序。抽样方案指检验所使用的样本量和有关批接收准则的组合。样本量由检验水平决定，检验水平指抽取的样本量和批样本总量之比，通常分为Ⅰ、Ⅱ、Ⅲ个水平。接收准则和接收质量限（AQL）

有关，AQL 是指当一个连续系列批提交验收抽样时，预先制定的可允许的最差过程质量水平（质量水平指不合格百分数或每百单位产品的不合格数）。抽样检验又分为计数抽样检验和计量抽样检验，前者是根据产品质量特性规定和对抽取样本检验的结果（不合格品所占比例）估计批产品中不合格品数的抽样检验；后者则是根据单位产品质量特性的规定和对抽取样本该特性的测量值，从统计学上判定该批产品生产过程是否合格的检验。

### 1. 计数抽样检验抽样方案

GB/T2828.1—2012《计数抽样检验程序 第一部分 按接收质量限（AQL）检索的逐批检验抽样计划》里提供了计数抽样检验的抽样方案。使用该标准时，只需根据批样品总量和规定的检验水平（正常、加严和放宽）查出一个字母（称为样本量字码，英文字母 A ~ R），然后，根据规定的 AQL 和该字码，就可查出需要抽取的样本量和该样本里检出几个不合格品时就应接收或不收该批产品的抽样方案。

例如，批量为 20000 个的一批产品，如采用一般检验水平，则样本量字码为 M，如规定接收质量限为 1，则通过查表可得：最小样本量为 13 个，其中只要检出一个不合格品，就应不接收整个货批。

### 2. 计量抽样检验抽样方案

GB/T6378.1—2008《计量抽样检验抽样程序 第一部分 按接收质量限（AQL）检索的对单一质量特征和单个 AQL 的逐批检验抽样计划》与 GB/T2828.1—2012 互成一体，但也有许多不同，GB/T 6378 是计量型，GB/T 2828 是计数型。例如，计量抽样检验的样本量比计数抽样检验的小，并能获得产品质量更精确的信息，但计量抽样检验程序相对更复杂，要求产品的质量特征服从正态分布（计数抽样检验无此要求），方案的某些方面也更难理解，此外如果要对产品的两个以上的质量特征进行测定，就更难实施。该标准使用时也要用到 AQL 和由批总量和检验水平决定的样本量字码，用它们可查表得出应抽取的样本量 $n$ 和接收常数 $k$。但通过接收常数和测定结果不能直接判定应接收或不收该批产品的结论，需要先根据测定结果计算统计量 $Q_v$ 或 $Q_L$，然后根据该统计量和 $k$ 的比较结果才能判定应接收或者不收该批产品。

统计量 $Q_U$ 和 $Q_L$ 分别称为上质量统计量和下质量统计量，在样本总的标准差已知时需要计算 $Q_U$，并用它和 $k$ 的比较结果判定应接收或不收该批产品，在样本总的标准差未知时需要计算 $Q_L$，并用它和 $k$ 的比较结果判定应接收或不收该批产品。$Q_u$ 和 $Q_L$ 的计算式分别如下：

$$Q_v = (\bar{x} - U)/S \qquad\qquad (1-1)$$
$$Q_L = (\bar{x} - L)/S \qquad\qquad (1-2)$$

式中 $Q_U$——上质量统计量；

$Q_L$——下质量统计量；

$\bar{x}$——$n$ 个抽取样品的规定的受测质量特征的测量平均值；

$S$——测量的标准差；

$U$——上规范限，它指对单位产品规定的合格上界规范限（规范限指对产品质量规定的合格界限值）；

$L$——下规范限，它指对单位产品规定的合格下界规范限。

在单侧规范限检验的情形下，计算出 $Q_v$ 或 $Q_L$ 之后，就可直接将它们与 $k$ 相比，如果它们 $..k$，就应该接收该批产品，如果它们 $< k$，就应该不接收该批产品。

在联合双侧规范限检验的情形下，计算出 $Q_u$ 或 $Q_L$ 之后，将它们乘以 $\sqrt{3}/2$（$\approx 0.866$）并查表确定超出上、下规范限过程不合格产品率的估计值瓦和瓦，最后将它们之和万与查表所得的最大容许量 $p^*$ 比较，如果 $\bar{p}_{,,}p^*$，就应当接收该批产品，如果 $\bar{p} > p^*$，就应该不接收该批产品。

例如，某农产品被包装成大包，每包记为 1 件，法规规定该产品的某农药最大残留量为 $60.0\mu g/100g$，被检货批为 100 件，采用一般检验水平（即检验水平为 Ⅱ），并规定 AQL 为 2.5%，试采用 GB/T 6378.1—2008 确定采样方案。

根据总货批量为 100，检验水平为 Ⅱ，可查 GB/T 6378.1–2008 附表得样本量字码为 F，再根据样本量字码为 F 和 AQL 为 2.5%，可以查表得样本量 n=13，接收常数为 1.405。

于是，随机从总的 100 件中抽取 13 件，按采样方法从每件中取得原始样品，分别转换成 13 个检验样品，进行检测后，就能得出 13 个关于该产品的这种农药残留的含量。

假如 13 个检测结果的平均值为 $51.00\mu g/100g$，标准差为 $3.000\mu g/100g$ 则：

$$Q_U = (U - \bar{x})/S = (60.0 - 51.00)/3.000 = 3.0$$

由于，$Q_U > k$，所以该农产品应被接收。

## 四、样品的采集方法

样品采集方法要求既满足采样要求，又尽量达到快速、准确、成本低和配合实务。食品检验样品的具体采集方法是概率抽样的具体体现，常见的是简单随机抽样和代表性抽样及它们的配合。未有特殊缘由或特殊授权，不能采用任何非概率抽样法。

概率抽样法抽取的样本是按照样本个体在样本总体中出现的概率随机抽出的。它的优点是：样本具有代表性，而且可根据具体抽样方法的设计和统计学方法估计采样的精确度。

概率抽样又可分为简单随机抽样、分层随机抽样、系统抽样、集群抽样、两段集群抽样等。简单随机抽样指不对样本总体的任何个体加以区分，每一个体都有相同的概率被抽中。分层随机抽样是指先将样本总体的个体按空间位置或时间段等特性分成不重叠的组群（称为"层"），然后从它们中各随机抽取若干个体，混合均匀即为样本。系统抽样指将样本总体的每一个体按一定顺序编号，然后每隔一定编号间隔系统地抽取一个个体，合起来即为样本。集群抽样是将样本总体中相邻近的个体划分为一个集体，形成一系列集体后，再以集体为单位，简单随机从这些中集体选取几个单位，合起来即为样本。两段集群抽样是先按集群抽样抽取几个集体，然后再从这些抽出的集体中分别简单随机抽出部分基本个体，然后混合。

非概率抽样法抽取的样本不按均等概率出现在样本总体中。比如，只取方便可取的样品个体的方法称为便利抽样；研究人员凭其经验和专业知识，主观地抽取他认为有代表性的样本的方法称为判断抽样；先根据研究人员认为较重要的控制变项把样本总体分类，然后在各类中按定额数量抽选样本的方法称为配额抽样。这些非概率抽样法缺乏代表性，也无法计算抽样误差，因此一般不能在食品质量与安全检测中采用。个别情况下使用的一个例子，如检验者已有一定根据怀疑某一农产品的某个局部的个体是引起某一食物中毒事故的毒源所在，为检验它是否果真有毒，就可只对这一局部的个体采样。

对于不同类型的食品或农产品，具体的采样方法常常已建立。其中都包含了概率取样方法的原理并考虑了不同样品的特点和把采样误差限制在允许的范围内。简单概述如下。

## （一）液体样品的采集

### 1. 散装批量样品的采集

在批量产品的每一大储存容器中，于不同深度、不同部位，分别采集每份 0.1 ~ 0.2L 的五份独立检样，将它们充分混合成 0.5 ~ 1L 的混合样品，就是该储存容器的原始样品。如若检验项目规定的检验批量等于几个储存容器内的物量，可将同批量不同储存容器采得的样品再混合，从中取 1 ~ 2L 作为一个检验批的原始样品。如果检验项目规定的检验批量小于或等于一储存容器内的物量，就以各储存容器采得的样品作为每个检验批的原始样品。如哪一储存容器中采出的样品感官测定异常时，应直接判定不合格或单独标记留样。

### 2. 包装样品的采集

对于铁桶、塑料桶、磁缸、木桶等大包装液体样品，如果未规定检验批量，可从一货批中随机均匀抽取数个（数量一般为一货批总包装件数的 5% 左右）包装。如果检验方案已定（即货批、检验水平、样本量都已定）应按一检验批规定的抽取件数随机均匀抽取一定包装个数。然后用采样器在每一抽取的包装内上、中、下部分别吸取 0.1 ~ 0.2L 样品，如果感官测定无特殊异常，将各包装抽取的样品分别充分混合，从中再取够制备平均样品的混合样品作为原始样品。如果一包装采得的样感官测定异常，应直接判定不合格并单独留样。

对于内部包装为盒、瓶、罐等，外部包装为纸箱、塑料箱等液体样品，通常抽样方案都规定了检验批和相应的采样量，应遵照规定随机均匀抽取相应的箱数，再按规定从每箱中随机抽出相应的小包装件数，将各箱抽取的小包装分别合并，即为一检验批的原始样品。如果没有规定检验批，一般可随机均匀抽取 $\sqrt{\frac{x}{2}}$（$x$ 为该货批的总

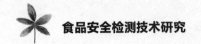 

箱数），然后从抽出的每箱中随机抽出规定个小包装，分别合并成样本的原始样品。

小包装食品样品在进行检验前，尽可能取原包装＋，不要开封，以防污染。

## （二）固体样品的采集

### 1. 散装批量样品的采集

对于装在若干个储存容器内的散装批量颗粒或粉末产品，如果检验方案规定的检验样本量等于几个储存器中的物品，则在随机抽取的每一储存器的不同深度、不同部位，分别采取每份 0.1 ~ 0.2 kg 的 5 ~ 10 份样品，然后把各储存器抽出样品分别充分混合成 0.5 ~ 2.0 kg 的样品，作为样本各单元的原始样品。如哪一储存容器中采出的样品感官测定异常时，应直接判定不合格或单独留样。如果检验项目规定的检验批量小于或等于一储存容器内的物量，就只在实际储存货物的容器中随机采得样品并混合，作为该检验批的原始样品。

### 2. 包装样品的采集

对于内部包装为盒、袋、包等，外部包装为纸箱、塑料箱等的固体样品，抽样方案通常都规定了检验批量和相应的抽样量，应当遵照规定随机均匀抽取相应的箱数，再按规定从每箱中随机抽出相应的小包装件数，分别合并为一检验批的原始样品。如果没有规定检验批，一般可随机均匀抽取 $\sqrt{\frac{x}{2}}$ 箱（$x$ 为该货批的总箱数），然后从抽取的每箱中随机抽出 1 个小包装，分别合并为一检验批的原始样品。在总货批量相对较小时，常将总货批作为一个检验批，采集的包装数量一般为该货批总包装数的 5%，最少为 5 个，最多为 15 个。如果总包装数少于 5 个，则打开每一箱外包装，从每箱中随机抽取一定的小包装数（视小包装的大小而定），最少取一包。最后将各箱抽出的小包装样品分别合并作为样本中各单元的原始样品。

小包装食品样品在进行检验前，尽可能地不要开封，以防污染。

## （三）流水生产线上的采样

流水作业线上的货批通常指一个工作班生产的产品。要检验该货批的质量是否达标，在制定好抽样量后，取样位点一般都设在作业线上的一定位置（如罐头生产线的封盖前点，又如码头散装货输送线上抓斗前），每隔一定时间，从该位置取出流经此位置的一件或一定量的样品作为检样，然后将一定时间范围（例如一个工作时等）内的检样合并，就形成样本中一个检样的原始样品。

## （四）微生物检验采样方法

对于检验项目涉及微生物含量的检验，除按上述方法外，采样时应按 GB 4789.1—2010 规定进行。有关微生物检验的采样方法和要求如下：

### 1. 采样用具、容器灭菌方法

第一，玻璃吸管、长柄勺、长柄匙、采样容器（帖好标签）和盖子，要单个分别用纸包好，105kPa高压蒸汽灭菌30min，然后干燥密闭保存待用。

第二，采样用的棉拭子、规板、适宜容量的瓶装生理盐水、适宜规格的滤纸等，要分别用纸包好，105kPa高压蒸汽灭菌30min，之后干燥密闭保存待用。

第三，镊子、剪子、小刀等金属用具，用之前在酒精灯上直接用火焰灭菌。

### 2. 采样时的无菌操作

第一，按本小节的要求，抽选欲采的具体样品。

第二，采样前，操作人员先用75%酒精棉球消毒手。当必须用灭菌手套时，必须用一种避免污染的方式戴上，手套的大小必须适合工作的需要。

第三，对于包装食品，采取原始样品时，至少小包装暂时不要打开。必须打开包装进一步完成采样时，包装的采样开口处及周围用75%酒精棉球消毒。

第四，对于散装样品，采样口处（如塞子、坛口）及周围也需用75%酒精棉球消毒。

第五，固体、半固体、粉末状样品可用灭菌勺或刀采样，液体样品用灭菌玻璃吸管采样，将其转入灭菌样品容器后，容器口经火焰灭菌加盖密封或酒精消毒后用其他方法密封。

第六，食品加工用具、餐具、工人手指等样品的采集，在抽选好具体被采对象后，可用灭菌生理盐水浸湿的滤纸片、棉拭子贴在样品表面。1min后，将其转移到采样容器中封存，筷子则可直接浸入含灭菌生理盐水的样品瓶中，采用洗脱法采样。

### 3. 样品的处置

第一，采到的样品必须在4h以内进行检验，否则，必须低温运输、冷藏或冻藏保存。

第二，为使样品在贮运过程中保持低温，一个标准和洁净的制冷皿或保温箱和一些种类的制冷剂是必需的。通常将样品放在灭菌的塑料袋中并将袋口封紧，干冰可放在袋外，一并装在制冷皿或保温箱中。

## （五）采样注意事项

第一，一切采样工具、容器、塑料袋、包装纸等都应清洁、干燥、无异味、无污染。若要分析微量元素，样品的容器更应讲究，比如，分析Cr、Zn含量时不应用镀Cr、镀Zn工具采样，有些采样工具有计量刻度，应注意其校准。各类专用采样工具的使用方法一定要遵照使用说明书正确使用。

第二，采样后，对每件样品都要做好记录，采样时，所采样品应及时贴上标签，标签上应注明：货主、品名、检验批编号或货批编号、样品编号、采样日期、地点、堆位、生产日期、班次、采样负责人等。

第三，如果发现货品有污染的迹象或属于感官异常样品，应将污染或异常的货品单独抽样，装入另外的容器内，贴上特别的标签，详细记录污染货品的堆位及大约数量，以便分别化验。

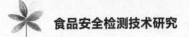

第四，生鲜、易腐的样品在采集后 4h 内迅速送到实验室进行分析或处理，应尽量避免样品在分析前成分发生变化。

第五，盛装样品的容器应当是隔绝空气、防潮的玻璃容器或者其他适宜和结实的容器。

## （六）采样记录

### 1. 现场采样记录

采样前，采样负责人必须了解受检食品的原料来源、加工方法、运输保藏条件、生产和销售中各环节的卫生状况。如为外地进入的食品，应审查该批食品的有关证件，包括商标、送货单、质量检验证书、卫生检疫证书、监督机构的检验报告等。随后对受检食品的品名、数量、包装类型及规格、样品状态、现场环境等进行了解，并对该批食品总体进行初步感官检查。然后按实际样品的适宜采样方法与采样规则，正式开始采样。整个过程要及时做好现场记录，内容包括：①物主（被采样单位或法人）；②品名、数量、商标、包装类型及规格、样品状态；③物品产地、生产厂家、生产日期、生产批号；④送货单、质检合格单、卫检合格单等证件编号；⑤采样地点、现场环境条件；⑥初步的总体感官检查结果（如包装有无破损、变形和受污染，散装品外观有无霉变、生虫、受污染等异常现象）；⑦采样目的、采样方式和方法；⑧各检验批或货批的编号、原始样品编号、特殊或异常样品编号及其观察到的现象；⑨采样单位（盖章）、采样负责人（签字）、采样日期；⑩物主负责人（签字）。

### 2. 样品封签和编号

每件样品采好后，立即由采样人封签，并在包装外贴好标签，明确标明样品编号、品名、来源、数量、采样地点、采样人和采样日期，采样全部完毕并整理好现场后，将同一检验批或货批的每件样品统一装在牢固的包装内，由采样人再次封签，并且贴好标签，注明品名、来源、采样地点，检验批编号、采样人和采样日期。异常和特殊样品应独立封签和独立贴标（标签特征最好和其他的不同）。

### 3. 采样单

采样单一式两份，一份交被采样单位或法人，一份由采样单位保存。采样单内容包括：①物主名称；②品名、数量、编号；③物品产地、生产厂家、生产日期、生产批号；④检验批数量和每一检验批采得样品数量；⑤采样单位（盖章）、采样人（签字）、采样日期；⑥物主负责人（签字）。

## 五、样品运输和保存

## （一）样品运输

不论是将样品送回实验室，还是要将样品送到别处去分析，均要注意防止样品变质。某些生鲜样品要先冻结后再用冰壶加干冰运送，易挥发样品要密封运送，水分较多的样品要装在几层塑料食品袋内封好，干燥而挥发性很小的样品（如粮食）可用牛皮纸袋盛装，但牛皮纸袋不防潮，还需有防潮的外包装，蟹、虾等样品要装在防扎的容器内，所有样品的外包装要结实而不易变形和损坏。此外，运送过程中要注意车辆等运输工具的清洁，注意车站、码头有无污染源，避免样品污染。

样品采集后，最好由专人立即送检。如不能由专人送样时，也可快递托运。托运前必须将样品包装好，应能防破损，防冷冻样品升温或融化。在包装上应注明"防碎""易腐""冷藏"等字样，做好样品运送记录，写明运送条件、日期、到达地点及其他需要说明的情况，并且由运送人签字。

## （二）样品保存

采回的样品应尽快进行分析，但有时不能这样做时（特别是复检样品和保留样品），就要保质保存。根据不同的样品，保存的方法也不同。干燥的农产品可放在干燥的室内，可保存 1 ~ 2 周；易腐的样品应在冷藏或冷冻的条件下存放，冷冻样品应存放在 –20℃ 冰箱或冷藏库内，冷藏的样品应存放在 0 ~ 4℃ 冰箱或冷却库内；其他食品可放在常温冷暗处。冷藏或冷冻时要把样品密封在加厚塑料袋中以防水分渗进或逸出；见光变质的样品可装入棕色瓶或用黑纸外包装；对含水多的样品，也可先分析其水分后将剩余样品干燥保存；若向样品中加入某些有助于样品保藏的防腐剂、稳定剂等纯度较高的试剂并不会干扰待分析项目结果时，可采用这种方法延长样品保存期。

保存样品时同样要严格注意卫生、防止污染。

用于微生物检验的样品盛样容器应消毒处理，但不得用消毒剂处理容器。不能在样品中加入任何防腐剂。

长期保存样品的标签最好为双标签，一个贴在最外层包装外，另一个贴在内层包装外。如果样品在冷冻中外包装的标签脱落，应当及时重新贴标。

# 第二节　样品的制备和前处理技术

## 一、样品制备和前处理的定义和目的

样品的制备和前处理，两者间没有本质上的区别，有时统称为样品的处理，是指样品经一些准备性处理转化为最终分析试样的技术过程。其目的是去掉试验样品中不值得分析的部分和一部分杂质，保证分析试样十分均匀，通过浓缩试样以提高试样中的待检物的信号强度。样品的制备和前处理常常是整个分析或检验工作中最麻烦和误差较大的一部分，由于前处理方法不同和操作水平的差异导致分析结果出现较大差异的现象已屡见不鲜。分析工作中，完整的分析方法多包括对样品前处理的介绍，即使这样，由于食品样品的多样性，前处理方法还需要操作者灵活掌握。因次，充分理解和掌握主要的处理技术具有重要意义。从处理技术的复杂性来看，样品制备是一些简单的处理，包括样品整理、清洗、匀化和缩分等，有些分析试样只需经过样品制备就已准备停当。那些还未就此准备停当的分析试样则需经过进一步处理才能最终作为分析试样，这些进一步的处理就是前处理，比如灰化、消解、提取、浓缩、富集、净化、层析纯化等。

## 二、样品制备

### （一）面粉、淀粉、砂糖、乳粉、咖啡等粉末状和较细的颗粒状食品的样品制备

只需充分搅拌均匀就可作为一般检验项目分析样品。茶叶、烟叶、饼干等样品只需简单粉碎并充分混匀就可作为一般检验项目分析样品。

### （二）谷物、豆子、坚果、花椒等天然颗粒状食品的样品制备

包括去杂和去壳，有些检验项目还要求去鼓、皮、籽、小梗等。大固体杂物一般凭手工或分选器捡出，尘土、小梗等细粒和粉末状杂质可经筛分法去除，硬壳一般凭手工破碎后剥去，麸皮的去除则需磨粉和筛分。这些过程中，去掉的物质要计量，加入的水分也要计量，以备分析结果计算时可能应用。

### （三）饮料、油脂、炼乳、蜂蜜、酱油、糖浆等液态食品的样品制备

主要是充分混匀，如果这些样品中有结晶、结块或很稠时，可以在不高于 50℃的水浴中边加温边搅拌使其充分匀化。

### （四）个体过大的固体食品的样品制备

如香肠、水果、面包、动物、瓜、薯类等，要设法减小个体体积才能进一步匀化，这就是此类样品制备时的缩分。此时缩分技术的基本要点是不断中分和间隔切分，每次留下具有代表性的一部分。例如，对于水果，应与不断沿着果顶和果梗的轴线对角切分，每次留下对角的两部分，直到达到必要的缩分程度后混合；对于火腿肠，

可沿着长轴均匀切分为若干小节，然后每隔几节从中取一节混合；对于去除内脏的动物，可沿身体的对称轴对分，取其一半最后混合。

### （五）整鱼、贝、畜、禽、蛋及生鲜水果、瓜、蔬菜、薯类等食品的样品制备

要去除不可食部分，冻鱼表面的冰和干咸鱼表面的盐也要去除，盐水鱼罐头的盐水一般也弃去。有些还要把不同器官或不同部分分割后再匀化，去除部分不论是弃去还是单独分析，都要计量，以备分析结果计算时可能应用。

### （六）罐头食品的样品制备

将罐头打开，固体和汤汁分别称重，小心去除固体中的不可食部分（如骨头）后再称重，按可食固体和液体的质量比各取一定量，混合后在于捣碎机内捣碎匀化。

### （七）水果、蔬菜、薯类等生鲜农产品的样品制备

分析前一般必经清洗和去皮，但分析农药残留时，原则上不宜清洗与去皮，须小心仔细地将泥土简单清除。

## 三、样品的前处理

### （一）提取

提取是待测物质与样品分离的过程，目的是去除分析干扰物和富集待测物质。

使用无机或有机溶剂从样品中提取被测物，是常用的样品处理方法。如果样品为固体，该法被称为浸提，如果样品为液体，该法被称为萃取。

提取法的原理是溶质在互不相溶的介质中的扩散分配。把溶剂加入样品中，经过充分混合和一定时间的等待，溶质就会从样品中不断扩散进入溶剂，直到扩散分配平衡。平衡时，溶质在原介质和溶剂中的浓度比称为分配系数（K），它是一次提取所能达到的分离效果的主要影响因素之一。经过一次提取达到平衡并将溶剂分出后，又可另加新溶剂进行第二次提取。如此反复提取直到溶质都转移到溶剂中。

溶剂的选择：应该选择对被测物和干扰物有尽可能大的溶解度差异的溶剂，还应避免选择两介质难以分离、黏度高和易产生泡沫的溶剂。这就是要求：被测物在所选溶剂对原介质中分配系数高，所选溶剂和原介质密度差大，溶剂加入后体系的界面张力适中，溶剂黏度低，溶剂对体系来说化学惰性高。一般选择溶剂时，难溶于水的或相对非极性被测物用石油醚、乙醚、氯仿、二氯甲烷、苯、四氯化碳等作提取溶剂，易溶于水或相对极性的被测物质用水、酸性水溶液、碱性水溶液、乙醇、

甲醇、丙酮、乙酸乙酯等作提取剂。比如，食品中的小分子碳水化合物、食盐、多数色素和水溶性着色剂、生物碱、山梨酸钾、苯甲酸钠、糖精钠、酚类、类黄酮、重金属等可在第一类溶剂中选出某种来提取，食品中的脂肪、脂溶性维生素、固醇类、类胡萝卜素、有机氯和有机磷农药残留、黄曲霉素、香气物质等可在第二类溶剂中选出某种来提取。

少量多次提取最常见的设备是索氏提取器。常用它提取固体样品中的油脂、脂溶性色素、脂溶性维生素等，常用低沸程石油醚、乙醚等作提取剂，样品受热温度低，提取效率高，操作方便，但是其花费时间长。

少量多次萃取技术中最常见的设备是连续液－液萃取装置（如图 1-2 所示）。此设备所用溶剂应当比液体样品原来的介质密度大，且二者不相互溶。溶剂不断回流通过样品溶液，将待萃出物带入萃取溶剂收集器，萃取剂在这里受热气化，到冷却管再次回流。这种方法如改造一下管路，也适用于比液体样品原来介质密度小的溶剂。

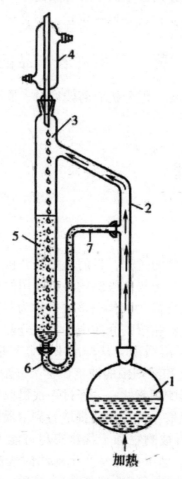

图 1-2　连续液－液萃取装置
1—萃取溶剂收集器；2—气态溶剂；3—萃取溶剂；4—冷凝器；
5—萃取液　6—溶剂返回管；7—萃取溶剂返回到收集器

超临界 $CO_2$ 萃取技术和液态 $CO_2$ 提取技术在食品界得到了越来越多的应用。它们的应用范围主要在提取香精油、保健成分与其他天然有机成分。这两种提取方法使用的溶剂（$CO_2$）对原介质和待提取物的化学惰性高，提取之后 $CO_2$ 很易完全挥发，所以在最终样品中无残留。这两种方法提取效率高、样品不必过于破碎，因此是很高级的提取方法，也可用于分析工作。

液态 $CO_2$ 提取技术除了要求有低温条件以保证 $CO2$ 不大量挥发损失外，其他方面与一般的溶剂提取无任何差别。超临界 $CO_2$ 萃取技术则要求用专门的仪器，这种仪器既包括提取室和分离室，并有一套控温、加压系统。$CO_2$ 在提取室内以超临界状态与样品接触，达到饱和提取后，转入分离室，在脱离超临界状态的同时 $CO_2$ 与提取的物质分离，此后，$CO_2$ 重新被转入超临界状态重复使用，如此反复提取与分离，直到提取与分离彻底完成。

由于 $CO2$ 属非极性溶剂，对极性化合物的萃取具有一定的局限性，如若在 $CO_2$ 中加入少量 $NH_3$、甲醇、$NO_2$ 等极性化合物可以改善这一局限性。与传统的萃取法比较，超临界 $CO_2$ 萃取技术具有快速、简便、选择性好、有机溶剂使用量少等优点。

固相微萃取技术它使用表面涂有选择性吸附高分子材料的熔硅纤维作提取器，可以将其直接插入样液，也可将其插入样品瓶的顶空，通过一段时间的扩散达到分配平衡（或表观平衡），然后将熔硅纤维直接插入气相色谱或液相色谱的进样器，在那里解析下萃取到的待测物进行分析。这种方法使用的装置构造相对复杂，吸附高分子材料的选择要根据萃取物的特性进行选择。

## （二）有机物破坏法

分析测定食品中重金属和其他矿物质时，尤其是进行微量元素分析时，由于这些成分可能与食品中的蛋白质或有机酸牢固结合，严重干扰分析结果的精密度和准确性。破除这种干扰的常用方法就是在不损失矿物质的前提下破坏有机物质，将这些元素成分从有机物中游离出来。有机物破坏法被分为以下两类：

### 1. 干法（又称灰化法）

将洗净的堪堪用掺有 $FeSO_4$，的墨水编号后，于高温电炉中烘到恒重，冷却后将称量后的样品置于堪堪中，于普通电炉上小心炭化（除去水分和黑烟）。转入高温炉于 500 ~ 600℃ 灰化，如不能灰化彻底，取出放冷后，加入少许硝酸或双氧水润湿残渣，小心蒸干后再转入高温炉灰化，直至灰化完全。取出冷却之后用稀盐酸溶解，过滤后滤液供测定用。

干法的优点在于破坏彻底、操作简便、使用试剂少，适用于除砷、汞、锑、铅等以外的金属元素的测定。

### 2. 湿法（又称消化法）

在酸性溶液中，利用强氧化剂使有机质分解的方法叫湿法。湿法的优点是使用的分解温度低于干法，因此减少了金属元素挥散损失的机会，应用范围较为广泛。

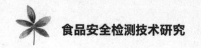

按使用氧化剂的不同，湿法又被分为以下几类。

（1）硫酸－硝酸法

在盛有样品的凯氏烧瓶中加数毫升浓硫酸，小心混匀后，先用小火使样品溶化，再加浓硫酸适量，渐渐加强火力，保持微沸状态。如果在继续加热微沸的过程中发现瓶内溶液的颜色变深或无棕色气体时，说明硝酸已不足和样品已炭化，此时必须立即停止加热，待瓶温稍降后再补加数毫升硝酸，继续加热保持微沸，如此反复操作直至瓶内溶液变为无色或微黄色时，继续加热至冒出三氧化硫的白烟。自然冷却至常温后，加水 20mL，煮沸除去残留在溶液中的硝酸和氮氧化物，直至再次冒出三氧化硫的白烟。冷却后将消解液小心加水稀释，转入容量瓶中，凯氏烧瓶须用水洗涤几遍，洗涤液一并倒入容量瓶，加水定容后供测定用。

（2）高氯酸－硝酸－硫酸法

基本同硫酸－硝酸法操作，不同点在于：中途反复加入的是硝酸和高氯酸（3∶1）的混合液。

（3）高氯酸（或双氧水）－硫酸法

在盛有样品的凯氏烧瓶中加浓硫酸适量，加热消化至淡棕色时放冷，加入数毫升高氯酸（或双氧水），再加热消化。如此反复操作直至消解完全时，冷却到室温，用水无损失地转移到容量瓶中，用水定容后供测试用。

（4）硝酸－高氯酸法

在盛有样品的凯氏烧瓶中加数毫升浓硝酸，小心加热至剧烈反应停止后，继续加热至干，适当冷却后加入 20mL 硝酸和高氯酸（1∶1）的混合液缓缓加热，继续反复补加硝酸和高氯酸混合液，直至瓶中有机物完全消解时，小心继续加热至干。加入适量稀盐酸溶解，用水无损失地转移到容量瓶中，定容之后供测试用。

为了消除试剂中含有的微量矿质元素带来的误差，湿法要求作空白消解样。

### 3. 微波消解法

微波消解法需要微波消解仪、硝酸、过氧化氢、氢氟酸、硼氢化钾（测砷时）、硫脲及抗坏血酸等。取样品 0.4g 左右，置于聚四氟乙烯消解罐中，含酒精的样品先放水浴驱赶酒精，加浓硝酸 1.0mL，放置 15min，加 30% 过氧化氢溶液 0.1 ~ 0.5mL 浸泡 15min，加水至 6 ~ 10mL，轻轻摇动。装妥消解装置，连接好温度、压力探头，并将其放入微解，反应结束后消解罐自然冷却。容器内指示压力 < 45psi（1psi=6.895kPa），消解罐温度低于 55℃ 时，从防爆膜处缓缓地打开，释放剩余压力，取出温度、压力探头，依次打开各消解罐，将消解的样品溶液定容至 10.00 ~ 25.00mL，待测。

## （三）沉析

在食品质量与安全检验中，沉析分离技术是要经常用到的。通常采用沉析法去除溶液中的蛋白质、多糖等杂质。促进蛋白质沉析的方法常有以下三种：

### 1. 盐析

在存有蛋白质的液体分散系中加入一定量氯化钠或硫酸胺，就会使蛋白质沉析下来。盐析中的加盐可以是粉状盐，也可以是饱和盐溶液。调节适当的 pH 与温度，可达到更好的盐析效果。

### 2. 有机溶剂沉析法

这种方法可用于蛋白质和多糖的沉析。在含有蛋白质和（或）多糖的液体分散系中加入一定量乙醇或丙酮等有机溶剂，减低介质的极性和介电常数，从而降低蛋白质和（或）多糖的溶解度，就会使蛋白质和（或）多糖沉析下来。由于向多水分散系中加入有机溶剂是放热反应，这种沉析要在低温下进行。

### 3. 等电点沉析

蛋白质的荷电状况与介质的 pH 密切相关，当 pH 达到蛋白质的等电点时，蛋白质就可能因失去电荷而沉析。

用沉析法直接分离被测样品有时很方便，比如，分析食品中的草酸，可先将其转为草酸钙沉析出来，这样可使它与其他还原性物质分开。

## （四）层析

层析作为前处理手段用途广泛，目的包括样品的净化、同类物质的分级、被测组分的富集。样品组分随流动相进入层析床，在床内与固定相接触，经吸附、离子交换、分子筛或在两相分配平衡等作用，分别在床内不同位置展成条带，再经随后的洗脱作用先后脱离床体，经分别收集，待测组分就得到净化，不同类甚至同类不同种的物质就得到分离。如果待测物和杂质组分洗脱条件不同，可先反复给床体进样，并把杂质组分一次次洗脱，直到被测物在床体中达到一定含量，再一起洗脱下来，这样就达到了富集。

### 1. 柱层析

柱层析所用的柱子是有下口阀门和一个多孔瓷板的玻璃管。常用的固定相是硅胶或氧化铝细粉，离子交换树脂、多糖凝胶和改性纤维素也被比较广泛的应用。将固定相放在水溶液中分散后，一次性加入柱子，在打开柱子阀门的条件下让水慢慢流过瓷板外流，瓷板阻挡住向下运动的固定相逐渐就形成柱床，注意调整下水速度和及时关闭阀门，保证柱床中始终充满水，以防止柱床和空气直接接触使以后床体中有空气，因为床内有空气时进行层析，流动相会发生短路，组分所在的条带会畸形，严重影响层析分离效果。

床体形成后，样品被溶解在一定的溶液中后，小心加到柱床上方，打开阀门让样品液进入床体，然后分别以一定的展开液、洗脱液及其适当的流速先层析后洗脱，利用分步收集器收集不同洗脱时间的流出液，将被测组分所在的流出液合并，就可用于测定。

柱层析的效果受很多因素影响，主要因素包括：选定的固定相、选定的展开液和洗脱液的极性或其 pH 和离子强度、相对于样品量的柱径和柱长、装柱与进样的操作水平及洗脱的速率。

## 2. 薄层层析

薄层层析是将固定相铺在玻璃板或塑胶板上形成薄层，让展开剂（流动相）带动着样品由板的一端向另一端扩散。在扩散中，由于样品中的物质在两相间的分配情况不同，经过多次差别分配达到分离的目的。

薄层层析操作简单、设备便宜、速度快、使用样品少，但是重复性不是很好，有时清晰显迹有较大难度、定量分析误差较大。

薄层层析的固定相常用硅胶和氧化铝。硅胶略带酸性，适用于酸性和中性物质分离，氧化铝略带碱性，适用于碱性和中性物质分离。它们的吸附活性又都可用活化处理和掺入不同比例的硅藻土来调节，以适应不同样品中物质最佳分离所需的吸附活性。

薄层层析的分析用板一般用 10cm×10cm 板，制备用板一般用 20cm x20cm 板，铺板厚度一般都在 1mm 左右。可用刻度毛细管或微量注射器点样。样点的直径一般不大于 2mm，点与点之间的距离一般为 1.5 ~ 2cm，样点与板一端的距离一般为 1 ~ 1.5cm。展开剂的用量一般以浸没板的这一端 0.3 ~ 0.5cm 较适宜。

薄层层析展开剂极性大时，样品中极性大的组分跑得快，极性小的组则分跑得慢；展开剂极性小时，样品中极性小的组分跑得快，极性大的组分跑得慢。为了使样品中各组分更好分开，常采用复合展开剂。

薄层层析的显迹方法主要有物理法、化学法和薄层色谱扫描仪法。物理法中最常用紫外灯照射法，有荧光的样品组分在此条件下显迹。化学法中又有两类方法。一类是蒸气显迹，例如用碘蒸气熏层析板后，样品中的多数有机组分便显黄棕色。另一类是喷雾显迹，例如用三氯化铝溶液喷在层析板后，样品中的多数黄酮便显黄色。双光束薄层扫描仪显迹法既可用于显迹，又可直接用于定量。该仪器同时用两个波长和强度相等的光束扫描薄层，其中一个光束扫描样迹，另一个光束扫描临近的空白薄层。这样同时获得样迹的吸光度和空白的吸光度，二者之差就是样迹中样品组分的净吸光度。以标准物质作对照，根据保留因子和净吸光度进行定性和定量分析。

显迹后，可将待分析的迹点挖下，用于进一步定性与定量分析。

## （五）透析

透析膜是一种半透膜，如玻璃纸、肠衣和人造的商品透析袋，它们只允许一定分子质量的小分子物质透过。选择适当膜孔的透析袋装入样品，扎紧袋口悬于盛有适当溶液的烧杯中，不定期地摇动烧杯以促进透析，待小分子物质达到扩散平衡后，将透析袋转入另一份同样的溶液中继续透析，如此反复透析多遍，直到小分子物质全部转移到透析液中，合并透析液后浓缩至适当体积，就可用来分析。

## （六）蒸馏法

利用物质间不同的挥发性，通过蒸馏将它们分离是一种应用相当广泛的方法。在挥发酸的测定中就应用此方法。如果所处理的物质耐高温，可采用简单蒸馏或分馏的方法；如果所处理的物质不耐高温，可以采用减压蒸馏或水蒸气蒸馏的方法。

## （七）浓缩干燥

由于提取、层析等前处理过程引入了许多溶剂，可能会降低待测组分的浓度或不适宜直接进样，后续分析有可能需要将这些溶剂部分或全部去除，此过程为浓缩或干燥。为了防止脱溶时使用高温引起样品变质，可以采用旋转蒸发器减压蒸干或浓缩，可以采用冷冻干燥，样品较少时还可采用氮气吹干法。旋转蒸发集受热均匀、薄膜蒸发和减压蒸发于一体，效率高、温度较低、操作简单，不利之处是干燥后不易直接去除干样。因此特别适用于浓缩和干后又转溶时采用。冷冻干燥集低温、升华干燥和减压于一体，且干燥物易于直接取出，特别适用于易变质的样品与大分子样品。

## （八）固相萃取法

固相萃取技术就是利用固体吸附剂将液体样品中的目标化合物吸附，使其与样品的基体和干扰化合物分离，然后再用洗脱液洗脱或加热解吸附，达到分离和富集目标化合物的目的。该技术基于液－固色谱理论，采用选择性吸附、选择性洗脱的方式对样品进行富集、分离、纯化，是一种包括液相和固相的物理萃取过程，也可以将其近似地看作一种简单的色谱过程。与液液萃取等传统的分离富集方法相比，该技术具有高的回收率和富集倍数，使用的有机溶剂量很少，易于收集分析物组分，操作简便、快速、易于实现自动化等优点。利用该方法时应注意选择合适的柱体和固定相材料，并避免含有胶体或固体小颗粒的样品会不同程度地堵塞固定相的微孔结构。

## （九）顶空技术

样品中痕量高挥发性物质的分析测定可直接使用顶空技术。顶空技术可分为静态顶空和动态顶空，它们具有操作简便、灵敏度高和可自动化的特点。静态顶空操作时只需将样品填充到顶空瓶中，再密封保存直至平衡，就可以吸取顶空气体进行色谱分析或气相色谱/质谱联用分析；动态顶空一般是将氩气鼓入样品，使带出可挥发的待分析成分进入顶空气体捕集器，在此富集待分析成分后，再瞬间释放待分析成分到色谱进样器进行分析。

## （十）衍生化技术

衍生化技术就是通过化学反应将样品中难于分析检测的目标化合物定量转化成另一易于分析检测的化合物，通过后者的分析检测对可疑目标化合物进行定性或者定

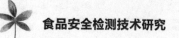

量分析。衍生化的目的有以下几点：①将一些不适合某种分析技术的化合物转化成可以用该技术的衍生物；②提高检测灵敏度；③改变化合物的性能，改善灵敏度；④有助于化合物结构的鉴定。

# 第三节　试验方法选择

## 一、试验方法概述

食品质量和安全检验的项目众多，根据食品检验质量指标的属性，可分为感官检验、理化检验、卫生检验。根据食品检验安全指标的属性，可以分为致病菌及其毒素检验、人畜共患病检疫、食品中非食用添加品和禁用添加剂的检验、食品添加剂检验、农药和兽药残留检验、天然毒素检验、环境污染检验、食品加工中可能产生的有害物检验、物理伤害因素检验、放射性污染检验、转基因食品检验、包装材料中有害物检验、食品掺假检验。而且任何一项检验可能都不止有一种试验法，新颖的方法正在不断增加，国家规定的检测标准也在不断更新中，所以具体的食品检验或分析的方法越来越多。

食品质量和安全分析检测主要类别包括：感官分析方法、化学分析方法、仪器分析方法和生物试验方法。感官分析为最初的和最适宜现场检验的方法，加上现代统计和计算机应用，感官分析的可靠性和适用范围已大大提高和扩大。化学分析法虽然传统，但原理清晰、结果准确、所需设备少、具体方法积累多。仪器分析灵敏度高、速度快、对于微量多组分分析更为适用。生物分析对食品的生物性危害分析必不可少，传统的生物分析速度慢，但是结果明确、所需设备简单。现代生物分析则灵敏度高、速度较快、结果可靠。现代生物分析的形式和具体做法接近仪器分析或化学分析，其试剂和其他一些关键用品来自现代生物技术与工程制造。

## 二、试验方法选择

试验方法的选择是根据试验目的和已有方法的特点进行评价性选择的过程。只有正确地选出试验方法，才能从方法上保证试验结果具有合乎要求的精密度和准确性，保证试验按要求的速度完成，保证降低试验成本和减轻劳动强度。

食品质量与安全检验希望采用快速、准确和经济的试验方法，然而，许多试验方法不一定同时具有这三个特点。所以，方法的选择要能满足实际需要的情况。相比来讲，化学分析法准确度高、灵敏度低、相对误差为 0.1%，用于常量组分的测定；

仪器分析法准确度低、灵敏度高、相对误差约为 5%，用于微量组分的测定，在进行同项目多样品测定时或多平行测定时，由于不必每个测定都重新调试仪器的工作条件，因此平均测定速度快；现代生物技术开辟的检验方法属速度较快、灵敏度高、检测限低的试验方法；国际组织规定和推荐的标准方法和国家标准方法是较为可靠、较为准确、具有较好重复性和较权威的方法；感官鉴评法、试纸片和试剂盒检测法是最常用的现场快速检验方法。

按照以上经验或按照参考文献初选到一种方法后，往往还不能确定其是否就是合适的方法，还需做一些预试验，通过对预试验结果的分析来进一步评价该方法的可靠性、检出限与回收率，最后决定其取舍。

## （一）分析方法可靠性检验

### 1. 总体均值的检验——t 检验法

这种方法是在真值（用 $\mu_0$ 表示）已知，总体标准差（$\sigma$）未知，用 t 检验法检验分析方法有无系统误差时采用的方法。具体检验步骤如下：

给定显著水平（$\alpha$），求出一组平行分析结果的 $n$, $\bar{x}$ 和 $S$ 值，代入下式求出 $t_{计算}$

$$t_{计算} = \frac{\bar{x} - \mu_0}{S / \sqrt{n}} \qquad (1-3)$$

从 t 分布表中查出 $t_{表}$ 值。

若 |$t_{计算}$|...$t_{表}$时，说明分析方法存在系统误差，用此种方法得出的 $\mu$ 与 $\mu_0$ 有显著差异。

### 2. 两组测量结果的差异显著性检验

这是一种将 F 检验与 t 检验结合的双重检验法，它适用于真值不知晓的情况，具体做法分三大步。

（1）作对照分析

选用一种公认可靠的参考分析方法，也将被测样品平行测定几次。于是得到对同一样品的两种测定方法的两组数据：$\bar{x}_1$、$S_1$　$n_1$ 和 $\bar{x}_2$、$S_2$　$n_2$。

（2）作 F 检验

按下式求出方差比（F）：

$$F_{计算} = \frac{S_{大}^2}{S_{小}^2} \qquad (1-4)$$

根据 $f_1 = n_1 - 1$，$f_2 = n_2 - 1$，在置信度 $p = 0.95$ 的设定下，从 F 表中查出 $F_{表}$ 值。

如果 $F_{计算} < F_{表}$，说明 $S_1$ 和 $S_2$、及 $\sigma_1$ 和 $\sigma_2$，差异不显著，两组分析有相似的精密度，可以继续往下作 t 检验。否则结论相反，直接可以判定现用分析方法不可靠。

（3）作 t 检验

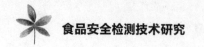

按下式求出置信因子（$t$）：

$$t_{计算} = \frac{\bar{x}_1 - \bar{x}_2}{S_p} \sqrt{\frac{n_1 n_2}{n_1 + n_2}} \qquad (1-5)$$

式中 $S_p$——合并标准差。

$S_p$ 可按下式计算：

$$S_p = \sqrt{\frac{(n_1-1)S_1^2 + (n_2-1)S_2^2}{n_1 + n_2 - 2}} \qquad (1-6)$$

根据 $f = n_1 + n_2 - 2$，在置信度 $p = 0.95$ 的设定下，从 $t$ 表中查出 $t_{表}$ 值。

如果 $t_{计算} < t_{表}$，说明 $\sqrt{x_1}$ 和 $\sqrt{x_2}$、$\mu_1$ 和 $\mu_2$ 差异不显著，两组分析有相似的准确度，可判定现用分析方法可靠。否则结论相反，可判定现用分析方法不可靠。

## （二）检出限的求取

一个分析方法的检出限可以定义为：能用该方法以 95% 的置信度检出的被测定组分的最小浓度。在做微量组分含量测定时，检出限必须小于或等于要求的程度。

在计算检出限之前，先需要规定一个检出标准。检出标准是被检物的一个含量或浓度，它的含义在于，只有当一个测定结果高于检出标准，我们才确信希望检出的物质是存在的。检出标准在这里必须由空白测定实验来确定，方法如下：

首先在几天内反复采用待评价的分析方法做几次空白测定，获得空白测定结果（可以包括负值）的标准差 $S_{空白}$，然后按公式（检出标准 $= t_{空白} S_{空白}$）计算出检出标准。

现在需要在试样检出限浓度附近进行几次测定来得到测定结果的标准差 S。尽管我们现在还不知道检出限，但是可估计检出限大约是检出标准的 2 倍。为了谨慎起见，我们可配制浓度为检出标准 2.5 倍的试样来测定。这样获得测定结果后，计算出标准差 S，求出与该标准差相应的自由度，查，检验临界值表的双侧检验表下的 $t$ 值，最后用下列公式计算出检出限。

$$检出限 = 检出标准 + tS \qquad (1-7)$$

## （三）测定回收率

回收率（$R \cdot C$）是检验分析方法准确度的一种常用方法，该方法是在被分析的样品中定量的加入标准的被测成分，经过测定后，如果加入的标准被测成分被很准确地定量测出，我们就判定这种方法的准确度很高；如果加入的标准被测成分不能被准确地定量测出，但分析的精密度仍保持较高，我们可判定这种分析方法存在系统的误差。

回收率的计算公式如下：

$$R \cdot C = \frac{\bar{x}_i - \bar{x}_{i0}}{\bar{w}} \times 100 \qquad (1-8)$$

式中 $R \cdot C$——回收率，常表示为百分比；

$\bar{x}_i$ 和 $\bar{x}_{i0}$——加入和未加入标准被测成分时数次平行测定结果的均值；

$\bar{w}$——各次加标试验时所加标准物量的均值。

一般情况下，回收率从 95% 到 105% 可接受。

# 第四节　试验误差及消除方法

## 一、误差分类和其减免指南

### （一）系统误差

**1. 特点**

（1）对分析结果的影响比较恒定；

（2）在同一条件下，重复测定，重复出现；

（3）影响准确度，却不影响精密度；

（4）可以消除。

**2. 产生的原因**

**（1）方法误差**

选择的方法不够完善。

例：滴定分析中指示剂选择不当；比色分析中干扰显色的杂质的清除或者掩蔽方法不当。

**（2）仪器误差**

仪器本身的缺陷。

例：天平不准确又未校正；滴定管、容量瓶刻度精度不高，刻度存在误差又没校正；仪器仪表指示数据不准确又未校准；色谱柱中原存的污染物未被彻底清除等。

**（3）试剂误差**

所用试剂有杂质。

例：去离子水不合格；试剂纯度不够（含待测组分或者干扰离子）；标准溶液标定后被污染，但是又未发现等。

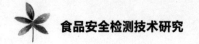

（4）主观误差

操作人员主观因素造成。

例：对指示剂颜色辨别偏深或偏浅；滴定管读数习惯性偏大或偏小。

### 3．减免指南

（1）方法误差

采用标准方法。

（2）仪器误差

校正仪器。

（3）试剂误差

作空白、对比试验。

对比（对照）试验：用标准样品进行测定，并和标准值相比较。

空白试验：在不加试样的情况下，按照与测定试样相同的分析条件和步骤进行测定，所得结果称为空白值。从试样的测定结果中扣除空白值可消除试剂误差。

（4）主观误差

更换操作人员或通过培训纠正操作人员主观错误。

## （二）偶然误差

### 1．特点

（1）不恒定

可大可小，可正可负。

（2）难以校正

不能通过校正或小心操作来完全消除偶然误差。

（3）服从正态分布

从统计规律来看，偶然误差的出现呈正态分布，小误差出现的概率大，大误差出现的概率小。

### 2．产生的原因

偶然因素，比如：实验室环境温度、压力波动，偶然出现振动，操作人员操作精度、读数准确性的正常波动等。

### 3．减免指南

增加平行测定的次数。测定次数较多时，偶然误差的分布符合正态分布，在进行统计加和时，有可能相互抵偿。

## （三）过失误差

### 1. 特点

（1）技术不熟练操作者易出现过失误差。

（2）可以避免。

（3）在一组平行试验中，发生偶然过失的试验的结果数据往往离群。

### 2. 产生原因

由于操作失误所造成的误差，如果称量时样品洒落；滴定时滴定剂滴在锥形瓶外；仪器工作条件调整中无意识的出现了错误；PCR操作中出现污染等。

### 3. 减免指南

（1）加强操作技术训练，加强责任心。

（2）操作中一旦发现某次试验出现了难以弥补的过失，停止这次试验并重做。

（3）操作中未意识到存在过失，但发现平行试验结果中有可疑值，可采用可疑值检验

方法进行检验，排除偶然过失试验数据对试验结果的影响。、

## 二、误差的表示和传递

## （一）绝对误差和相对误差

由于试验误差（特别是偶然误差）在所难免，科学实验与生产及商业检验都允许试验存在一定的误差。在综合考虑了生产或科研的要求、分析方法可能达到的精密度和准确度、样品成分的复杂程度和样品中待测成分的含量高低等因素的基础之上提出的可以接受的最大误差数值称为合理的允许误差。所以，不论误差来源如何，误差的大小是最关键的。

在分析实验中，误差的大小可用绝对误差（$Ea$）和相对误差（$Er$）两种方式表示。

绝对误差

绝对误差 = 测量值 - 真值　即 $Ea = X - T$

相对误差

相对误差 =100（测量值 - 真值）/ 真值　即 $Er = (Ea/T) \times 100\%$

例如，在使用常量滴定管进行一次滴定后，有三位学生分别读得消耗的滴定液为 10.00、10.01 和 10.02mL（最后一位小数是估计值），假如真值是 10.01mL，那么这批数据的个别测定误差范围计算如下：

$$个别测定绝对误差范围 = \pm 0.01 mL$$

$$个别测定相对误差范围 = \pm \left( \frac{0.01}{10.01} \right) \times 100\% = \pm 0.1\%$$

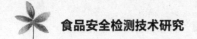

然而，这批数据的平均测定绝对误差和平均测定相对误差均为零。这说明，仅从平均测定绝对误差和平均测定相对误差的大小，不能看出一组平行测定的精密度。为反映一组平行测定数据的精密度，需要用到偏差。

## （二）平均偏差与标准偏差

### 1. 平均偏差

平均偏差又称为算术平均偏差，用来表示一组数据的精密度。

平均偏差：

$$\bar{d} = \frac{\Sigma |X - \bar{X}|}{n} \tag{1-9}$$

式中 $X$——某次测定数据；

$\bar{X}$——组平行测定数据的平均值；

$n$——平行测定次数。

优点：计算简单，可粗略表示一组平行测定数据的精密度；缺点：该组测定中各次测定偏差的大小差异得不到应有反映。

### 2. 标准偏差

标准偏差又称均方根偏差。标准偏差的计算分两种情况：

（1）当测定次数趋于无穷大时标准偏差：

$$\sigma = \sqrt{\frac{\Sigma (X - \mu)^2}{n}} \tag{1-10}$$

式中 $\mu$——无限多次测定的平均值（总体平均值）。

即：$\lim\limits_{n \to \infty} \bar{X} = \mu$。当消除系统误差时，$\mu$ 即为真值。

（2）当有限测定次数时标准偏差：

$$S = \sqrt{\frac{\Sigma (X - \bar{X})^2}{n - i}} \tag{1-11}$$

相对标准偏差（变异系数）：

$$CV(\%) = \frac{S}{X} \tag{1-12}$$

从数学上看，标准偏差的大小既决定于各次测定是否存在偏差，又决定于各次测定偏差之间的大小差异，大的偏差比小的偏差对标准偏差影响更大。所以，用标准偏差比用平均偏差表示测定偏差更科学、更准确。

### 3. 平均值的标准偏差

若 $m$ 个 $n$ 次平行测定的平均值为：$\bar{X}_1, \bar{X}_2, \bar{X}_i, \cdots \bar{X}_m$

由统计学可得上列 $m$ 个数据的标准偏差（平均值的标准偏差）$S_{\bar{x}}$ 和 $n$ 次平行测定的标准偏差 $S$ 之间的关系：$S_{\bar{x}} = \dfrac{S}{\sqrt{n}}$

$S_{\bar{x}}$ 又称为标准误，它在表示分析结果时用到。

由 $S_{\bar{x}}/S - n$ 关系曲线（如图 1-3 所示）可知：

当 $n$ 大于 5 以后，曲线变化趋缓；当 $n$ 大于 10 以后，典线变化不大。所以当 $n$ 大于 5 时，可以用 $\bar{X} \pm S_{\bar{x}}$ 的形式来表示分析结果。

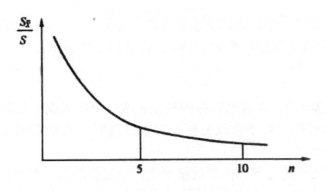

图 1-3　$S_{\bar{x}}/S - n$ 关系曲线

例：水垢中 $Fe_2O_3$ 的质量分数 6 次测定数据为：79.58%，79.45%，79.47%，79.50%，79.62%，79.38%。计算得出：

$$\bar{X} = 79.50\% \quad S = 0.09\% \quad S_{\bar{x}} = 0.04\%$$

则分析结果为：水垢中 $Fe_2O_3$ 的质量分数 =79.50% ± 0.04%

根据置信度和置信区间知识，用 $\bar{X} \pm t S_{\bar{x}}$ 表示的结果更合理、更科学。由于用这种方式表示的结果是在一定置信度下真值所处的范围（无系统误差时）。

### 4. 不确定度

不确定度表示由于测量误差的存在而对被测量值不能肯定的程度。此参数表明测量结果的分散程度，是一个正数，它反映了测量结果中未能确定的量值的范围。不确定度按误差性质可分为随机不确定度和系统不确定度，一种性质的不确定度也可由不同分量组成。不确定度的估计方法可分成两类：用统计方法对多次重复测量结果计算出的标准偏差为 A 类标准不确定度，以 $u_A$ 表示，采用其他方法估计出的近似"标准偏差"为 B 类标准不确定度，以 $u_B$ 表示。用合成方差的方法将各分量合成所得的结果称为合成不确定度（例如将不同标准不确定度各分量用这种方法合成后的结果称标准不确定度，以 $u$ 表示），合成不确定度乘以某一合理的正数后称为扩展不确定度（又称总不确定度，以 $U$ 表示）。不确定度具有概率的概念，标准不确定度的置信概率为 68.27%（按正态分布概率计算），而总不确定度的置信程度应该与之相等或更高。若需要更高，则应乘一因子（称为置信因子），这正是由合成不确定度计算总不确定度时应该所乘的那个正数。从而得出总不确定度，此时所乘的置信因子通常必须说明。

A 类不确定度的计算方法如下：

对于一次进行的 $n$ 个平行测定的结果，如果已经排除了系统误差，规定用标准误来表征 A 类标准不确定度分量的数值。

当 $n$ 足够大时，每一测定结果出现的概率服从正态分布，A 类不确定度的置信概率为 68.3%，$u_A$ 就以标准误表示：

$$u_A = S_{\bar{x}}$$

当 $n$ 只是个位数时（平行测定个数只有几个时），每一测定结果出现的概率服从 $t$ 分布，A 类不确定度的置信概率为 68.3%，$u_A$ 就以下式表示：

$$u_A = tS_{\bar{x}}$$

式中 $t$——置信因子，在这里被称作校正系数，可以根据 $n$ 和要求的显著性因子在 $t$ 分布表中查出该值。对于常规分析，在查该值时，通常采用置信概率 $P = 95\%$ 或显著性因子 $\alpha = 0.05$。

B 类不确定度通常是只考虑仪器的精密度或稳定性问题引起的随机误差，其值近似为仪器测量的极限误差 $\Delta_{Bj}$ 与该仪器测量随机误差的统计分布规律所对应的分布因子 $K_{Bj}$ 之商。

如果某次测量的平行测定个数很多，而误差的数值相差不大，可将其分布视为正态分布，一般取 $K_{Bj} = 2$ 或 $K_{Bj} = 3$。如果某次测量的平行测定个数不多，且仪器测量时，其测量读数在一定区间基本为一个定值，那么其误差分布为均匀分布。一般取 $K_{Bj} = \sqrt{3}$。

仪器测量的极限误差 $\Delta_{Bj}$ 是指实验中所涉及仪器引起的最大误差，一般情况下可直接取仪器出厂检定书或仪器上注明的仪器的误差。即

$$\Delta_{Bj} = \Delta_{仪}$$

在各不确定度分量彼此独立情况下，合成不确定度 u 的计算方法如下：

设测量结果的不确定度的 A 分量和 B 分量分别独立且彼此独立，则合成不确定度为：

$$u = \sqrt{\sum u_{Ai}^2 + \sum u_{Bi}^2}$$

式中 $u_{Ai}$——$u_A$ 的第 $i$ 个分量；

$u_{Bi}$——$u_B$ 的第 $i$ 个分量。

最后应当说明，在分析领域，不确定度的应用目前还不如误差的应用广泛，但是在某些分析领域，它有逐渐取代误差的趋势。

# （三）误差的传递

## 1. 系统误差的传递

加减运算

$$\Delta y = \Delta x_1 + \Delta x_2 + \Delta x_3 + \cdots$$

计算结果的绝对系统误差等于各个直接测量值的绝对系统误差的代数和。

乘除运算

$$\Delta y/y = \Delta x_1/x_1 + \Delta x_2/x_2 + \Delta x_3/x_3 + \cdots$$

计算结果的相对系统误差等于各个直接测量值的相对系统误差的代数和。

### 2. 偶然误差的传递

加减运算

$$S_y^2 = S_{x1}^2 + S_{x2}^2 + S_{x3}^2 + \cdots$$

计算结果的方差（标准偏差平方）等于各个直接测量值方差的加和。

乘除运算

$$\left(S_y/y\right)^2 = \left(S_{x1}/x_1\right)^2 + \left(S_{x2}/x_2\right)^2 + \left(S_{x3}/x_3\right)^2 + \cdots$$

计算结果的相对标准偏差的平方，等于各个直接测量值的相对标准偏差的平方的加和。由此可看出，如果要使测定结果准确性高就需要保证每次测量有较小的误差。

## （四）置信度与置信区间

因为偶然误差难以完全避免，在测定获得数据后必须确定测定数据的可靠程度。

数据的可信程度与偶然误差的存在及出现的概率有着直接关系。对于不含系统误差的无数次平行测定数据，其偶然误差分布可用正态分布曲线（高斯曲线）来表征。以偶然误差 $(x-\mu)$ 为横坐标，偶然误差出现的频率 $y$ 为纵坐标，绘制的正态分布曲线如图 1-4 所示：

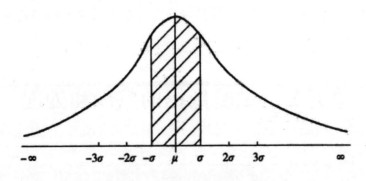

图 1-4　误差正态分布曲线

曲线的形状受总体标准偏差 $\sigma$ 控制，$\sigma$ 很小时，曲线又高又窄，则表明数据精密

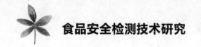

度好。

$3\sigma$ 的数值约等于曲线上的拐点到对称轴的距离，曲线的峰高等于 $1/[\sigma(2\pi)^{1/2}]$。正态分布曲线与横轴所包围面积的大小代表了误差出现的概率（可由高斯方程积分获得）。

### （五）在实验步骤和原始记录中控制误差

控制试验原始数据的误差是控制整个试验误差的基础。一般分析工作中，可根据试验使用的量具和仪器所能达到的最高精确度来读取和记录数据。例如，从万分之一的天平上最小可读出万分之一克，由此天平称量的物质的质量数据通常就记录到小数点后第四位。普通滴定管的刻度的最小单位是 0.1mL，读数和记录的最小值应达到 0.01mL，其中最后一位小数值是要求实验者通过目测得出的估计值。在做食品安全和质量检验试验时，也可按检验工作的要求来读取和记录数据。比如，检验要求称量误差、滴定误差和吸光度误差范围分别小于 ±1%、±1% 和 ±2%，则用万分之一天平时被称量物的质量应不低于 0.02g，用常量滴定管滴定时标准溶液的消耗量应不少于 2mL，用 721 分光光度计时，吸光度值应当控制在 0.05 ~ 0.99 之间。

检验工作的允许误差范围给定后，怎样来计算试验原始数据的控制范围呢？可以下面的计算为例：

如滴定管的最小刻度只精确到 0.1mL，两个最小刻度间可以估读一位，则单次读数估计误差为 ±0.01mL。在分析中要获得一个滴定体积值 V（mL），至少需两次读数，则最大读数误差为 ±0.02mL。若要控制滴定分析的相对误差在要求的 0.1% 以内，则滴定体积要大于：

$$V = \pm 0.02 / \pm 0.1\% = 20mL$$

按以上要求记录原始数据的目的是将整个试验的随机误差控制在分析工作要求的范围内，并且为发现系统误差打好基础。将随机误差控制到允许的范围内后，比较现用分析方法和仪器与用精确方法和仪器的分析结果，就会发现系统误差是否存在和其大小。只有当随机误差和系统误差都控制在允许范围时才可得到满意的分析结果。

# 第五节　试验数据的整理和处理

## 一、原始数据的整理

原始数据信息庞大，在结果计算和误差分析中并不全用，另外直接用原始记录进行结果计算和误差分析也很不方便，所以需要对原始数据进行整理。

对于分析工作来说，数据整理要求用清晰的格式把平行试验、空白试验和对照试验中相同步骤记录下的原始数据分类列出，其类别至少包含结果计算和误差分析等数据处理工作所需要的一切原始数据，比如试样称量数据、稀释倍数、标准溶液浓度和滴定消耗量、吸光度值等。

数据整理完成后，按分析方法指定的结果计算式计算出各试验的结果，并把它们也列入数据整理表中，以便在误差分析和其他数据处理时使用。

## 二、可疑数据的取舍——过失误差的判断

方法：$Q$ 检验法；格鲁布斯（Grubbs）检验法。

作用：确定某个数据是否可用。

经常会遇到这样的情况，一组平行测定数据中，有一个数据与其他数据偏离较大，若随意处置该数据，将产生三种结果：

第一，不应舍去，而将其舍去由于该数据存在的较大偏离是较大偶然误差所引起，舍去后，精密度虽提高，但是准确度降低，如图1-5（1）所示：c线代表真值所在位置，b线代表所有数据的平均值，a线代表舍去最右端数据后的平均值，可见a线偏离真值更大。

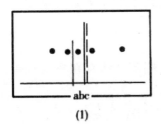 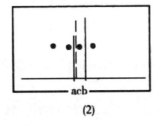

图1-5　可疑值取舍对平均值的影响

第二，应舍去，而未将其舍去该数据存在较大偏离由未发现的操作过失所引起，如果将其保留，结果的精密度和准确度均降低。如图1-5（2）所示，所有数据的平均值（b线）偏离真值（c线）较大。如果将其舍去，则结果的精密度和准确度均提高（a线）。

第三，随意处理的结果与正确处理的结果发生巧合，两者一致虽然结果对了，但这样做盲目性大，随意处理数据使结果无可信而言。

正确的处理是按一定的统计学方法检验可疑值后，再按检验结果决定其取舍。

## 三、分析方法准确性的检验——系统误差的判断

在工作中经常会遇到这样的问题：①建立一种新的分析方法，该方法是否可靠？

②两个实验室或两个操作人员，采用相同方法，分析同样的试样，谁的结果准确？对于第一个问题，新方法是否可靠，需要与标准方法进行对比实验，获得两组数据，然后加以科学对比。对于第二个问题，由于偶然误差的存在，两个结果之间有差异是必然的，但是由偶然误差引起的差异应当是小的、不显著的，只要排除了系统误差，结果的准确度就可通过标准误来判别。无论以上哪种情况，关键是要确定是否存在有系统误差，即检验两组数据之间是否有显著性差异，这是判定新方法是否可靠、谁的结果准确的关键所在。显著性检验方法有 t 检验法与 F 检验法。

## （一）平均值（$\overline{X}$）与标准值（$\mu$）的比较（$t$ 检验法）

该方法用于检验某一方法是否可靠。用被检验方法分析标准试样，得平行测定数据的平均值 $\overline{X}$ 和标准差 $S$，令标准试样的标准值为 $\mu_0$。检验步骤如总体均值的检验——$t$ 检验法。

当 $|t_{计算}|...|t_{表}$ 时，说明分析方法存在系统误差，用此方法得出的 $\mu$ 与 $\mu_0$ 有显著差异。

例如，某化验室测定某样品中 CaO 的质量分数为 30.43%，得如下结果：n=6，$\overline{X}$=30.51%，S=0.05%。问此测定是否有系统误差？

解：已知 $\mu_0$=30.43%，则有

$$t_{计算} = \frac{\overline{X} - \mu_0}{S/\sqrt{n}} = \frac{30.51\% - 30.43\%}{0.05/\sqrt{6}} = 3.9$$

查 $t$ 分布表知：$t_{表}=t_{(0.05f=5)}$=2.57

由于 $t_{计算} > t_{表}$，因此 $\mu$ 和 $\mu_0$ 有显著差异，此测定方法存在系统误差。

## （二）两组数据的标准偏差和平均值比较（同一试样，无标准值）

该方法用于新方法和经典方法（标准方法）测定的两组数据之间比较；两位分析人员或两个实验室测定的两组数据之间的比较。

这种方法的检验步骤如两组测量结果的差异显著性检验。

其中：$t$ 检验用于 $\overline{X}_1$ 与 $\overline{X}_2$ 之间的比较。

当知 $t_{计算} > t_{表}$，表示 $\overline{X}_1$ 与 $\overline{X}_2$ 之间有显著性差异，说明新方法可能还需进一步考察改进，或两位分析人员的分析水平不一致，或者两个实验室的分析水平不一致。

当知 $t_{计算} < t_{表}$，表示 $\overline{X}_1$ 与 $\overline{X}_2$ 之间无显著性差异，说明新方法与经典方法有相似的可靠性，或两位分析人员的分析水平一致，或两个实验室的分析水平一致。

F 检验法用于 $S_1^2$ 与 $S_2^2$ 之间的比较。

由于标准偏差反映测定结果的精密度，F 检验法实质上是检验了两组数据的精密度有无显著性差异。

若 $F_{计算} > F_{表}$，表示两组数据的精密度有显著性差异，反之无显著性差异。

# 第二章 食品一般成分的检测技术

## 第一节 水分的测定

### 一、水分测定的意义

水是食品的重要组成成分。不同种类的食品，水分含量差别很大。控制食品水分含量，对于保持食品具有良好的感官性质，维持食品中其他组分的平衡关系，保证食品具有一定的保存期等均起着重要的作用。比如：新鲜面包的水分含量若低于28%～30%，其外观形态干瘪，失去光泽；硬糖的水分含量一般控制在3.0%左右，过低出现返砂现象，过高易发烊；乳粉水分含量控制在2.5%～3.0%以内，可抑制微生物生长繁殖，延长保存期。此外，原料中水分含量高低，对于原料的品质和保存，进行成本核算，提高经济效益等都有重大意义。所以食品中水分含量的测定是食品分析的重要项目之一。

食品中水分的存在形式，可以按照其物理、化学性质，定性地分为结合水和非结合水两大类。前者一般指结晶水和吸附水，在测定过程中，此类水分较难彻底从物料中逸出。后者包括表面润湿水分、渗透水分和毛细管水，相对来讲，这类水分较易与物料分离。

### 二、测定方法

水分测定的方法有许多种，通常可分为两大类：直接测定法和间接测定法。

直接测定法一般是采用烘干、化学干燥、蒸馏、提取或者其他物理化学方法去掉

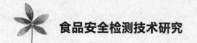 

样品中的水分，再通过称量或其他手段获得分析结果。主要有常压干燥法、减压干燥法、蒸馏法及快速法等。间接测定法一般不从样品中去除水分，而是利用食品的相对密度、折射率、电导、介电常数等物理性质测定水分的方法，称为间接法。此外，还有卡尔　费休法、化学干燥法、微波法、声波和超声波法、核磁共振波谱法、中子法、介电容量法等。

## 三、实训项目——常压干燥法

### （一）实训目的

（1）掌握直接干燥法测定水分的原理及操作要点。
（2）熟悉烘箱使用，掌握称量、恒质等基本操作。

### （二）实训原理

食品中水分含量指在100℃左右直接干燥的情况下所失去物质的质量。但是实际上，在此温度下所失去的是挥发性物质的总量，然而不完全是水。同时，在这种条件下食品中结合水的排除也比较困难。

### （三）实训适用范围

本法为GB/T5009.312010，适用于在（100±5）℃，不含或含微量挥发性物质的食品，如谷物及其制品、淀粉及其制品、调味品、水产品、豆制品、乳制品、肉制品、发酵制品和酱腌菜等食品中水分的测定；不适用于100℃左右的条件下易变质的高糖、高脂肪类食品。测定水分后的样品，适用于脂肪、灰分含量的测定。

### （四）实训仪器

有盖铝皿或者玻璃称量皿；烘箱；干燥器。如图2-1所示。

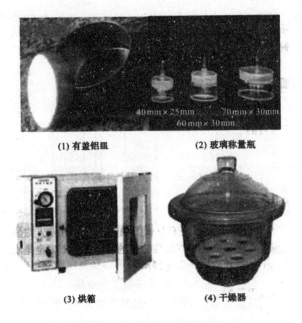

(1) 有盖铝皿　　　　　　　(2) 玻璃称量瓶

(3) 烘箱　　　　　　　　　(4) 干燥器

图 2-1　水分测定实验仪器

## （五）实训操作

精确称取均匀样品 2 ~ 10g，置于已干燥冷却和称重的有盖称量皿中，移入 100 ~ 105 无烘箱内，开盖干燥 2 ~ 3h 后取出，加盖，置干燥器中冷却 0.5h，称重，再烘 1h，冷却、称重，复此操作直到恒质，即前后两次质量差不超过 2mg。

对于黏稠液体或酱类，则先用称量皿称取约 10g 经酸洗和灼烧过的细海砂，内放一根细玻璃棒，于 105℃干燥至恒重，再加入 3.00 ~ 5.00g 样品，用玻璃棒把海砂与样品混匀，然后移入干燥箱内，于 105℃烘至恒重。

## （六）实训结果计算

$$X = \left[ (m_2 - m_1) / m \right] \times 100\%$$

式中 $X$——水分含量（质量分数），%；

$m_1$——恒重后称量皿和样品的质量，g；

$m_2$——恒重前称量皿和样品的质量，g；

$m$——样品质量，g。

# 四、减压干燥法

减压干燥法适用于在较高的温度下，易分解、变质或者不易除去结合水的食品。

如糖浆、果糖、味精、高脂肪食品、果蔬及其制品等的水分含量测定。工艺流程如图2-2所示：

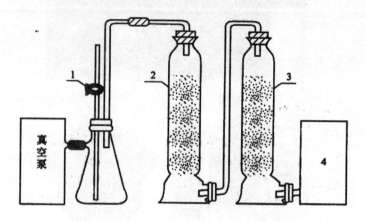

图2-2　减压干燥工艺流程
1—二通活塞 2—硅胶 3—粒状苛性钠 4—真空烘箱

## 五、蒸馏法

蒸馏法广泛用于谷类、果蔬、油菜和香料等多种样品的水分测定，特别对于香料，此方法是唯一公认的水分含量的标准测定方法。蒸馏式水分测定仪如图2-3所示。

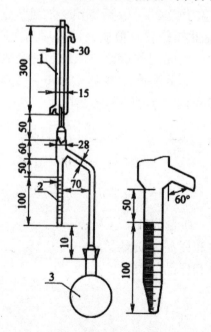

图2-3　蒸馏式水分测定仪
1—直形冷凝器 2—接收器，有效体积2mL，每刻度0.05mL 3—圆底烧瓶

## 六、快速法

### （一）红外线干燥法

以红外线灯管作为热源，利用红外线的辐射热与直射热加热试样，高效并快速地使水分蒸发，根据干燥后试样减少的质量即可求出样品水分含量。红外线干燥法是一种水分快速测定方法，但比较起来，其精密度较差，可作为简易法用于测定 2 ~ 3 份样品的大致水分，或快速检验在一定允许偏差范围内的样品水分含量。

### （二）红外吸收光谱法

根据水分对某一波长的红外线的吸收强度与其在样品中含量存在一定关系的原理，建立了红外线光谱测定水分方法。此法准确、、快速、方便，利于课题的研究，具有广阔的应用前景。

# 第二节 灰分的测定

## 一、概述

食品经高温灼烧后的残留物称作灰分。不同的食品，因为用原料、加工方法及测定条件的不同，各种灰分的组成和含量也不相同，当这些条件确定后，某种食品的灰分常在一定范围内。如谷物及豆类为1% ~ 4%，蔬菜为0.5% ~ 2%，水果为0.5% ~ 1%，鲜鱼、贝为1% ~ 5%，而糖精只有0.01%。如果灰分含量超过了正常范围，说明食品生产中使用了不合乎卫生标准的原料或食品添加剂，或食品在加工、贮运过程中受到了污染。因此，测定灰分可以判断食品受污染的程度。此外，灰分还可以评价食品的加工精度。例如，在面粉加工中，常以总灰分含量评定面粉等级，富强粉为0.3% ~ 0.5%；标准粉为0.6% ~ 0.9%。总之，灰分为某些食品重要的质量控制指标，是食品成分分析的项目之一。

## 二、实训项目—灰分的测定

### （一）实训目的

（1）掌握灰分的测定原理以及方法。

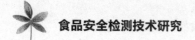

（2）掌握高温炉的使用方法。

## （二）实训原理

把一定量的样品经炭化后放入高温炉内灼烧，让有机物质被氧化分解，以二氧化碳、氮的氧化物及水等形式逸出，而无机物质以硫酸盐、碳酸盐、氯化物等无机盐和金属氧化物的形式残留下来，这些残留物即为灰分，称量残留物的质量即可计算出样品中灰分的含量。

## （三）实训仪器

高温炉；坩埚及坩埚钳；干燥器。如图2-4所示。

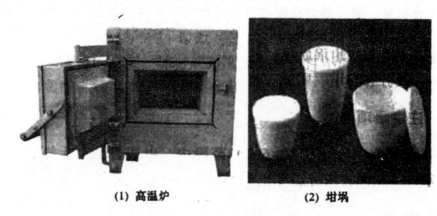

**（1）高温炉**　　　　　**（2）坩埚**

图2-4　灰分测定实验仪器

## （四）实训试剂

（1）1∶4盐酸溶液。
（2）0.5%三氯化铁溶液和等量蓝墨水混合液。

## （五）实训操作

### 1. 瓷坩埚的准备

将瓷坩埚用盐酸（1∶4）煮1～2h，洗净晾干后，用三氯化铁与蓝墨水混合液在坩埚外壁及盖上写上编号，置于550℃高温炉中灼烧1h，移到炉口冷却到200℃左右后，再放入干燥器中，冷却至室温之后准确称量，再放入高温炉内灼烧30min，取出冷却称重，直至恒重（两次称量之差不超过0.5mg）。

### 2. 样品的处理

（1）谷物、豆类等水分含量较少固体样品，粉碎均匀。

（2）含脂肪较多的样品，先捣碎均匀，准确称样后，除去脂肪。

**3. 测定**

准确称取固体样品 2 ~ 3g 或液体样品 5 ~ 10g。液体样品预先在水浴上蒸干，再置电炉上加热，使试样充分炭化至无烟（只冒烟不起火）然后放入高温炉中在 550 ~ 600℃温度下灼烧 2 ~ 4h，至灰中无炭粒存在，打开炉门，把坩埚移至炉口处冷却至 200℃左右，移入干燥器中冷却至室温，准确称量，再灼烧、冷却、称量，直至达到恒质（前后两次称量相差不超过 0.5mg 为恒质）。

## （六）实训结果计算

$$X = \left[ (m_2 - m_0) / (m_1 - m_0) \right] \times 100\%$$

式中 $X$——灰分含量，%；
$m_0$——空坩埚质量，g；
$m_1$——样品和空坩埚质量，g；
$m_2$——灰分和空坩埚质量，g。

## （七）注意事项

（1）灰化温度一般在 525 ~ 600℃范围内，因为食品中无机成分的组成、性质、含量各不相同，灰分温度也有差别。肉制品、果蔬及其制品、砂糖及其制品的灰化温度小于等于 525℃；鱼类及海产品、谷类及其制品、乳制品等的灰化温度小于或等于 550℃；个别样品的灰化温度可以达 600℃。

（2）灰化时间一般以灼烧至灰分呈白色或浅灰色，无炭粒存在并达到恒质为止。

（3）为了加快灰化的进程可加入醋酸镁、硝酸镁等助灰化剂，也可加入 10% 碳酸铵等疏松剂，促进未灰化的炭粒灰化。

# 第三节　酸度的测定

## 一、测定酸度的意义

食品中的酸不仅作为酸味成分，而且在食品的加工、贮运以及品质管理等方面，还起着很重要的作用。如叶绿素在酸性下会变成黄褐色脱镁叶绿素。花青素在不同酸度下，颜色亦不相同；果实及其制品的口味取决于糖、酸的种类、含量及其比例，

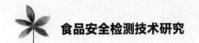

它赋予食品独特的风味；在水果加工中，控制介质 pH 可抑制水果褐变；有机酸能与 Fe、Sn 等金属反应，加快设备和容器的腐蚀作用，影响制品的风味和色泽。

酸的种类和含量的改变，可判断某些制品是否已腐败。比如某些发酵制品中，有甲酸的积累，表明已发生细菌性腐败；含有 0.1% 以上的醋酸表明此水果发酵制品已腐败；油脂的酸度也可判断其新鲜程度。酸度亦是判断食品质量的指标，如新鲜肉的 pH 为 5.7 ~ 6.2，pH>6.7 说明肉已变质。

有机酸在果蔬中的含量，随着成熟度及生长条件不同而异。一般随着成熟度的提高，有机酸含量下降，而糖量增加，糖酸比增大。所以，糖酸比对确定果蔬收获期亦有重要意义。

## 二、酸度的分类

酸度的检验包括总酸度（可滴定酸度）、有效酸度（氢离子活度，pH）和挥发酸。总酸度包括滴定前已离子化的酸，也包括滴定时产生的氢离子。但是人们味觉中的酸度，各种生物化学或其他化学工艺变化的动向和速度，主要不是取决于酸的总量，而是取决于离子状态的那部分酸，所以通常用氢离子活度（pH）来表示有效的酸度。总挥发酸主要是醋酸、甲酸和丁酸等，它包括游离的和结合的两部分，前者在蒸馏时较易挥发，后者比较困难。用蒸汽蒸馏并加入 10% 磷酸，可以使结合状态的挥发酸得以离析，并显著地加速挥发酸的蒸馏过程。

### （一）实训项目——总酸度的测定

**1. 实训目的**

（1）掌握饮料总酸度的测定方法与原理。

（2）熟练掌握滴定法的操作技能。

**2. 实训原理**

饮料中所有酸性物质用标准碱液滴定。根据耗用碱液的体积，计算样品中酸的含量。

**3. 实训样品**

碳酸饮料。

**4. 实训试剂**

（1）0.1mol/L NaOH 标准溶液。，

（2）1% 酚酞乙醇溶液 称取酚酞溶解在 100mL 95% 乙醇中。

**5. 实训仪器**

滴定管；恒温水浴锅；三角瓶。

6. 实训操作

（1）样品处理将样品置于 40℃水浴上加热 30min，除去 $CO_2$，待冷却至室温，准确吸取 25mL 于三角瓶中。加 2 ~ 4 滴酚酞指示剂。

（2）滴定 0.1mol/LNaOH 溶液滴定到红色出现 30s 不褪色为滴定终点。记录消耗 NaOH 溶液的体积。

7. 实训结果计算

$$总酸含量(g/100mL) = \frac{V_1 \times c \times 0.064}{V} \times 100\%$$

式中 $V_1$——滴定消耗 NaOH 溶液体积，mL；

$C$——NaOH 标准溶液的物质的量的浓度，mol/L；

0.064——1mL NaOH 溶液相当于柠檬酸的质量，g/mmol；

V——滴定用样品液的体积，mL。

## （二）挥发酸的测定

挥发酸是指食品中易挥发的有机酸。测定方法有直接法与间接法。直接法是通过水蒸气蒸馏或溶剂萃取把挥发酸分离出来，然后用标准碱液滴定。间接法是将挥发酸蒸发排除后，用标准碱液滴定不挥发酸，最后从总酸中减去不挥发酸即为挥发酸含量。

## （三）有效酸度（pH）的测定

有效酸度是指溶液中 $H^+$ 的浓度，反映的是已解离的那部分酸的浓度，常用 pH 表示。pH 的测定方法有许多种，比如电位法、比色法等等，常用酸度计（即 pH 计）来测定。

# 第四节　脂类的测定

## 一、概述

食品中的脂类主要包括脂肪（甘油三酯）和一些类脂，如磷脂、糖脂、固醇类等。食物中的脂类 95% 是甘油三酯，5% 是其他脂类。人体内贮存的脂类中，甘油三酯高达 99%。脂类的共同特点是具有脂溶性，不但易溶解于有机溶剂，还可溶解其他脂溶性物质如脂溶性维生素等。人类膳食脂肪主要来源于动物的脂肪组织和肉类以及

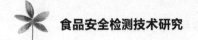

植物种子。

在食品加工生产过程中,原料、半成品、成品的脂肪含量对产品的风味、组织结构、品质、外观、口感等都有直接的影响。蔬菜本身的脂肪含量较低,在生产蔬菜罐头时,添加适量的脂肪可以改善产品的风味;对于面包之类焙烤食品,脂肪含量特别是卵磷脂等成分,对于面包心的柔软度、面包的体积及其结构都有影响。因此,在含脂肪的食品中,其含量都有一定的规定,是食品质量管理中的一项重要指标。测定食品中的脂肪含量,可以用来评价食品的品质,衡量食品的营养价值,并且对实行工艺监督,生产过程的质量管理,研究食品的贮藏方式是否恰当等方面都有重要的意义。食品中脂肪的存在形式有游离态的,如动物性脂肪及植物性油脂;也有结合态的,如天然存在的磷脂、糖脂、脂蛋白及某些加工食品(比如焙烤食品及麦乳精等)中的脂肪与蛋白质或碳水化合物等成分形成结合态。对大多数食品来说,游离态脂肪是主要的,结合态脂肪含量较少。

脂类不溶于水,易溶于有机溶剂。测定脂类大多采用低沸点的有机溶剂萃取的方法。常用的溶剂有乙醚、石油醚和氯仿–甲醇混合溶剂等。其中乙醚溶解脂肪的能力强,应用最多。但其沸点低(34.6℃),易燃,可含约2%的水分,含水乙醚会同时抽出糖分等非脂类成分,所以,使用时必须采用无水乙醚做提取剂,并要求样品必须预先烘干。石油醚溶解脂肪的能力比乙醚弱些,但吸收水分比乙醚少,没有乙醚易燃,使用时允许样品含有微量水分。这两种溶剂只能直接提取游离的脂肪,对于结合态脂类,必须预先用酸或碱破坏脂类和非脂成分的结合后才能提取。因两者各有特点,常常混合使用。氯仿–甲醇是另一种有效的提取剂,它对于脂蛋白、蛋白质、磷脂的提取效率很高,适用范围很广,特别适用于鱼、肉、家禽等食品。

食品的种类不同,其中脂肪的含量及其存在形式就不相同,测定脂肪的方法也就不同。常用的测定脂类的方法有:索氏提取法、酸水解法、罗斯–哥特里法、巴布科克法、盖勃法和氯仿–甲醇提取法等等。

# 二、实训项目——脂类的测定

## (一)索氏提取法

索氏提取法是测定脂肪含量普遍采用的经典方法,为国家标准方法之一,也是美国 AOAO 法 920.39、960.39 中脂肪含量测定方法。该方法适用于脂类含量较高,结合态的脂类含量较少的样品的测定。

### 1. 实训目的

(1)掌握用索氏提取器测定食品中粗脂肪含量的原理和操作技能。
(2)通过对饼干粗脂肪含量的测定,评定被测样品的品质。

## 2. 实训原理

利用有机溶剂将脂肪萃取出来，蒸去提取液中的溶剂，恒质残留物，称取残留物的质量，即粗脂肪质量。

## 3. 实训样品

甜酥性饼干；苏打饼干；韧性饼干。

## 4. 实训试剂

无水乙醚或者石油醚。

## 5. 实训仪器

索氏提取器；恒温水浴锅；瓷研钵；干燥器；橡皮管（通冷却水用）；滤纸；脱脂棉；镊子；称量瓶。如图2-5所示。

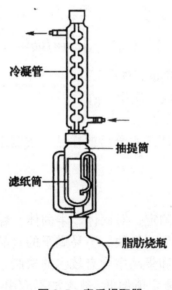

冷凝管

抽提筒

滤纸筒

脂肪烧瓶

图2-5 索氏提取器

## 6. 实训操作

（1）洗净并烘干索氏提取器，将称量瓶（脂肪接收瓶）洗净置100～105℃烘箱内烘1～2h，取出放入干燥器中，冷却至室温后称量，复烘30min后再干燥冷却，直至恒质为止，两次相差不大于4mg。记录称量瓶质量。

（2）每块样品取1/4-1/3，再研碎混匀。

（3）取20cm×8cm的滤纸一张，卷在光滑试管或比色管上（试管直径应比抽提管直径小），将二端约1.5cm纸边插入用手紧捏做成筒底取出管子，在纸筒底部衬入两片滤纸或脱脂棉压紧边缘，纸筒外面用脱脂线捆好备用。

（4）精密称取样品2～3g，置烘箱烘干（约1h）后，移入滤纸筒内，用蘸有乙醚的脱脂棉揩净盛样品的器皿，把此脱脂棉也一并放入滤纸筒内，在筒内覆盖少量

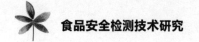

脱脂棉，使样品在滤纸筒中固定，将此滤纸筒放入抽提器的抽提管中。

（5）将抽提管与已恒质的称量瓶连接好，沿抽提管壁倒入无水乙醚至超过虹吸管上部弯曲处（其量为称量瓶容积的 2/3），再连接好冷凝管，通入冷却水，置 60-701C 的恒温水浴中回流抽提，控制速度为 3 ~ 5min 虹吸一次，用滤纸试验脂肪提取完全后（滴在滤纸上的乙醚挥发后无油迹残留），用镊子取出滤纸筒。抽提时间一般为 6 ~ 12h。

（6）重新装好冷凝管，继续加热，利用提取器回收乙醚。待乙醚蒸气冷凝液面稍低于虹吸管上面的弯曲部分时，取下脂肪瓶。

（7）将乙醚回收于乙醚回收瓶中，至脂肪瓶内乙醚剩 1 ~ 2mL 时，把脂肪放在水浴上蒸干。

（8）再将脂肪瓶放在 100-105^ 烘箱中烘 1 ~ 2h，取出置干燥器中冷却，称量，反复操作至恒质（前后两次质量差不超过 0.001g），记录脂肪与称量瓶总质量。

### 7. 实训结果计算

$$X = (m_1 - m_0) / m \times 100\%$$

式中 $X$——样品中脂肪的含量，%；

$m_0$——称量瓶（脂肪接收瓶）质量，g；

$m_1$——脂肪和称量瓶总质量，g；

$m$——样品质量，g（如是测定水分后的样品，按测定水分前的质量计）。

## （二）酸水解法

适用于各类食品中脂肪的测定，对固体、半固体、黏稠液体或者液体食品，特别是加工后的混合食品，容易吸湿、结块、不易烘干的食品，不能采用索氏提取法时，用此法效果较好。鱼类、贝类和蛋品中含有较多的磷脂，在盐酸溶液中加热时，磷脂几乎完全分解为脂肪酸及碱，测定值偏低。故本法不应用于测定含有大量磷脂的食品。

### 1. 实训目的
掌握酸水解法提取脂肪的原理和测定方法。

### 2. 实训原理
样品经酸水解后用乙醚提取，除去溶剂即得游离及结合脂肪质量。

### 3. 实训试剂
95% 乙醇；乙醚（不含过氧化物）；石油醚；盐酸。

### 4. 实训仪器
100mL 具塞刻度量筒；恒温水浴锅；索氏抽脂瓶或锥形瓶。

5. **实训操作**

（1）**样品处理**

固体样品：精密称取样品约 2.00g，置于 50mL 大试管中，加 8mL 水，混匀后再加 10mL 盐酸。

液体样品：称取样品 10.00g 于 50mL 大试管中，加 10mL 盐酸。

（2）**水解**

将试管放入 70 ~ 80℃水浴中，每 5 ~ 10min 用玻璃棒搅拌一次，到样品消化完全为止，约需 40 ~ 50min。

（3）**提取**

取出试管，加入 10mL 乙醇，混合，冷却后将混合物移入 125mL 具塞量筒中，用 25mL 乙醚分数次洗试管，一并倒入量筒中，待乙醚全部倒入具塞刻度量筒后，加塞振摇 1min，振摇时不断小心开塞放出气体，以免样液溅出。静置 15min，小心开塞，用石油醚 - 乙醚等量混合液冲洗塞及筒口附着的脂肪。静置 10 ~ 20min，等待上层有机层全部清晰，把下层水层放入小烧杯后，将乙醚等试剂层放至已恒重的锥形瓶中，再将水层移入具塞刻度量筒中，再加入 6mL 乙醚，如此反复提取两次，将乙醚收集于恒重锥形瓶中，利用索氏抽脂装置或其他冷凝装置回收乙醚及石油醚，将锥形瓶置于沸水浴中完全蒸干，置于 105℃干燥 2min，取出放入干燥器内冷却 30min 后称重。

（4）**称量**

将三角瓶于水浴上蒸干后，置 100 ~ 105℃烘箱中干燥 2h，取出放入干燥器内冷却 30min，称量。

6. **实训结果计算**

$$X = (m_1 - m_0) / m \times 100\%$$

式中 $X$——样品中脂肪的含量，%；

$m_0$——称量瓶（脂肪接收瓶）质量，g；

$m_1$——脂肪和称量瓶总质量，g；

$m$——样品质量，g（如是测定水分后的样品，应按测定水分前的质量计）。

7. **注意事项**

（1）测定的样品须充分研细，液体样品须充分混合均匀，以便消化完全与减少误差。

（2）开始时加入 8mL 水是为防止后面加盐酸时试样固化。水解后加入乙醇可使蛋白质沉淀，降低表面张力，促进脂肪球聚合，同时溶解一些碳水化合物、有机酸等。后面用乙醚提取脂肪时因乙醇可溶于乙醚，故需加入石油醚，降低乙醇在醚中的溶解度。使乙醇溶解物残留在水层，并使分层清晰。

## （三）氯仿-甲醇提取法

氯仿–甲醇提取法简称 CM 法，该法适合于结合态脂类，特别是磷脂含量高的样品，如鱼、贝类、肉、禽、蛋及其制品等。对这类样品，用索氏提取法测定时，脂蛋白、磷脂等结合态脂类不能被完全提取出来，用酸水解法测定时，又会使磷脂分解而损失。在一定水分存在的条件下，用氯仿–甲醇混合液能有效地提取出结合态脂类。本法对高水分的试样测定更为有效，对于干燥试样，可以先在试样中加入一定量的水，使组织膨润，再用氯仿–甲醇混合液提取。

## （四）巴布科克法

巴布科克法是测定乳脂肪的标准方法，适用于鲜乳及乳制品中脂肪的测定。但不适合测定甜炼乳、巧克力和糖类食品，因硫酸可使巧克力和糖发生炭化，结果误差较大。

# 第五节　碳水化合物的测定

## 一、概述

碳水化合物也称为糖类，是人体热能的重要来源。一些糖和蛋白质能合成糖蛋白、与脂肪形成糖脂，这些都是构成人体细胞组织的成分，是具有重要生理功能的物质。碳水化合物在植物界分布很广，种类繁多，它是由 C、H、O 组成的有机物。其基本结构式为 $C_m(H_2O)_n$。从化学结构上看碳水化合物是多羟基醛和多羟基酮的环状半缩醛及其缩合产物。根据分子缩合的多寡，中国营养协会把碳水化合物分为单糖、双糖、寡糖和多糖四大类。合理的膳食组成中，碳水化合物应占摄入总能量 55% ~ 65%。

单糖是指用水解方法不能将其分解的碳水化合物，如葡萄糖、果糖、半乳糖等。对食品分析而言，以 D– 葡萄糖和 D– 果糖最为重要。单糖还包括糖醇、如山梨醇、甘露糖醇等。

双糖包括蔗糖、乳糖、麦芽糖等。

寡糖是指 3 ~ 9 个的单糖聚合物，主要有异麦芽低聚寡糖和棉子糖、水苏糖、低聚果糖等其他寡糖。

多糖由 10 个以上的单糖组成。其主要由淀粉和非淀粉多糖两大类组成。淀粉包括直链淀粉、支链淀粉和变性淀粉等。非淀粉多糖包括纤维素、半纤维素、果胶、亲水胶质物等。

糖类是食品工业的主要原料和辅助材料，在食品加工工艺中，糖类对改变食品的形态、组织结构、物化性质以及色、香、味等感官指标起着十分重要的作用。食品中糖的含量标志着它的营养价值高低，是某些食品的主要质量指标。

测定食品中糖类的方法很多，测定单糖和双糖常用的方法有物理法、化学法、色谱法和酶法等。相对密度、折光法、旋光法等物理方法常用于某些特定样品糖的测定，而一般食品中还原糖、蔗糖、总糖的测定多采用化学法。其包括还原糖法、碘量法、缩合反应法。用酶法测定糖类也有一定的应用。对于多糖淀粉的测定常采用先水解成单糖，然后再用上述方法测定总生成的单糖含量的方法。对果胶及纤维素的测定多采用重量法。

# 二、实训项目一还原糖的测定（直接滴定法）

还原糖主要指葡萄糖、果糖、乳糖、麦芽糖。还原糖的测定方法很多，目前主要采用直接滴定法与高锰酸钾滴定法。

## （一）实训目的

（1）掌握用直接滴定法测定还原糖的原理和测定方法。
（2）通过对样品还原糖的测定，熟练滴定操作；评定样品品质。

## （二）实训原理

在加热的条件下，以次甲基蓝为指示剂，经除去蛋白质的被测样品溶液，直接滴定已标定过的费林试剂，样品中的还原糖与费林试液中的酒石酸钾钠铜络合物反应，生成红色的氧化亚铜沉淀。氧化亚铜再与试剂中的亚铁氰化钾反应，生成可溶性化合物，到达终点时，稍过量的还原糖立即将次甲基蓝还原，由蓝色变为无色，呈现出原样品溶液的颜色，即为终点。根据样品消耗的体积，计算还原糖的含量。

## （三）实训样品

硬质糖果。

## （四）实训试剂

**（1）费林试剂甲液**
称取 15g 五水硫酸铜（$CuSO_4 \cdot 5H_2O$）及 0.05g 次甲基蓝，溶于水中并且稀释至 1000mL。

**（2）费林试剂乙液**
称取 50g 酒石酸钾钠以及 75g 氢氧化钠，溶于水中，再加入 4g 亚铁氰化钾，完全溶解后，用水稀释至 1000mL。

（3）醋酸锌溶液

称取 21.9g 醋酸锌，加 3mL 冰醋酸，加水稀至 100mL。

（4）亚铁氰化钾溶液

称取 10.6g 亚铁氰化钾溶解于水中，并稀释至 100mL。

（5）葡萄糖标准溶液

葡萄糖标准溶液准确称取 1.000g 经过 80℃ 干燥到恒质的葡萄糖（纯度在 99% 以上）。加水溶解后加入 5mL 盐酸（防腐），并以水稀释至 1000mL，溶液浓度为 1mg/mL。

## （五）实训仪器

容量瓶；三角瓶；移液管；滴定管。实训装置如图 2-6 所示：

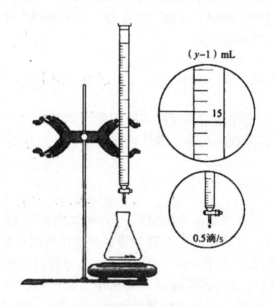

图 2-6　还原糖测定的实验装置

## （六）实训操作

### 1. 样品处理

精密称取研碎样品 2g 于烧杯中，用水溶解之后，移入容量瓶中，加入 3mL 醋酸锌溶液和 3mL 亚铁氰化钾溶液，混匀，使蛋白质沉淀，再加水稀释至刻度，摇匀；用滤纸过滤于烧杯之中，以初滤液洗涤烧杯数次，然后收集样品滤液备用。

### 2. 标定费林试剂

准确吸取费林试剂甲液和乙液各 5mL 于 150mL 三角瓶中（甲、乙液混合后生成氧化亚铜沉淀，因此，应将甲液加入到乙液，使生成的氧化亚铜沉淀重溶），加水 10mL，加入玻璃珠 2 粒，将葡萄糖标准溶液注入滴定管中，从滴定管中加约 9mL 葡萄糖标准溶液于三角瓶中，将三角瓶置电炉上加热，控制在 2min 内加热至沸，在沸腾状态下以每 2s 一滴的速度继续滴加葡萄糖标准溶液，直到溶液蓝色刚好褪去为滴定终点。记录消耗葡萄糖标准溶液的体积。

### 3. 样品溶液预测定

准确吸取费林试剂甲液和乙液各 5mL 于三角瓶中，加水 10mL，加入玻璃珠 2 粒，将三角瓶置电炉上加热，控制在 2min 内加热至沸，在沸腾状态下以 4 ~ 5 s– 滴的速度，从滴定管中滴加样品溶液，待溶液颜色变浅时，以每 2s 一滴的速度滴定，直至溶液蓝色刚好褪去为滴定终点。记录样品消耗体积。

### 4. 样品溶液测定

准确吸取费林试剂甲液和乙液各 5mL 于三角瓶中，加水 10mL，加入玻璃珠 2 粒。从滴定管中滴加比预测定体积少 1mL 的样品溶液，将三角瓶置电炉上加热，控制在 2min 内加热至沸，在沸腾状态下以每 2s 一滴的速度继续滴加样品溶液，直至溶液蓝色刚好褪去为滴定终点。记录消耗样品溶液的体积。（平行操作 3 次，取平均值）

## （七）实训结果计算

$$还原糖含量\ (以葡萄糖计\ \%) = \frac{c \times V_1 \times V}{m \times V_2 \times 1000} \times 100\%$$

式中 $c$——葡萄糖标准溶液的浓度，mg/mL，

$m$——样品质量，g；

$V$——样品定容，mL；

$V_1$——滴定 10mL 费林试液（甲、乙各 5mL）消耗了葡萄糖标准溶液的体积，mL；

$V_2$——测定时平均消耗样品溶液的体积，mL。

## （八）注意事项

（1）费林试剂甲液和乙液应分别贮存。

（2）滴定必须在沸腾条件下进行，其原因：一是可以加快还原糖与 $Cu^{2+}$ 的反应速度；二是次甲基蓝反应是可逆的，还原型次甲基蓝遇到空气中的氧气时又会被氧化为氧化型。此外氧化亚铜也极不稳定，易被空气中氧所氧化。保持反应液沸腾可防止空气进入，避免次甲基蓝和氧化亚铜被氧化而增加耗糖量。

（3）样品液中还原糖浓度不宜过高或过低，一般控制在 0.1% 为宜。

（4）正式测定样品液时，预先加入比预测用量少 1mL 左右的样品液，且继续滴定至终点的体积应控制在 0.5 ~ 1mL 之内，以确保在 1min 内完成滴定工作，提高测定的准确度。

（5）滴定至终点指示剂被还原糖所还原，蓝色消失，呈淡黄色，稍放置接触空气中的氧气，指示剂被氧化，又重新变成蓝色，此时不应当滴定。

（6）醋酸锌及亚铁氧化钾作为本法的澄清剂，这两种试剂混合形成白色的氰亚铁锌沉淀，能使溶液中的蛋白质共同沉淀下来，用于乳品及富含蛋白质的浅色糖液，澄清效果较好。

# 三、实训项目——蔗糖的测定

蔗糖是由一分子的葡萄糖和一分子果糖缩合而成，易溶于水，微溶于乙醇，不溶于乙醚。蔗糖水解后生成葡萄糖和果糖。

我国标准测定方法（GB 5009.8—2008）甚至国外通用方法均是采用还原糖的测定方法。

## （一）实训原理

样品经除去蛋白质后，将蔗糖用盐酸水解，生成还原糖，再按还原糖的方法测定。水解前后还原糖的差值即是蔗糖的含量。

## （二）实训试剂

6mol/L 盐酸溶液；0.1% 甲基红乙醇溶液；其他试剂和还原糖测定相同。

## （三）实训操作

（1）样品处理按还原糖测定法中的直接法处理。

（2）测定吸取处理后的样品溶液50mL各2份置于容量瓶中，一份加入5mL6mol/L的盐酸溶液，在68～70℃水浴中加热15min，冷却后加2滴甲基红指示剂，用20%氢氧化钠溶液中和至中性，加水至刻度獲，摇匀。另一份按直接滴定法测定还原糖。

## （四）实训结果计算

$$蔗糖含量(\%) = (X_2 - X_1) \times 0.95$$

式中 $X_2$——水解处理后还原糖的含量，%；

$X_1$——不经水解处理的还原糖的含量，%；

0.95——还原糖（以葡萄糖计）换算成蔗糖系数。

## 四、总糖的测定

食品中的总糖是指具有还原性的糖和在测定条件下能水解为还原性单糖的蔗糖的总量。

测定总糖通常以还原糖的测定方法为基础，把食品中的非还原性双糖，经酸水解成还原性单糖，再按还原糖测定法进行测定。

## 五、淀粉的测定

淀粉是一种多糖，它广泛存在于植物的根、茎、叶、种子等组织中，是人类食物的重要组成部分，也为供给人体热能的主要来源。

许多食品中都含有淀粉，有的来自原料，有的是生产过程中为了改变食品的物理性状作为添加剂而加入的。如在糖果制造中作为填充剂；在雪糕、冰棒等冷饮食品中作为稳定剂；在肉罐制品中作为增稠剂，以增加制品的黏着性和持水性；在面包、饼干、糕点生产中用来调节面筋浓度和胀润度，使面团具有适合于工艺操作的物理性质等。淀粉含量是某些食品主要的质量指标，是食品生产管理中常用的分析项目。

淀粉的测定方法很多，通常采用酸或酶将淀粉水解为还原性单糖，再按还原糖测定法测定后折算为淀粉量。

## 六、膳食纤维的测定

纤维是人类膳食中不可缺少的重要物质之一，在维持人体健康，预防疾病方面有着独特的作用，已日益引起人们的重视。食品粗纤维的测定，对食品品质管理和营养价值的评定具有重要意义。

食物纤维是指不能被人体消化道所分解消化的多糖类和木质素，总称膳食纤维。膳食纤维的测定方法主要有三种：非酶重量法、酶重量法与酶化学法。非酶重量法是一个古老的测定方法，只能用于粗纤维的测定。酶重量法可以测定总膳食纤维，是 AOAC 的标准方法。酶化学法是 AOAC 新近推荐的标准方法，但是受条件限制，普通实验室难以实施。

# 第六节 蛋白质及氨基酸的测定

## 一、概述

蛋白质是生命的物质基础，是构成生物体细胞组织的重要成分，是生物体发育及修补组织的原料，一切有生命的活体都含有不同类型的蛋白质。人体内的酸碱平衡、水平衡的维持，遗传信息的传递，物质的代谢及转运都和蛋白质有关。人及动物只能从食品得到蛋白质及其分解产物，来构成自身的蛋白质，故蛋白质是人体重要营养物质，也是食品中重要的营养指标。

在各种不同的食品中蛋白质含量各不相同。一般说来，动物性食品的蛋白质含量高于植物性食品。例如，牛肉中蛋白质含量为 20.0% 左右，猪肉为 9.5%，大豆为40%，稻米为 8.5%。在食品加工过程中，蛋白质及其分解产物对食品的色、香、味和产品质量都有很大影响。测定食品中蛋白质的含量，对于评价食品的营养价值、合理开发利用食品资源、提高产品质量、优化食品配方、指导经济核算及生产过程控制均具有极其重要意义。

测定蛋白质含量最常用的方法是凯氏定氮法。因为食品中蛋白质含量不同又分为常量凯氏定氮法、半微量凯氏定氮法、微量凯氏定氮法及缩二脲法等。

## 二、实训项目一白质的测定（常量凯氏定氮法）

### （一）实训目的

（1）掌握凯氏定氮法测定蛋白质的原理及操作技术。
（2）了解凯氏定氮仪的几个组成部分的功能。

### （二）实训原理

蛋白质是含氮的有机化合物。样品与浓硫酸和催化剂一同加热消化，让蛋白质分解，分解的氨与硫酸结合生成硫酸铵，然后碱化蒸馏使氨游离，用硼酸吸收后再用硫酸或盐酸标准溶液滴定，根据酸的消耗量乘以换算系数，则为蛋白质含量。

## （三）实训试剂

（1）浓硫酸；硫酸铜；硫酸钾。

（2）40% 氢氧化钠溶液。

（3）4% 硼酸吸收液，称取 20g 硼酸溶解于 500mL 热水中，摇匀备用。

（4）甲基红 – 溴甲酚绿混合指示剂，1 份 0.1% 甲基红乙醇溶液与 5 份 0.1% 溴甲酚绿乙醇溶液，临用时混合。

## （四）实训仪器

凯氏烧瓶（500mL）；定氮蒸馏装置。

## （五）实训操作

### 1. 样品处理

准确称取均匀的固体样品 0.2 ~ 2.0g，2 ~ 5g 半固体试样或者吸取 10 ~ 20mL 液体试样（约相当氮 30 ~ 40mg），移入干燥的 100mL 或 500mL 定氮瓶中，加入 0.2g 硫酸铜，3g 硫酸钾及 20mL 硫酸，稍摇匀后于瓶口放入一小漏斗，将瓶以 45° 角斜支于有小孔的石棉网上（图 2-7）。小心加热，待内容物全部炭化，泡沫完全停止后，加强火力，并保持瓶内液体沸腾，至液体呈蓝绿色澄清透明后，再继续加热 0.5 ~ 1h。取下放冷，小心加 20mL 水。放冷后，移入 100mL 容量瓶中。并且用少量水洗定氮瓶，洗液并入容量瓶中，再加水到刻度，混匀备用。

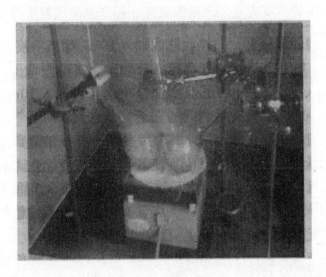

图 2-7 炭化装置

## 2. 装置准备

按图2-8装好定氮蒸馏装置。

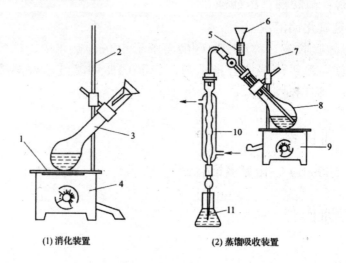

图2-8　常量凯氏定氮消化、蒸馏装置
1—石棉网；2、7—铁支架；3—凯氏烧瓶；4、9—电炉；5—玻璃珠；6—进样漏斗；8—蒸馏烧瓶；
10—冷凝管；11—吸收液

装好定氮装置，于水蒸气发生瓶内装水至2/3处，加入数粒玻璃珠，加甲基红指示液数滴及数毫升硫酸，以保持水呈酸性，采用调压器控制，加热煮沸水蒸气发生瓶内的水。

## 3. 碱化蒸馏

夹紧水蒸气发生器与反应室之间的螺旋夹，松开水蒸气发生器瓶塞上的螺旋夹和反应室下端的螺旋夹，向接收瓶内加入10mL硼酸溶液（20g/L）及1~2滴混合指示液，并使冷凝管的下端插入液面下，准确吸取10mL样品消化稀释液由小漏斗流入反应室，用10mL水洗涤小漏斗再加入10mL 40%氢氧化钠溶液，立即夹紧小漏斗和反应室之间的夹子，并水封以防漏气。打开水蒸气发生器和反应室之间的螺旋夹，夹紧水蒸气发生器瓶塞上的螺旋夹和反应室下端的螺旋夹，开始蒸馏。蒸汽通入反应室使氨通过冷凝管而进入接收瓶内，蒸馏5min。移动接收瓶，液面离开冷凝管下端，再蒸馏1min。然后用少量水冲洗冷凝管下端外部。取下接收瓶。松开水蒸气发生器瓶塞上的螺旋夹，迅速夹紧水蒸气发生器和反应室之间的螺旋夹，把废液排出。

以盐酸标准滴定溶液（0.05mol/L）滴定至灰色或蓝紫色为终点。同时准确吸取10mL试剂空白消化液按以上方法操作：

## （六）实训结果计算

$$X = \frac{c \times (V_1 - V_2) \times F \times 100\%}{W \times 1000}$$

式中 $X$——样品中蛋白质的含量，%；

$V_1$——样品消耗盐酸标准滴定液的体积，mL；

$V_2$——试剂空白消耗盐酸标准滴定液的体积，mL；

$C$——盐酸标准滴定液的浓度，mol/L；

$W$——样品的质量或体积，g 或 mL；

$F$——氮换算为蛋白质的系数。

蛋白质中的氮含量一般为 15% ~ 17.6%，按 16% 计算乘以 6.25 即为蛋白质。乳制品为 6.38，面粉为 5.70，玉米、高粱为 6.24，肉与肉制品为 6.25，大豆及其制品为 5.71，肉与肉制品为 6.25，大麦、小米等为 5.83，芝麻、向日葵为 5.30。

## （七）说明

一般样品中尚有其他含氮物质，测出的蛋白质为粗蛋白。如要测定样品的蛋白氮，则需向样品中加入三氯乙酸溶液，使其最终浓度为 5%，然后测定未加入三氯乙酸的样品及加入三氯乙酸溶液后样品上清液中的含氮量，进一步计算出蛋白质含量：蛋白氮 = 总氮 – 非蛋白氮。

# 三、实训项目—氨基酸总量的测定（茚三酮比色法）

## （一）实训目的

学习茚三酮比色法测定氨基酸含量的方法。

## （二）实训原理

除脯氨酸、羟脯氨酸和茚三酮反应产生黄色物质外，所有氨基酸和蛋白质的末端氨基酸在碱性条件下与茚三酮作用，生成蓝紫色化合物，可以用吸光光度法测定。该蓝紫色化合物的颜色深浅与氨基酸含量成正比，其最大吸收波长为 570nm，故据此可以测定样品中氨基酸含量。本法可适用于氨基酸含量的微量检测。

## （三）实训试剂

### 1. 2% 茚三酮溶液称

取用茚三酮 1.0g，溶于 25mL 热水，加入 40mg 氯化亚锡（$SnCl_2 \cdot H_2O$），搅拌过滤（作防腐剂）。滤液置冷暗处过夜，定容至 50mL，摇匀备用。

### 2. PH8.04 磷酸缓冲液

准确称取磷酸二氢钾（$KH_2PO_4$）4.5350g 于烧杯中，用少量蒸馏水溶解后，定量

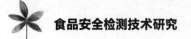 

转入 500mL 容量瓶中，用水稀释至标线，摇匀备用；再准确称取磷酸氢二钠（$Na_2HPO_4$）11.9380g 于烧杯中，用少量蒸馏水溶解后，定量转入 500mL 容量瓶中，用水稀释到标线，摇匀备用。取上述配好的磷酸二氢钾溶液 10.0mL 与 190mL 磷酸氢二钠溶液混合均匀即为 PH8.04 的磷酸缓冲溶液。

### 3. 氨基酸标准溶液

准确标准氨基酸 0.2000g 于烧杯中，先用少量水溶解之后，定量转入 100mL 常量瓶中，用水稀释到标线，摇匀，准确吸取此液 10.0mL 于 100mL 容量瓶中，加水到标线，摇匀，此为 200mg/L 氨基酸标准溶液。

## （四）实训仪器

分光光度计，如图 2-9 所示。

图 2-9　分光光度计

## （五）实训操作

### 1. 标准曲线绘制

准确吸取 20mg/L 的氨基酸标准溶液 0.0、0.5、1.0、1.5、2.0、2.5、3.0mL（相当于 0、100、200、300、400、500、600p.g 氨基酸），分别置于 25mL 容量瓶或比色管中，各加水补充至容积为 4.0mL，然后加入茚三酮溶液和磷酸盐缓冲溶液各 1mL，混合均匀，于水浴上加热 15min，取出迅速冷到室温，加水至标线，摇匀。静置 15min 后，在 570nm 波长下，以试剂空白为参比液测定其余各溶液的吸光度 A。用氨基酸的微克数为横坐标，吸光度 4 为纵坐标，绘制此标准曲线。

### 2. 样品测定

吸取澄清的样品溶液 1 ~ 4mL，按标准曲线制作步骤，在相同条件下测定吸光度 A 值，测得的 A 值在标准曲线上可查得对应的氨基酸微克数。

## （六）实训结果计算

$$氨基酸含量(\mu g/100g) = C \times 100/(m \times 1000)$$

式中 $C$——从标准曲线上查得的氨基酸的质量数，$\mu g$；

$m$——测定的样品溶液相当于样品的质量，g。

## （七）说明

（1）通常采用的样品处理方法准确称取粉碎样品 5 ~ 10g 或吸取样液样品 5 ~ 10mL 置于烧杯中，加入 50mL 蒸馏水和 5g 左右活性炭，加热煮沸，过滤，用 30 ~ 40mL 热水洗涤活性炭，收集滤液于 100mL 容量瓶中，加水到标线，摇匀备测。

（2）茚三酮受阳光、空气、温度、湿度等影响而被氧化呈淡红色或深红色，使用前须进行纯化，纯化方法取 10g 茚三酮溶于 40mL 热水中，加入 lg 活性炭，摇动 1min，静置 30min，过滤，将滤液放入冰箱中过夜，即出现蓝色结晶，过滤，用 2mL 冷水洗涤结晶，置于干燥器中干燥，装瓶备用。

# 第七节　维生素的测定

## 一、概述

维生素是维持人体正常生理功能所必需的一类天然有机化合物。其种类繁多，结构复杂，理化性质及生理功能各异，并且具有以下共同点：维生素或其前体都在天然食物中存在；它们既不能供给机体热能，也不能构成机体成分，其主要功用是通过作为辅酶的成分来调节代谢过程，需要量极小；一般在体内不能合成，或合成量不能满足生理需要，必须经常从食物中摄取；长期缺乏任何一种都会导致相应疾病，摄入量过多，超过生理需要量，可导致体内积存过多而引起中毒。

在正常摄取条件下，没有任何一种食物可满足人体所需的全部维生素，人们必须在日常生活中合理调配饮食结构，以获得适量的各种维生素。测定食品中维生素的含量，在评定食品的营养价值，开发利用富含维生素的食品资源，指导人们合理调整膳食结构，防止维生素缺乏症以及在食品加工、贮存过程中指导人们制定合理工艺及贮存条件等方面，具有重要的意义及作用。

根据维生素的溶解性特性，习惯上将其分为两大类：脂溶性维生素和水溶性维生素。前者溶于脂肪或脂溶剂，是在食物中与脂类共存的一类维生素，包括维生素 A、维生素 D、维生素 E、维生素 K 等。其共同特点为摄入后存在于脂肪组织中，不能从

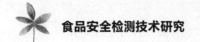

尿中排出，大剂量摄入时引起中毒。后者溶于水，包括 B 族维生素、维生素 C 等。其共同特点是一般只存在于植物性食物中，满足组织需要后都能从机体排出。人体比较容易缺乏而在营养上又较重要的维生素主要有：维生素 A、维生素 D、维生素 E、维生素 C、维生素 B1、维生素 $B_2$、维生素 $B_5$、维生素 $B_6$ 等。

测定维生素含量的方法有化学法、仪器法、微生物法与生物鉴定法。

# 二、实训项目一维生素 A 的测定（三氯化锑光度法）

维生素 A 存在于动物性脂肪中，主要来源于肝脏、鱼肝油、蛋类、乳类等动物性食物中，在植物体内以胡萝卜素的形式存在。

维生素 A 的测定方法有三氯化锑比色法、紫外分光光度法、荧光法、气相色谱法和高效液相色谱法等。

## （一）实训目的

（1）掌握三氯化锑比色法测定维生素 A 的原理及测定方法。

（2）掌握分光光度计的操作技术。

## （二）实训原理

在氯仿溶液中，维生素 A 与三氯化锑作用可生成蓝色可溶性络合物，其深浅与维生素 A 的含量在一定范围内成正比，但是需在一定时间内在 620nm 波长处测定吸光度。

## （三）实训试剂

（1）无水硫酸钠

不吸附维生素 A。

（2）乙酸酐。

（3）无水乙醚

应不含过氧化物，以免使维生素 A 破坏，否则应蒸馏后再用。重新蒸乙醚时，瓶内放入少许铁末或细铁丝。弃去 10% 初爾液和 10% 残留液。

（4）无水乙醇

不应含醛类物质，否则应脱醛处理。取 2g 硝酸银溶于少量水中。取 4g 氢氧化钠溶于温乙醇中。将两者倾入盛有 1L 乙醇的试剂瓶内，振摇后，暗处放置 2d。取上清液蒸馏，弃去初馏液 50mL。如乙醇中含醛较多，可适当增加硝酸银用量。

（5）三氯甲烷

不应含分解物，以免使维生素 A 破坏，否则应除去。除去分解物时，可置三氯甲烷于分液漏斗中，加水洗涤数次，用无水硫酸钠或氯化钙脱水，然后蒸馏。

（6）20% ～ 25% 三氯化锑 – 三氯甲烷溶液

将 20 ～ 25g 干燥的三氯化锐迅速投入装有 100mL 三氯甲烷的棕色瓶中，振摇，使之溶解，再加入无水硫酸钠 10go 用时吸取上层清液。

（7）50%M 氧化钾溶液。

（8）0.5mol/L 氢氧化钾溶液。

（9）维生素 A 标准溶液

视黄醇（纯度 85%）或视黄醇乙酸酯（纯度 90%）经皂化处理后使用。取脱醛乙醇溶解维生素 A 标准品，使其浓度大约为 1mL 相当于 1mg 视黄醇。临用前以紫外分光光度法标定其准确浓度。

（10）酚酞指示剂

用 95% 乙醇配制 1% 的溶液。

## （四）实训操作

### 1. 标准曲线的绘制

准确吸取维生素 A 标准溶液 0、0.1、0.2、0.3、0.4、0.5mL 于 6 个 10mL 容量瓶中，用三氯甲烷定容，得到标准系列使用液。再取 6 个 3cm 比色杯顺次移入标准系列使用液各 1mL，每个杯中加乙酸酐 1 滴，制成标准比色系列。在 620nm 波长处，以 10mL 二氯甲烷加 1 滴乙酸酐调节光度计零点。然后在标准比色系列按顺序移到光路前，迅速加入 9mL 三氯化锑 – 三氯甲烷溶液，于 6s 内测定吸光度（每支比色杯都在临测前加入显色剂）。以维生素 A 含量为横坐标，以吸光度为纵坐标绘制曲线。

### 2. 样品处理

因含有维生素 A 的样品，多为脂肪含量高的油脂或动物性食品，故必须首先除去脂肪，把维生素 A 从脂肪中分离出来。常规的去脂方法是采用皂化法与研磨法。

#### （1）皂化

称取 0.5 ～ 5.0g 经组织捣碎机捣碎或充分混匀的样品于三角瓶中，加入 10mL50% 氢氧化钾及 20 ～ 40mL 乙醇，在电热板上回流 30min。加入 10mL 水，稍稍振摇，如无混浊现象，表示皂化完全。

#### （2）提取

将皂化液移入分液漏斗。先用 30mL 水分 2 次冲洗皂化瓶（如有渣子，用脱脂棉滤入分液漏斗），再用 50mL 乙醚分 2 次冲洗皂化瓶，所有洗液并入分液漏斗中，振摇 2min（注意放气），提取不皂化部分。静置分层后，水层放入第二分液漏斗中。皂化瓶再用 30mL 乙醚分 2 次冲洗，洗液倾入第二分液漏斗中，振摇后静置分层，将水层放入第三分液漏斗中，醚层并入第一分液漏斗中。如此重复操作，直到醚层不再使三氯化锑 – 三氯甲烷溶液呈蓝色（无维生素 A）为止。

**（3）洗涤**

在第一分液漏斗中，加入 30mL 水，轻轻振摇；静置片刻后，放去水层。再在醚层中加入 15 ~ 20mL0.5mol/L 的氢氧化钾溶液，轻轻振摇之后，弃去下层碱液（除去醚溶性酸皂）。继续用水洗涤，至水洗液不再使酚酞变红为止。醚液静置 10 ~ 20min 后，小心放掉析出的水。

**（4）浓缩**

将醚液经过无水硫酸钠滤入三角瓶中，再用约 25mL 乙醚冲洗分液漏斗和硫酸钠 2 次，洗液并入三角瓶内。用水浴蒸馏，回收乙醚。待瓶中剩约 5mL 乙醚时取下。减压抽干，立即准确加入一定量三氯甲烷（约 5mL），使溶液中维生素 A 含量在适宜浓度范围内（3 ~ 5μg/mL）。

**3. 样品测定**

取 2 个 3cm 比色杯，分别加入 1mL 三氯甲烷（样品空白液）与 lmL 样品溶液，各加 1 滴乙酸酐。其余步骤同标准曲线的制备。分别测定样品空白液和样品溶液的吸光度，从标准曲线中查出相应的维生素 A 含量。

## （五）实训结果计算

$$X = \left[ (C - C_0)/m \right] \times V \times 100/1000$$

式中 $X$——维生素 A 含量，mg/100g；，

$C$——由标准曲线上查得样品溶液中维生素 A 含量，μg/mL；

$C_0$——由标准曲线上查得样品空白维生素 A 的含量，μg/mL；

$m$——样品质量，g；

$V_0$——样品提取后加入三氯甲烷定容之体积，mL；

100/1000——将样品中维生素 A 由 μg/g 折算成 mg/100g 折算系数。

# 三、实训项目——维生素 C 的测定（2，6- 二氯靛酚滴定法）

维生素 C 又名抗坏血酸，是一种己糖醛酸。维生素 C 广泛存在于植物组织中，新鲜的水果、蔬菜，特别是枣、辣椒、苦瓜、柿子叶、猕猴桃、柑橘等食品中含量尤为丰富。

维生素 C 具有较强的还原性，对光敏感，氧化后的产物称为脱氢抗坏血酸，仍然具有生理活性，进一步水解生成 2，3- 二酮古洛糖酸，则失去了生理作用。

测定维生素 C 常用的方法有靛酚滴定法、苯肼比色法、荧光法及高效液相色谱法、极谱法等。

## （一）实训目的

（1）掌握 2，6- 二氯靛酚滴定法测定维生素 C 的原理以及操作技术。
（2）掌握滴定的操作技术。

## （二）实训原理

还原型抗坏血酸（即维生素 C）可以还原染料 2，6- 二氯靛酚。该染料在酸性溶液中呈粉红色（在中性或碱性溶液中呈蓝色），被还原后颜色消失。还原型抗坏血酸还原染料后，本身被氧化成脱氢抗坏血酸。在没有杂质干扰时，一定量的样品提取液还原标准染料液的量，与样品中还原型抗坏血酸含量成正比。

## （三）实训试剂

（1）10g/L 的草酸溶液；20g/L 的草酸溶液；10g/L 淀粉溶液；60g/L 碘化钾溶液。
（2）抗坏血酸（维生素 C）标准溶液

准确称取 20mg 抗坏血酸，溶于 10g/L 的草酸中，并稀释到 100mL，置冰箱中保存。用量取出 5mL，置于 50mL 容量瓶中，用 10g/L 草酸溶液定容，配成 0.02mg/mL 的标准溶液。

①标定：吸取此标准液 5mL 于三角瓶中，加入 60g/L 碘化钾溶液 0.5mL、10g/L 淀粉溶液 3 滴，以 0.001mol/L 碘酸钾标准溶液滴定，终点为淡蓝色。

②计算：

$$C = \frac{V_1 \times 0.088}{V_2}$$

式中 $C_0$——抗坏血酸标准溶液的浓度，mg/mL；
$V_1$——滴定时消耗 0.001 mol/L 碘酸钾标准溶液的体积，mL；
$V_2$——滴定时所取抗坏血酸的体积，mL；
0.088——1mL 0.001 mol/L 碘酸钾标准溶液相当于抗坏血酸的量，mg/mL。

（3）2，6- 二氯靛酚溶液

称取 2，6- 二氯靛酚 50mg，溶于 200mL 含有 52mg 碳酸氢钠的热水中，待冷却，置于冰箱中过夜。次日过滤于 250mL 棕色容量瓶中，定容，于冰箱中保存。每星期标定 1 次。

①标定：取 5mL 已知浓度抗坏血酸标准溶液，加入 10g/L 草酸溶液 5mL，摇匀，用 2，6- 二氯靛酚溶液滴定至溶液呈粉红色，在 15s 不褪色为终点。

②计算：

$$T = \frac{C \times V_1}{V_2}$$

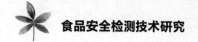

式中 $T$——每毫升染料溶液相当于抗坏血酸的质量，mg/mL；

$C$——坏血酸的浓度，mg/mL；

$V_1$——坏血酸标准溶液的体积，mL；

$V_2$——消耗 2，6- 二氯靛酚的体积，mL。

（4）0.000167mol/L 碘酸钾标准溶液

准确称取干燥的碘酸钾 0.357g，用水稀释至 100mL，取出 1mL，用水稀释至 100mL，此种溶液 1mL 相当于抗坏血酸 0.088mg。

## （四）实训操作

### 1. 鲜样制备

称 100g 鲜样品，加等量的 20g/L 草酸溶液，倒进组织捣碎机中打成匀浆。取 10 ~ 40g 匀浆（含抗坏血酸 1 ~ 2mg）于 100mL 容量瓶内，用 10g/L 草酸稀释至刻度，混合均匀。

### 2. 干样品制备

称 1 ~ 4g 干样品（含 1 ~ 2mg 抗坏血酸）放入乳钵内，加 10g/L 草酸溶液磨成匀浆，倒入 100mL 容量瓶中，用 10g/L 草酸稀释至刻度。过滤上述样液，不易过滤的可用离心机沉淀后，倒出上清液，过滤备用。

### 3. 滴定

吸取 5 ~ 10mL 滤液。置于 50mL 三角瓶中，快速用 2，6- 二氯靛酚溶液滴定，直到红色不能立即消失，而后再尽快一滴一滴的加入，以呈现的粉红色于 15s 内不消失为终点。同时做空白。

## （五）实训结果计算

$$X = \frac{(V - V_0) \times T}{m} \times 100\%$$

式中 $X$——样品中抗坏血酸含量，mg/100g；

$T$——1mL 染料溶液相当于抗坏血酸标准溶液的量，mg/mL；

$V$——滴定样液时消耗染料的体积，mL；

$V_0$——滴定空白时消耗染料的体积，mL；

$m$——滴定时所取滤液中含有样品的质量，g。

# 第三章 食品添加剂检测技术

## 第一节 食品中主要防腐剂的检测技术

食品行业中常用防腐剂主要有：苯甲酸、山梨酸、脱氢乙酸、对羟苯甲酸、对羟苯甲酸乙酯、对羟苯甲酸丙酯、对羟苯甲酸丁酯、对羟苯甲酸异丙酯、对羟苯甲酸异丁酯、水杨酸、对苯二酚。这里我们以山梨酸和苯甲酸为例，简要说明苯甲酸、山梨酸及其盐的检测技术。

### 一、高效液相色谱法检测技术

#### （一）方法目的

掌握高相液相色谱仪的使用方法，了解高效液相色谱法测定食品中苯甲酸、山梨酸及其盐的原理和方法。

#### （二）检测原理

经过加温去除 $CO_2$ 和 $C_2H_5OH$ 后，调节溶液 pH 到中性后过滤，最后再进入高效液相色谱仪进行分离，根据保留时间和峰面积进行定性和定量。

## （三）适用范围

此方法适用于果汁、汽水、配制酒等饮用品中的苯甲酸、山梨酸含量的测定。还可以同时检测糖精钠的含量。

## （四）试剂材料

此方法所用的试剂应首选色谱纯、优级纯（GR），不低于分析纯（AR），水溶液使用纯水器制取。

①$CH_3OH$ 经 $0.5\mu m$ 滤膜过滤。稀 $NH_3 \cdot H_2O$（1：1）加水等体积混合。

②$CH_3COONH_4$ 溶液（0.02mol/L）：称量 1.54g $CH_3COONH_4$，加水 1000mL 溶解，经 0.45Mm 滤膜过滤。

③$2\%NaHCO_3$ 溶液：称量 2g $NaHCO_3$（GR），加水到 100mL，振摇溶解。

④苯甲酸标准储备溶液：准确称量苯甲酸 0.1000g，加 $2\%NaHCO_3$ 溶液 5mL，加热溶解，移入 100mL 容量瓶中，加水定容至 100mL，苯甲酸含量 1mg/mL，为储备溶液。

⑤山梨酸标准储备溶液：准确称量山梨酸 0.1000g，加 $2\%NaHCO_3$ 溶液 5mL，加热溶解，移入 100mL 容量瓶中，加水定容至 100mL，山梨酸含量 1mg/mL，为储备溶液。

⑥苯甲酸、山梨酸标准混合溶液：取苯甲酸、山梨酸标准储备溶液各 10.0mL，置 100mL 容量瓶中，加水至刻度。此溶液含苯甲酸、山梨酸各 0.1mg/mL。经 0.45pm 滤膜过滤。

## （五）主要仪器设备

高效液相色谱仪，紫外检测器。

## （六）方法步骤

### 1. 样品处理

①汽水：称量 5.00 ~ 10.0g 试样，倒入小烧杯中，加温搅拌除去 $CO_2$，用 $NH_3 \cdot H_2O$（1：1）将 pH 调节到 7 左右，加水定容至 10 ~ 20mL，经 $0.45\mu m$ 滤膜过滤。

②果汁类：称量 5.00 ~ 10.0g 试样，用 $NH_3 \cdot H_2O$（1：1）将 pH 调节到 7 左右，加水定容至适当体积，离心沉淀，上清液经 $0.45\mu m$ 滤膜过滤。

③配制酒类：称量 10.0g 试样，放入小烧杯中，水浴加热除去 $C_2H_5OH$，用 $NH_3 \cdot H_2O$（1：1）把 pH 调节到 7 左右，加水定容到适当体积，经 $0.45\mu m$ 滤膜过滤。

### 2. 高效液相色谱参考条件

YWG-$C_{18}$ 4.6mm × 250mm，$10\mu m$ 不锈钢柱；流动相为 $CH_3OH$-0.02mol/L $CH_3COONH_4$ 溶液（5：95）；流速为 1mL/min；进样量 $10\mu L$；紫外检测器（230nm 波长，0.22AUFS）。

## （七）结果参考计算

根据保留时间定性，外标峰面积法定量。试样中苯甲酸或山梨酸含量按下式进行计算：

$$X = A \times V_1 \times 1000 / (m \times V_2 \times 1000)$$

式中，$X$ 为试样中苯甲酸或山梨酸的含量，g/kg；$A$ 为进样体积中苯甲酸或山梨酸的质量，mg；$V_2$ 为进样体积，mL；$V_1$ 为试样稀释液总体积，mL；$m$ 为试样质量，g。

## （八）方法分析与评价

①在有效数字处理方面，通常保留两位有效数字。在相同条件下重复进行的两次测定结果的绝对差值不得超过算术平均值的 10%。

②样品中如果存在 $CO_2$ 或者酒精时应通过加热除去，含有脂肪和蛋白质的样品应先将脂肪和蛋白质除去，以防止 $C_2H_5OH$ 提取时发生乳化。

③被测液的 pH 对测定结果和色谱柱的寿命都有一定的影响，pH ＞ 8 或者 PH ＜ 2 时，被测组分的保留时间受到影响，仪器受到腐蚀。

④本方法可同时测定糖精钠。

⑤山梨酸的灵敏波长为 254nm，在此波长测苯甲酸、糖精钠灵敏度较低，苯甲酸、糖精钠的灵敏波长为 230nm，为了照顾三种被测组分灵敏度，方法采用波长为 230nm。

⑥对共存物进行干扰试验表明：蔗糖在 230nm 处无吸收，柠檬酸吸收很小，在这一条件下，咖啡因和人工合成色素不被洗脱，因此它们的存在不会影响苯甲酸、山梨酸以及糖精钠的检测。

⑦检测样品中常会存在脂肪和蛋白质，这对检测来说是极其不利的因素。如果处理不干净会造成色谱柱灵敏度降低，影响检测的进行。对奶粉、月饼这样的高脂肪、高蛋白的样品可以 10% 钨酸钠溶液作为沉淀剂，效果较好，采用 10% 亚铁氰化钾溶液和 20% 醋酸锌溶液则效果更理想。

# 二、气相色谱法检测技术

## （一）方法目的

掌握气相色谱仪的使用方法，学会使用气相色谱法检测食品中的苯甲酸、山梨酸以及其盐的原理与方法。

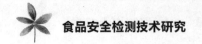

## （二）原理

待测样品经酸化处理后，采用乙酸提取苯甲酸和山梨酸，并且用气相色谱氢火焰离子化检测器进行分离测定，在检测时与标准液作对比。检测出苯甲酸、山梨酸的量后，再计算出苯甲酸钠、山梨酸钾量。

## （三）适用范围

色相色谱检测技术适用于酱油、果汁等食品中苯甲酸、山梨酸以及其盐含量的测定，最低检出量为 1μg。

## （四）试剂材料

①乙醚（不含过氧化物），石油醚（30～60）℃，优级纯 HCl，无水硫酸钠。

② 4%NaCl 酸性溶液：在 4%NaCl 溶液中加入少量 HCl 与水的混合物（HCl：$H_2O$=1：1）进行酸化。

③山梨酸、苯甲酸标准溶液：准确称量山梨酸、苯甲酸各 0.200g，放置于 100mL 容量瓶中，用石油醚－乙醚（3：1）溶剂溶解稀释至刻度。此溶液为 2.0mg/mL 山梨酸或苯甲酸。

④山梨酸、苯甲酸标准使用液：取适量山梨酸、苯甲酸标准溶液，以石油醚－乙醚（3：1）混合溶剂稀释至每毫升相当于 50μg、100μg、150μg、200μg、250μg 山梨酸或苯甲酸。

## （五）主要仪器设备

气相色谱仪：配有氢火焰离子化检测器。

## （六）色谱参考条件

玻璃色谱柱，内径 3mm，长 2m，内装涂以 5%（质量分数）琥珀酸二甘醇酯（DEGS）与 1%（质量分数）磷酸（$H_3PO_4$）固定液的 60～80 目 Chro-mosorb WAW。载气为氮气，流速 50mL/min（氮气和空气、氢气之比按各仪器型号不同选择各自最佳比例条件）。进样口的温度 230℃，检测器温度 230℃，柱温 170℃。

## （七）方法步骤

### 1. 样品提取

称量 2.50g 事先混匀的样品，放置于 25mL 带塞量筒中，加 0.5mL HCl-$H_2O$（1：1）酸化，用 15mL、10mL 乙醚提取两次，每次振摇 1min，将上层乙醚提取液吸入另一个 25mL 带塞量筒中。合并乙醚提取液。用 3mL4%NaCl 酸性溶液洗涤两次，静置 15min，用滴管将乙醚层通过无水硫酸钠滤入 25mL 容量瓶中。加乙醚至刻度，混匀。准确吸取 5mL 乙醚提取液于 5mL 带塞刻度试管中，置 40℃水浴上挥干，加入 2mL 石油醚 – 乙醚（3∶1）混合溶剂溶解残渣，以备用。

**2. 测定**

①进样 2μL 标准系列中各浓度标准使用液于气相色谱仪中，可测得不同浓度山梨酸、苯甲酸的峰高，以浓度为横坐标，相应的峰高值为纵坐标，绘制标准曲线。山梨酸的参考保留时间约为 173s，苯甲酸的参考保留时间约为 368s。

②进样 2μL 样品溶液，测得峰高，然后和标准曲线比较定量。

## （八）结果计算

$$X = m_1 \times V_1 \times 25 \times 1000 / (m_2 \times V_2 \times 5 \times 1000)$$

式中，$X$ 为样品中山梨酸或苯甲酸的含量，g/kg；$m_1$ 为测定用样品溶液中山梨酸或苯甲酸的质量，μg，$V_1$ 为加入石油醚 – 乙醚（3∶1）混合溶剂的体积，mL；$V_2$ 为测定时进样的体积，μL；$m_2$ 为样品的质量，g；5 为测定时吸取乙醚提取液的体积，mL；25 为样品乙醚提取液的总体积，mL。

由测得苯甲酸的量乘以 1.18，即为样品中苯甲酸钠的含量。

## （九）方法分析与评价

①计算结果保留两位有效数字。在重复条件下获得的两次独立测定结果的绝对差值不得超过算术平均值的 10%。

②样品处理时，酸化的目的是使苯甲酸钠、山梨酸钠转变为苯甲酸或者山梨酸，便于乙醚提取。

③由测得苯甲酸的量乘以相对分子质量比 1.18，即为样品中苯甲酸钠含量；由测得山梨酸的量乘以相对分子质量比 1.34，即是样品中山梨酸钾的含量。

④通过无水硫酸钠层过滤后的乙醚提取液应达到去除永分的目的，否则乙醚提取液在 40℃挥发去乙醚后如仍残留水分会影响测定结果。如有残留水分必须将其挥发干，但会析出极少量白色 NaCl，当出现此情况时，应搅动残留的无机盐后加入石油醚 – 乙醚（3∶1）振摇，取上清液进样，否则 NaCl 会覆盖苯甲酸和山梨酸，使测定结果偏低。

⑤本方法回收率山梨酸为 81% ~ 98%，相对标准偏差 2.4% ~ 8.5%；苯甲酸的回收率为 92% ~ 102%，相对标准偏差 0.7% ~ 9.9%。

⑥气相色谱仪的操作按仪器操作说明进行。注意点火前严禁打开氮气调节阀，以免氢气逸出引起爆炸；点火后，不允许再转动放大调零旋钮。

## 三、薄层色谱法检测技术

### （一）方法目的

掌握薄层色谱法测定食品中苯甲酸、山梨酸及其盐的原理以及方法，了解食品安全监测技术与管理其适用范围。

### （二）原理

试样酸化后，用乙醚提取苯甲酸、山梨酸。将试样提取液浓缩，点于聚酰胺薄层板上，展开、显色，根据薄层板上苯甲酸、山梨酸的比移值，和标准比较定性，并可进行概略定量。

### （三）适用范围

本法适用于果酱、汽水、果汁、配制酒等食品中苯甲酸、山梨酸含量的测定。

### （四）试剂材料

①石油醚（30～60）℃，乙醚（不含过氧化物），聚酰胺粉：200目，HCl–$H_2O$（1：1）。

②4%NaCl酸性溶液：于4%NaCl溶液中加少量HCl（1：1）酸化。

③展开剂：a.$C_4H_9OH$–$NH_3$–$H_2O$–无水$C_2H_5OH$（7：1：2）。

异丙醇–$NH_3 \cdot H_2O$–无水$C_2H_5OH$（7：1：2）。

④山梨酸标准溶液：准确称量0.2000g山梨酸，用少量$C_2H_5OH$溶解后移入100mL容量瓶中，并稀释至刻度，此溶液每毫升相当于2.0mg山梨酸。

⑤苯甲酸标准溶液：准确称量0.2000g苯甲酸，用少量$C_2H_5OH$溶解后移入100mL容量瓶中，并稀释至刻度，此溶液每毫升相当于2.0mg苯甲酸。

⑥显色剂：溴甲酚紫–50%$C_2H_5OH$溶液（0.04%），用0.4%NaOH溶液调至pH为8。

### （五）主要仪器设备

吹风机；层析缸；10cm×18cm玻璃板；10μL、100μL微量注射器；喷雾器。

### （六）方法步骤

#### 1. 试样提取

称量2.50g均匀的试样，放置在25mL带塞量筒中，加0.5mL HCl–$H_2O$（1：1）酸化，用15mL、10mL乙醚提取两次，每次振摇1min，把上层醚提取液吸入另一个25mL带塞量筒中，合并乙醚提取液。用3mL4%NaCl酸性溶液洗涤两次，静止

15min，用滴管将乙醚层通过无水硫酸钠滤入 25mL 容量瓶中。加乙醚至刻度，混匀。吸取 10.0mL 乙醚提取液分两次放置于 10mL 带塞离心管中，在约 40℃的水浴上挥干，加入 0.10mLC₂H₅OH 溶解残渣，备用。

**2. 测定**

①聚酰胺粉板的制备：称量 1.6g 聚酰胺粉，加 0.4g 可溶性淀粉，加约 15mL 水，研磨 3～5min，立即倒入涂布器内制成 10cm×18cm、厚度 0.3mm 的薄层板两块，室温干燥后，于 80℃干燥 1h，取出，放置于干燥器中保存。

②点样：在薄层板下端 2cm 的基线上，用微量注射器点 1mL、2mL 试样液，同时各点 1mL、2mL 山梨酸、苯甲酸标准溶液。

③展开与显色：将点样后的薄层板放入预先盛有展开剂的展开槽内，展开槽周围贴有滤纸，待溶剂前沿上展至 10cm，取出挥干，喷显色剂，斑点成黄色，背景为蓝色。试样中所含山梨酸、苯甲酸的量和标准斑点比较定量（山梨酸、苯甲酸的比移值依次为 0.82，0.73）。

## （七）结果参考计算

$$X = A \times V_1 \times 25 \times 1000 / (m \times V_2 \times 10 \times 1000)$$

式中，$X$ 为试样中苯甲酸或者山梨酸的含量，g/kg；$A$ 为测定用试样液中苯甲酸或山梨酸的质量，mg；$V_1$ 为加入 $C_2H_5OH$ 的体积，mL；$V_2$ 为测定时点样的体积，mL；$m$ 为试样质量，g；1 为测定时吸取乙醚提取液的体积，mL；25 为试样乙醚提取液总体积，mL。

## （八）方法分析与评价

①酸化处理样本的目的是让苯甲酸钠、山梨酸钾转化为苯甲酸和山梨酸，然后用有机溶剂提取。

②如果样品中含有 $CO_2$、$C_2H_5OH$ 时必须加热除去，含有脂肪和蛋白质的样品应首先除去，以避免采用乙醚萃取时发生乳化。

③薄层色谱使用的溶剂应及时更换，以避免存放太久而引起性质的改变。

④用湿法制薄层，应在水平的台面上，否则会造成薄层厚度的不一致；晾干应放在通风良好的地方，无灰尘，以防薄层被污染；烘干后应放在干燥器中冷却、贮存。

⑤展开前，展开剂应在缸中提前平衡 1h，目的是维持缸内的蒸气压平衡，避免其出现边缘效应。

⑥展开剂液层高度 0.5～1cm 不能超过原线高度，展开至上端，待溶液前沿上展至 10cm 时，取出挥干。

⑦在点样时最好用吹风机边点边吹干，在原线上点，直至点完一定量。且点样点直径不宜超 2mm。

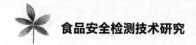

⑧本方法可用于食品中苯甲酸、山梨酸和糖精钠的检测，其优点是检测灵敏度高，缺点是操作烦琐、重现性较差。

⑨本方法最低检出量山梨酸为3μg，苯甲酸为3μg，回收率分别为82%～90%、90%～105%。

# 第二节　食品中主要抗氧化剂的检测技术

食品用抗氧化剂是一类食品添加剂，其作用是防止或者延缓食品抗氧化的能力。近年来，我国在食品抗氧化剂的科研、开发和生产上取得了显著的成效。虽然食品抗氧化剂能够延缓食品被氧化的程度，但是它毕竟是添加剂，如若不按标准使用还会给人带来毒副作用，况且有的企业又不顾国家规定，违规添加。因此，食品中必须严格控制抗氧化剂的加入量。

丁基羟基茴香醚（BHA）、2,6-二叔丁基对甲酚（BHT）和叔丁基对苯二酚（TBHQ）都有抗氧化能力，在不同的油脂中它们的抗氧化能力也有所不同，如在植物油中，其抗氧化能力的顺序为：TBHQ > BHT > BHA；对动物油脂而言，抗氧化能力顺序为：TBHQ > BHA > BHT。

抗坏血酸是一种抗氧化剂，用于抑制水果和蔬菜切割表面的酶促褐变，同时还能和氧气反应，除去食品包装中的氧气，防止食品氧化变质。

下面介绍一下这几类抗氧化剂的检测方法：

## 一、高效液相色谱法检测

### （一）BHA、BHT、TBHQ的检测

#### 1. 方法目的
学习和掌握高效液相色谱法检测食品中BHA、BHT和TBHQ的方法以及样品前处理技术。

#### 2. 适用范围
适用于植物油中BHA、BHT和TBHQ含量的测定。

#### 3. 原理
样品中BHA、BHT和TBHQ经$CH_3OH$提取纯化，反向C18柱分离后，用紫外检测器280nm检测，外标法定量。

## 4. 试剂

除非另有说明，均使用分析纯和二级水。

$CH_3OH$ ：色谱纯。

乙酸：色谱纯。

$1mg/mL$ 混合标样储备液：取 BHA、BHT 和 TBHQ 各 100mg，用 $CH_3OH$ 溶解并定容至 100mL。

流动相：流动相 A 为 $CH_3OH$，流动相 B 为 1% 乙酸水溶液。

## 5. 主要仪器

分析天平，感量 0.0001g；离心机，转速为 3000r/min；旋涡混合器；15mL 带塞离心管；0.45Mm 有机相滤膜；Nova-pakC$_{18}$ 色谱柱（3.9mm×150mm）；高效相液相色谱仪，带紫外检测器。

## 6. 操作步骤

### （1）试样准备

①澄清、无沉淀物的液态样品。振摇装有实验样品的密闭容器，使样品尽可能均匀。

②浑浊或有沉淀物的液态样品测定下列项目：a. 水分与挥发物；b. 不溶性杂质；c. 质量浓度；d. 任何需要使用未过滤的样品进行测定或加热会影响测定时。

剧烈摇动装有实验样品的密闭容器，直至沉积物从容器壁上完全脱落后，立即将样品转移至另一容器，检查是否还有沉淀物黏附在容器壁上，如果有，则需将沉淀物完全取出（必要时打开容器），且并入样品中。

测定所有的其他项目时，将装有实验样品的容器放置于 50℃ 的干燥箱内，当样品温度达到 50℃ 后按①操作。如果加热混合后样品没有完全澄清，可在 50℃ 恒温干燥箱内将油脂过滤或用热过滤漏斗过滤。为避免脂肪物质因氧化或聚合而发生变化，样品在干燥箱内放置的时间不宜太长。过滤后的样品应完全澄清。

③固态样品：当测定②中规定的 a ~ d 项时，为保证样品尽可能均匀，可将实验室样品缓慢加温到刚好可以混合后，再充分的混匀样品。

测定所有的其他项目时，将干燥箱温度调节到高于油脂熔点 10℃ 以上，在干燥箱中熔化实验样品。如果加热后样品完全澄清。则按照①进行操作。如果样品浑浊或有沉淀物，须在相同温度的干燥箱内进行过滤或用热过滤漏斗过滤。过滤后的样品应完全澄清。

### （2）试液的制备

准确称量植物油样品约 5g（精确至 0.001g），放置于 15mL 带塞离心管中，加入 8mL $CH_3OH$，旋涡混合 3min，放置 2min，以 3000r/min 离心 5min，取出上清液于 25mL 容量瓶中，残余物每次用 8mL $CH_3OH$ 提取 2 次，把全部清液收集在 25mL 容量瓶中，用 $CH_3OH$ 定容，摇匀，经 0.45μm 有机相滤膜过滤，滤液待液相色谱分析。

### （3）色谱分析

取 $1mg/mL$ 混合标样储备液，用 CH3OH 稀释至 10μg/mL、50μg/mL、100μg/

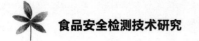 

mL、150μg/mL、200μg/mL、250μg/mL，标准使用液连同样品依次进样，进行液相色谱检测，建立工作曲线。

色谱条件：流速 0.8mL/min，进样量 10μL，柱温为室温，检测器波长 280nm。流动相 A 为 $CH_3OH$，流动相 B 为 1% 乙酸水溶液。

### 7. 结果计算

样品中 BHA、BHT 与 TBHQ 含量测定结果数值以毫克每千克（mg/ kg）表示，按以下公式计算：

$$X = A \times \frac{V_1 \times D}{V_2} \times \frac{1000}{M}$$

式中，$X$ 为样品中 BHA、BHT 和 TBHQ 含量，mg/ kg；$A$ 为将样品分析所得峰面积代入工作曲线，计算所得进样体积样品中 BHA、BHT 和 TBHQ 含量，μg；$V_1$ 为加入流动相体积，mL；$V_2$ 为进样量体积，μL；D 为样液的总稀释倍数；D 为样品质量，g。

取平行测定结果的算术平均值为测定结果，结果保留一位小数。

### 8. 精密度

在相同条件下进行两次独立测试获得的测定结果的绝对差值不可超过算术平均值的 10%，以大于这两个测定值的算术平均值的 10% 的情况不超过 5% 为前提。

## （二）D-异抗坏血酸钠的检测

### 1. 方法目的

掌握高效液相色谱法测定食品中 D- 异抗坏血酸钠含量的原理及方法。

### 2. 原理

试样中 D- 异抗坏血酸溶于偏磷酸溶液中，滤膜过滤之后注入高效液相色谱仪中，测得峰高与标准比较定量。

### 3. 适用范围

罐头类食品、水产品及其制品、熟肉制品、果蔬汁（肉）饮料和葡萄酒等食品中 D- 异抗坏血酸钠含量的测定。

### 4. 试剂材料

①乙腈色谱纯，偏磷酸分析纯。

②4% 偏磷酸溶液：取偏磷酸 4g，加水溶解成 100mL，如产生不溶物，需过滤。2% 偏磷酸溶液：取偏磷酸 2g，加水溶解成 100mL，如果产生不溶物，需过滤，阴暗处保存。

③标准液的制备：准确称量异抗坏血酸钠 10mg，放入 100mL 棕色容量瓶中，用 2%

偏磷酸溶液溶解并加至刻度，作为标准液（此液 1mL 相当于异抗血酸钠 100μg）。准确吸取标准液 1mL、2mL、3mL，分别加入 10mL 棕色容量瓶中，再用 2% 偏磷酸溶液进行稀释至刻度。此液作为标准曲线用标准液（此液分别相当于异抗坏血酸钠 10μg/mL、20μg/mL、30μg/mL）。

### 5. 主要仪器设备

具有紫外可见分光检测器的高效液相色谱仪，超声波振荡器。

### 6. 方法步骤

**（1）样品处理**

①液体和半固体食品：一般准确称量相当于 1～5mg 异抗坏血酸的样品 20g 以下，放入 100mL 棕色容量瓶中，再加入等量的 4% 偏磷酸溶液，然后加 2% 偏磷酸溶液至刻度。用 0.45μm 滤膜过滤器过滤，将此溶液作为样品溶液。

②粉状和固体食品：一般准确称量相当于 1～5mg 异抗坏血酸的样品 10g 以下，放入 100mL 棕色容量瓶中，加入等体积的 4% 偏磷酸溶液，再加入 60mL 2% 偏磷酸溶液成悬浊液。然后用超声波振荡提取 15min，用滤纸过滤，用 100mL 棕色容量瓶接收滤液。容器和残渣用 10mL 2% 偏磷酸溶液分两次冲洗，洗液与滤液合并，再加 2% 偏磷酸溶液至刻度。此液用 0.45μm 滤膜过滤器过滤，把此溶液作为样品溶液。

**（2）测定**

①色谱条件：ODSC$_{18}$ 色谱柱：内径约为 4.6mm，长约 250mm；柱温 50℃；洗脱液为乙腈 – 水 – 乙酸（83：15：2）；流速 3.0mL/min；测定波长：254nm；进样量 15μL。

②标准曲线：分别吸取 15μL 标准曲线用标准液，注入高效液相色谱仪中。用所测得的峰高，绘制标准曲线。

③样品测定：准确吸取 15μL 样品溶液，注入高效液相色谱仪中。测得峰高，从标准曲线上求出样品溶液中异抗坏血酸钠的含量（μg/mL），然后按照公式计算样品中异抗坏血酸钠的含量（mg/100g）。

**（3）结果参考计算**

$$X = \rho \times 10 / m$$

公式中，$X$ 为异抗坏血酸钠含量，mg/100g；$\rho$ 是样品溶液的含量，μg/mL；$m$ 为取样量，g。

**（4）方法分析与评价**

计算结果保留两位有效数字，在相同条件下测量的两次独立测定结果的绝对差值不得超过算数平均值的 10%。

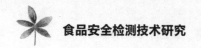

## 二、气相色谱法检测

### （一）方法目的

掌握气相色谱法测定 BHA 和 BHT 含量的方法。

### （二）适用范围

糕点和植物油等食品中 BHA 和 BHT 的测定。

### （三）原理

试样中的 BHA 和 BHT 用石油醚提取，通过色谱柱使 BHA 与 BHT 净化，浓缩后，经气相色谱分离，氢火焰离子化检测器检测，根据试样峰高与标准峰高比较定量。

### （四）试剂

石油醚：沸程 30 ~ 60℃。

二氯甲烷，分析纯。

二硫化碳，分析纯。

无水硫酸钠，分析纯。

硅胶 G：60 ~ 80 目，于 120℃活化 4h，放入干燥器中备用。

BHA、BHT 混合标准储备液：准确称量 BHA、BHT（纯度为 99%）各 0.1g，混合后用二硫化碳溶解，定容至 100mL 容量瓶中，此溶液为每毫升分别含 1.0mgBHA、BHT，置冰箱保存。

BHA、BHT 混合标准使用液：吸取标准储备液 4.0mL 在 100mL 容量瓶中，用二硫化碳定容至 100mL 容量瓶中，此溶液为每毫升分别含 0.040mgBHA，BHT，置冰箱中保存。

### （五）主要仪器

气相色谱仪：附 FID 检测器。

蒸发器：容积 200mL。

振荡器。

色谱柱：1cm×30cm 玻璃柱，带活塞。

气相色谱柱：柱长 1.5m、内径 3mm 的玻璃柱内装涂质量分数是 10% 的 QF-1Gas ChromQ（80 ~ 100 目）。

## （六）操作步骤

### 1. 准备试样

称量 500g 含油脂较多的试样，含油脂少的试样 1000g，然后用对角线取四分之二或六分之二，或根据试样情况选取有代表性试样，于玻璃乳钵中研碎，混匀后放置广口瓶内保存于冰箱中。

### 2. 提取脂肪

①含油脂高的试样：称量 50g，混匀，放置于 250mL 带塞锥形瓶中，加入石油醚 50mL，放置 12h 后用滤纸过滤，采用减压蒸馏的方法回收溶剂，留下脂肪备用。

②含油脂中等的试样：称量 100g，混匀，放置于 500mL 带塞锥形瓶中，加入石油醚 100 ~ 200mL，放置 24h，经过滤后采用减压蒸馏的方法回收溶剂，留下脂肪备用。

③含油脂少的试样：称量 250 ~ 300g，混匀，放置于 500mL。放置于 500mL 带塞锥形瓶中，加适量石油醚浸泡试样，放置 24h，经过滤后采用减压蒸馏的方法回收溶剂，留下脂肪备用。

### 3. 方法步骤

①色谱柱填充：在色谱柱底部铺垫少量的玻璃棉，再加入少量无水硫酸钠，将硅胶—弗罗里硅土（6+4）共 10g，通常采用石油醚湿法混合装柱，装柱完成后在柱顶加入少量无水硫酸钠。

②试样准备：称量脂肪 0.50 ~ 1.00g，量取 25ml 石油醚，把脂肪溶于石油醚，然后移至色谱柱上。量取 100mL 二氯甲烷，均分为五份，淋洗脂肪，得到淋洗液。采用减压浓缩的方法将淋洗液浓缩，在浓缩近干时，用二硫化碳定容至 2.0mL，得到的溶液即为待测液。

③植物油准备试样：称量混匀试样 2.00g，置于 50mL 烧杯中，量取 30mL 石油醚，倒入试样中，溶解后的试样转移到色谱柱上，由于烧杯壁上有少量的试样存在，因此还需用石油醚洗涤数次，同样转移至色谱柱上。量取 100mL 二氯甲烷，均分为五份，经五次淋洗后得到淋洗液。采用减压浓缩的方法浓缩至近干，然后使用二硫化碳定容至 2.0mL，得到的溶液即为待测溶液。

### 4. 测定

将标准溶液和待测液各 3.0μL 分别注入气相色谱仪，绘制色谱图，然后再对比标准液与待测液的峰高和峰面积，计算出 BHA 与 BHT 的含量。

## （七）结果计算

待测溶液 BHA（或 BHT）的质量按下式进行计算：

$$m_1 = \frac{h_i}{h_s} \times \frac{V_m}{V_i} \times V_s \times c_s$$

式中，$m_1$ 为待测溶液 BHA（或 BHT）的质量，mg；$h_1$ 为注入色谱试样中 BHA（或 BHT）的峰高或峰面积；$h_s$ 为标准使用液中 BHA（或 BHT）的峰高或峰面积；% 为注入色谱试样溶液的体积，mL；$V_m$ 为待测试样定容的体积，mL；$V_s$ 为注入色谱中标准使用液的体积，mL；$C_s$ 为标准使用液的浓度，mg/mL。

食品中以脂肪计 BHA（或者 BHT）的含量按下式进行计算：

$$X_1 = \frac{m_1 \times 1000}{m_2 \times 1000}$$

式中，$X_1$ 为食品中以脂肪计 BHA（或 BHT）的含量，g/kg；$m_1$ 为待测溶液中 BHA（或 BHT）的质量，mg；$m_2$ 为油脂（或食品中脂肪）的质量，g。

计算结果保留三位有效数字。两次测量结果的绝对差值不超过算数平均值的 15%。

# 第三节 食品中合成着色剂的检测技术

着色剂（food co10ur）又称色素，即使食品着色和改善食品色泽的食品添加剂，可分为食用天然色素和食用合成色素两大类。食用色素广泛用于果汁、果酒、腌制品中，国家食品部门规定了食用色素的最大加入量。

食品中合成着色剂测定的国标方法有高效液相色谱法、薄层色谱法和示波极谱法等，这里详细介绍高效液相色谱法。

## 一、原理

食品中的合成色素可以采用聚酰胺吸附法或液—液分配法提取，将提取的合成色素制成水溶液注入高效液相色谱仪，经过对反相色谱分离，通过峰面积比较进行定量分析或根据保留时间进行定性分析。

## 二、方法步骤

①试样处理：根据不同的食品采用不同的处理方法。

②色素提取：常用的有聚酰胺吸附和液—液分配这两种提取方法。

③色谱条件：色谱柱，YWG—$C_{18}$ 10μm 不锈钢柱，4.6mm（i.d）×250mm。流动相，$CH_3OH$：$CH_3COONH_4$ 溶液（pH4，0.02mol/L）。梯度洗脱，$CH_3OH$20%～35%，3%/min；35%～98%，9%/min；98% 继续 6min。流速，1mL/min。紫外检测器，254nm 波长。

④测定：取相同体积样液和合成着色剂标准使用液分别注入高效液相色谱仪，根据保留时间定性，外标峰面积法定量。

结果计算：

试样中着色剂的含量按下式进行计算：

$$X = \frac{m_1 \times 1000}{m_0 \times \dfrac{V_2}{V_1} \times 1000 \times 1000}$$

式中，$X$ 为试样中着色剂的含量，g/kg；$m_1$ 是样液中着色剂的质量，$\mu$g；$V_2$ 为进样体积，mL，$V_1$ 为试样稀释总体积，mL；$m_0$ 为试样质量，g。

# 第四节　食品中水分保持剂的检测技术

## 一、概述

所谓水分保持剂是指在食品加工行业中为提高产品稳定性，同时又能保持食品中水分，改善食品的色泽、风味等的一类物质。水分保持剂多用于肉制品与水产品的加工。

我国食品法规定的可用于肉制品水分保持的物质有 11 种，它们分别是磷酸氢二钠、六偏磷酸钠、三聚磷酸钠、焦磷酸钠、磷酸二氢钠、磷酸氢二钠、磷酸二氢钙、磷酸钙、焦磷酸二氢二钠、磷酸氢二钾和磷酸二氢钾。

## 二、水分保持剂的检测

### （一）前处理

称量 10g（精确至 0.1g）样品加去离子水 50mL，超声提取 10min。

将上述提取后的溶液转移至 100mL 离心管中，离心 12min（4000r/min），将上清液倾至 100mL 烧杯中，加入 5mL20% 的三氟乙酸水溶液，放置于冰箱中 4℃保持 30min，倒至离心管中离心 12min（4000r/min）：再用 RP 小柱净化（2.5mL），弃掉前 6mL。取约 2mL 至烧杯中，再用移液管准确移取 1mL 溶液至 100mL 容量瓶中，用水定容至刻度，用定量管满量程进样（定量管为 25μL）。

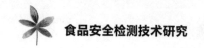

## （二）离子色谱测定条件（ICS-1500离子色谱仪）

流动相：50mmoLNaOH溶液。流速：1.5mL/min。抑制器电流：160mA。色谱柱：AS11-HC。柱温：30℃。池温：35℃。进样阀转换时间：60s。分析色谱柱：ASll-HC，250mm×4mm。保护柱：AG11-HC。抑制器：阴离子抑制器（4mm）。电导检测器。

## （三）仪器测定

分别准确注入 100μL 样品溶液与标准工作溶液于离子色谱仪中，按上述的条件进行分析，响应值均应在仪器检测的线性范围之内。

## （四）关键控制点和注意事项

多聚磷酸盐在水中不稳定，高温和酸性条件加速其解聚，可用 NaOH 将溶液调至碱性 pH > 8；通常情况下，样品溶液在两个小时内进行分析，不应长时间放置。

# 第五节　食品中主要甜味剂的检测技术

## 一、甜味剂简介

所谓甜味剂（sweetener）是指能够赋予食品甜味的、可食用的物质。甜味剂有天然甜味剂和人工合成甜味剂，人工合成甜味剂的甜度远高于天然甜味剂，食品中常用的人工合成添加剂有糖精及其钠盐、甜蜜素、安赛蜜、阿斯巴甜与三氯蔗糖等。

## 二、食品中糖精钠的测定

糖精钠（$C_6H_4CONNaSO_2 \cdot 2H_2O$），又称之为可溶性糖精或水溶性糖精。为无色至白色的结晶或结晶性粉末，无臭，微有芳香气。糖精钠易溶于水，在水中的溶解度随温度上升而迅速增加。摄入体内不分解，随尿排出，不供给热能，无营养价值。糖精钠的测定方法有多种，下面以高效液相色谱法与离子选择电极法检测为例。

## （一）高效液相色谱法检测糖精钠

### 1. 原理

将样品加温除去二氧化碳和 $C_2H_5OH$，调节 pH 至中性，通过微孔滤膜过滤后直接注入高效液相色谱仪，经反相色谱分离之后，根据保留时间和峰面积进行定性和定量。

### 2. 试剂

① $CH_3OH$：经 $0.5\mu m$ 滤膜过滤。

② $CH_3COONH_4$ 溶液（0.02mol/L）：称量 1.54g $CH_3COONH_4$，加水至 1000mL 溶解，经 $0.45\mu m$ 滤膜过滤。

③ $NH_3 \cdot H_2O$（1+1）：$NH_3 \cdot H_2O$ 加等体积水混合。

④糖精钠标准贮备溶液：准确称量 0.0851g 经 120℃烘 4h 后的糖精钠，加水溶解定容至 100mL。糖精钠含量 1.0mg/mL，作为贮备溶液。

⑤糖精钠标准使用溶液：吸取糖精钠标准贮备溶液 10mL，放入 100mL 容量瓶中，加水至刻度，经 $0.45\mu m$ 滤膜过滤。此种溶液糖精钠 0.10mg/mL。

### 3. 主要仪器

高效液相色谱仪，附紫外检测器。

### 4. 结果计算

$$X = \frac{A \times 1000}{m\dfrac{V_1}{V_2} \times 1000}$$

式中，$X$ 为样品中糖精钠含量，g/kg；$A$ 为进样体积中糖精钠的质量，mg；$V_1$ 为样品稀释液总体积，mL；$V_2$ 为进样体积，mL；$m$ 为样品质量，g。

## （二）离子选择电极测定法检测糖精钠

### 1. 原理

糖精选择电极是以季铵盐所制 PVC 薄膜为感应膜的电极，其和作为参比电极的饱和甘汞电极配合使用以测定食品中糖精钠的含量。当测定温度、溶液总离子强度和溶液接界电位条件一致时，测得的电位遵守能斯特方程式，电位差随溶液中糖精离子的活度（或浓度）改变而变化。

被测溶液中糖精钠含量在 0.02 ~ 1mg/mL 范围内。电位值和糖精离子浓度的负对数呈线性关系。

### 2. 试剂

① HCl（6mol/L）：取 100mLHCl，加水稀释至 200mL，使用前用乙醚饱和。

②乙醚：使用前用 6mol/LHCl 饱和。

③NaOH 溶液（0.06mol/L）：取 2.4gNaOH 加水溶解并稀释至 1000mL。

④CuSO₄ 溶液（100g/L）：称量 10gCuSO₄（CuSO₄·5H₂O）溶于 100mL 水中。

⑤NaOH 溶液（40g/L）。

⑥NaOH 溶液（0.02mol/L）：将③稀释而成。

⑦磷酸二氢钠[ c( NaH₂PO₄·12H₂O )=1mol/L ]溶液：取 78g 磷酸二氢钠溶解后转入。

⑧磷酸氢二钠［ c（Na₂HPO₄·12H₂O）=1mol/L ］溶液：取 89.5g 磷酸氢二钠于 250mL 容量瓶中，加水溶解并稀释至刻度，摇匀备用。此溶液每毫升相当于 1mg 糖精钠。

⑨总离子强度调节缓冲液：87.7mL 磷酸二氢钠溶液（1 mol/L）与 12.3mL 磷酸氢二钠溶液（1mol/L）混合即得。

⑩准确称量 0.0851g 经 120℃ 干燥 4h 后的糖精钠结晶，移入 100mL 容量瓶中，加水溶解并稀释至刻度，摇匀备用。此种溶液每毫升相当于 1mg 糖精钠。

### 3. 主要仪器

①精密级酸度计或离子活度计或其他精密级电位计，准确至 ±1mV。

②217 型甘汞电极：具双盐桥式甘汞电极，下面的盐桥内装入含 10g/L 琼脂的氯化钾溶液（3mol/L）。

③糖精选择电极。

④磁力搅拌器。

### 4. 操作步骤

（1）试样提取

①液体试样：豆浆、浓缩果汁、饮料、汽水、配制酒等。准确吸取 25mL 均匀试样（汽水、含汽酒等需先除去二氧化碳后取样），放置于 250mL 分液漏斗之中，加 2mLHCl（6mol/L）：依次用 20mL、20mL、10mL 乙醚提取三次，合并乙醚提取液，用 5mLHCl 酸化的水洗涤一次，弃去水层。乙醚层转移至 50mL 容量瓶，用少量乙醚洗涤原分液漏斗合并入容量瓶'，并且用乙醚定容至刻度，必要时加入少许无水硫酸钠，摇匀，脱水备用。

②含蛋白质、脂肪、淀粉量高的食品：糕点、饼干、面包、酱菜、豆制品、油炸食品等等。称量 20.00g 切碎均匀试样，置透析用玻璃纸中，加 50mLNaOH 溶液（0.02mol/L），调匀后将玻璃纸口扎紧，放入盛有 200mLNaOH 溶液（0.02mol/L）的烧杯中，盖上表面皿，透析 24h：并不时搅动浸泡液。量取 125mL 透析液，加约 0.4mLHCl（6mol/L）使成中性：加 20mL CuSO₄ 溶液（100g/L）混匀，再加 4.4mLNaOH 溶液（40g/L），混匀。静置 30min，过滤。取 100mL 溶液于 250mL 分液漏斗中，以下按①液体试样提取方法中自"加 2mLHCl（6mol/L）"起依次操作。

③蜜饯类：称量 10.00g 切碎的均匀试样，置透析用玻璃纸中，加 50mLNaOH 溶液（0.06mol/L），调匀后将玻璃纸扎紧，放入盛有 200mLNaOH 溶液（0.06mol/L）

的烧杯中，透析、沉淀、提取按②中所述方法操作。

④糯米制食品：称量25.00g切成米粒状小块的均匀试样，按②中所述方法操作。

（2）测定

①标准曲线的绘制：准确吸取0mL、0.5mL、1.0mL、2.5mL、5.0mL、10.0mL糖精钠标准溶液（相当于0mg、0.5mg、1.0mg、2.5mg、5.0mg、10.0mg糖精钠），分别放置于50mL容量瓶，各加5mL总离子强度调节缓冲液，加水到刻度，摇匀。

将糖精选择电极和217型甘汞电极分别与测量仪器的负端和正端相连接，将电极插入盛有水的烧杯中，按其仪器的使用说明书调节至使用状态，并用水在搅拌下洗至电极的起始电位，取出电极用滤纸吸干。将上述标准系列溶液按低浓度到高浓度逐个测定，得其在搅拌时的平衡电位值（–mV）。在半对数纸上以毫升（毫克）为纵坐标，电位值（–mV）为横坐标绘制曲线。

②试样品的测定：准确吸取20mL样品的乙醚提取液，放置于50mL烧杯中，挥发干后，残渣加5mL总离子强度调节缓冲液，小心转动，振摇烧杯使残渣溶解，将烧杯内容物全部定量转移入50mL容量瓶中，原烧杯用少量水多次漂洗后，并入容量瓶中，最后加水至刻度摇匀。依法测定其电位值（–mV），查标准曲线求得测定液中糖精钠的含量。

### 5. 结果计算

$$X = \frac{A \times 1000}{m \times \dfrac{V_2}{V_1} \times 1000}$$

式中，$X$为试样中糖精钠的含量，g/kg或g/L；$A$为查标准曲线求得的测定液中糖精钠的质量，mg；$V_1$为样品乙醚提取液的总体积，mL；$V_1$分取样品乙醚提取液的体积，mL；m为试样的质量或体积，g或者mL。

## 三、食品中甜蜜素的测定

甜蜜素的化学名称为环己基氨基磺酸钠，易溶于水，水溶液呈中性，几乎不溶于$C_2H_5OH$等有机溶剂，对酸、碱、光、热稳定。甜味好，后苦味比糖精低。但甜度不高，为蔗糖的40～50倍，因此用量大，容易超标使用。甜蜜素自面世以来对人体是否有害一直存在争议，在加拿大、东南亚、日本等国禁止作为食品添加剂使用，我国对甜蜜素的使用也有严格的规定，凉果类、果丹（饼）类＜8.0g/kg，糕点、配制酒、饮料等＜0.65g/kg。目前测定甜蜜素的方法有气相色谱法、薄层层析法、紫外分光光度法、盐酸萘乙二胺比色法等等。

### （一）原理

在硫酸介质中环己基氨基磺酸钠与亚硝酸反应，生成环己醇亚硝酸酯，用气相色

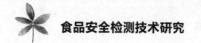

谱法测定，根据保留时间和峰面积进行定性与定量。

## （二）试剂

①层析硅胶（或海砂）。

②亚硝酸钠溶液（50g/L）。

③ 100g/L$H_2SO_4$ 溶液。

④环己基氨基磺酸钠标准溶液：准确称量 1.0000g 环己基氨基磺酸钠（含环己基氨基磺酸钠＞98%），加水溶解并定容至 100mL，此种溶液每毫升含环己基氨基磺酸钠 10mg。

## （三）主要仪器设备

气相色谱仪（附氢火焰离子化检测器）。

## （四）操作步骤

### 1. 样品处理

①液体样品。含二氧化碳的样品先加热除去二氧化碳，含酒精的样品加 NaOH 溶液（40g/L）调至碱性，在沸水浴中加热除去 $C_2H_5OH$。样品摇匀，称量 20.0g 于 100mL 带塞比色管，置冰浴中。

②固体样品：将样品剪碎称量 2.0g 于研钵中，加少许层析硅胶或海砂研磨至呈干粉状，经漏斗倒入 100mL 容量瓶中，加水冲洗研钵，并将洗液一并转移至容量瓶中，加水至刻度，不时摇动 1h 后过滤，滤液备用。准确吸取 20mL 滤液于 100mL 带塞比色管，置冰浴中。

### 2. 色谱条件

①色谱柱：长 2m，内径 3mm，不锈钢柱；

②固定相：Chromosorb WAW DMCS 80 ~ 100 目，涂以 10%SE—30；

③测定条件：柱温 80℃；汽化温度 150℃；检测温度 150℃。流速为氮气 40mL/min；氢气 30mL/min；空气 300mL/min。

### 3. 测定

①标准曲线绘制：准确吸取 1.00mL 环己基氨基磺酸钠标准溶液在 100mL 带塞比色管中，加水 20mL，置冰浴中，加入 5mL 亚硝酸钠溶液（50g/L），5mL$H_2SO_4$ 溶液（100g/L），摇匀，在冰浴中放置 30min，并不时摇动。然后准确加入 10mL 正己烷、5gNaCl，摇匀后置旋涡混合器上振动 1min（或振摇 80 次），静置分层后吸出己烷层于 10mL 带塞离心管中进行离心分离。每毫升己烷提取液相当于 1mg 环己基氨基磺酸钠。把环己基氨基磺酸钠的己烷提取液进样 1 ~ 5μL 于气相色谱仪中，根据峰面

积绘制标准曲线。

②样品测定：在样品管中自"加入 5mL 亚硝酸钠溶液（50g/L）……"起依①标准曲线绘制中所述方法操作，然后将试样同样进样 1～5μL，测定峰面积，从标准曲线上查出相应的环己基氨基磺酸钠含量。

## （五）结果计算

$$X = \frac{A \times 10 \times 1000}{m \times V \times 1000}$$

式中，$X$ 为样品中环己基氨基磺酸钠的含量，g/kg；$A$ 为从标准曲线上查得的测定用试样中环己基氨基磺酸钠的质量，$M$ 为样品的质量，g；$V$ 为进样体积，μL；10 为正己烷加入体积，mL。

# 第六节 其他食品添加剂的检测技术

食品乳化剂是最重要的食品添加剂之一，其不但具有典型的表面活性作用以维持食品稳定的乳化状态，还表现出许多特殊功能：①与淀粉结合防止老化；②与蛋白质结合增加面团的网络结构；③防黏和防溶化的作用；④提高淀粉与蛋白质的润滑作用；⑤促进液体在液体中的分散；⑥是降低液体和固体表面张力；⑦改良脂肪晶体；⑧稳定气泡和充气作用；⑨反乳化—消泡作用。目前全世界生产的食品乳化剂大约65类，我国使用和生产较多的是甘油酯、蔗糖酯、司盘和吐温、大豆磷脂、硬脂酰乳酸钠等近 30 个种类。

甘油脂肪酸酯与蔗糖脂肪酸酯是常用的食品乳化剂，以下为甘油脂肪酸酯和蔗糖脂肪酸酯的检测技术。

## 一、食品中甘油脂肪酸酯的检测技术

### （一）方法目的

学习和掌握色谱法测定食品中甘油脂肪酸酯的原理和方法。

### （二）适用范围

本法适用于人造奶油、酥油、冰淇淋、雪糕、带调料快餐食品、植物蛋白饮料、

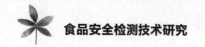

乳酸菌饮料等甘油脂肪酸酯含量的测定。

## （三）原理

食品中的甘油脂肪酸酯是通过将其主要成分单酸甘油酯做成二甲基硅烷化物，由气相色谱测定单酸甘油酯来定量。食品中单酸甘油酯，以脂肪成分广泛地存在于食品之中，因而定量值是食品天然和添加的单酸甘油酯的总量。

## （四）试剂

①三甲基氯化硅烷，1，1，1，3，3，3–六甲基二硅氨烷，吡啶（硅烷化用），月桂酸单甘油酯（纯度99%）。

②单酸甘油酯：棕榈酸单甘油酯或硬脂酸单甘油酯，或高纯度饱和酸单甘油酯，用 $C_2H_5OH$ 两次重结晶，测定纯度后应用。

③内标液：称量 $50 \mu g$ 月桂酸单甘油酯，放入100mL容量瓶中，加吡啶溶解定容，密封。

④标准液的配制：准确称量单甘油酯100mg，加入乙醚溶解，定容至100mL。准确取该液5mL，加乙醚定容至100mL，作为标准液（含单甘油酯 $50 \mu g/mL$）。

## （五）主要仪器

带氢火焰检测器的气相色谱仪。

## （六）方法步骤

### 1. 样品溶液的制备

①脂溶性食品（人造奶油、酥油等）：准确称量样品约5g（取样品根据食品中含单甘酯量而定），放入三角瓶中，加入约 $50mLC_2H_5OH$，仔细摇匀，按需要稍稍加温。样品完全溶解时，用乙醚定量地移入100mL容量瓶中，加乙醚定容到100mL，作为样品溶液；样品不完全溶解时，在此溶液中加入约20g无水硫酸钠，仔细混匀，放置少许后，用干滤纸过滤，滤液放置于200mL锥形瓶中，用30mL乙醚洗涤第一个三角瓶，洗涤液用上述滤纸过滤，合并滤液，反复操作两次，全部洗液和滤液合并后，蒸馏除去乙醚，使用量约为70mL，以乙醚定量地移入100mL容量瓶中，加乙醚莜容，作为样品溶液。

②水溶性食品（冰淇淋等）：准确称量样品约2g，加入约30g无水硫酸钠，混匀，用索氏提取器以乙醚提取，按需要蒸馏去除乙醚至溶液的量约70mL，以乙醚定量地移入100mL容量瓶，加乙醚，定容至100mL，作为样品溶液。

③其他食品（带调料快餐食品等）：准确称量样品5～10g，用索氏提取器以乙醚提取，按需要蒸馏去除乙醚至溶液的量约70mL，以乙醚定量地移入100mL容量瓶，

加乙醚定容，作为样品溶液，如需要则进行过滤。

### 2. 色谱条件

色谱柱为内径3mm、长0.5～1.5m的不锈钢柱，填充剂为80～100目硅藻土担体，按2%比例涂以聚硅氧烷OV-17；柱温以10℃/min，升温到100～330℃；进样口和FID检测器温度为350℃；载气为氮气，流量20～40mL/min。

### 3. 测定液的配制

准确吸取5mL样品溶液，于浓缩器中，准确加入1mL内标液，于约50℃的水浴中，减压蒸干。加1mL吡啶溶解，加0.3mL1，1，1，3，3，3-六甲基二硅氨烷，充分振摇，再加入0.2mL三甲基氯代硅烷，充分振摇，放置10min后，用5mL吡啶定量地将其转移到10mL容量瓶中，加吡啶定容至10mL，作测定液。

### 4. 标准曲线的制作

准确吸取标准液50mL、10mL、15mL、20mL，分别放入浓缩器，和测定液配制同样操作，作为标准曲线用标准液（这些溶液1mL分别含25μg、50μg、75μg、100μg单甘油酯及均含50μg月桂酸单甘油酯）。取2μL各标准液，进样，求出测得的棕榈酸单甘油酯及硬脂酸单甘油酯的峰高与月桂酸单甘油酯的峰高比例，绘制标准曲线。

## （七）结果计算

$$X = \frac{\rho \times V}{m}$$

式中，$X$为单甘油酯含量，mg/kg；$\rho$为测定液中的单甘油酯浓度，μg/mL；$V$为配制测定液所用样品溶液量，mL；$m$为取样量，g。

## （八）方法分析

使用本法重复测定的相对标准误差＜7%。两次平行测定相对允许误差绝对值＜10%，平行测定结果用算术平均值表示，可保留两位小数。

# 二、食品中蔗糖脂肪酸酯的检测技术

## （一）方法目的

学习、掌握薄层扫描定量法测定食品中蔗糖脂肪酸酯的原理以及方法，了解其测定范围。

## （二）适应范围

此方法可用于冷饮制品、稀奶油、罐头、肉制品、调味品等食品中的蔗糖脂肪酸酯的测定。

## （三）原理

食品中的蔗糖脂肪酸酯可以用异丁醇抽提，再用薄层板分离单、双、三酯，最后用比色法定量。

## （四）试剂

①蒽酮试剂：取 0.4g 蒽酮，预先溶于 $20mLH_2SO_4$ 中，用 $75mLH_2SO_4$ 将其洗入 $100mLH_2SO_4$、60mL 水和 $15mLC_2H_5OH$ 的混合液中。放置冷却，暗处保存，2 个月内有效。

②$C_2H_5OH$ 溶液：于四份 $C_2H_5OH$ 中加 1 份水，混合。

③a 展开剂：石油醚 – 乙醚（1∶1）；b 展开剂：氯仿 –$CH_3OH$– 乙酸 – 水（40∶5∶4∶1）。

④桑色素液：将 50mg 桑色素溶于 100mL $CH_3OH$ 中。

## （五）主要仪器

分光光度计。

## （六）方法步骤

①样品溶液的制备：准确称量含蔗糖脂肪酸酯 100mg 左右的样品 20g 以下，放入第一个分液漏斗中，加 200mL 异丁醇和 200mLNaCl 溶液，将分液漏斗放置于 60～80C 水浴中并振摇 10min。把水层转入第二个 500mL 分液漏斗中，并加 200mL 异丁醇，在 60～80℃ 水浴中并振摇 10min，弃去水层。将第一、第二个分液漏斗的异丁醇层用异丁醇定量地通过滤纸移入浓缩器，在 70℃ 减压浓缩，除去异丁醇。残渣中加入 20mL 氯仿溶解，转入 25mL 容量瓶中，浓缩器每次用少量氯仿洗涤 2 次，把洗液转入容量瓶中，加氯仿至刻度，作为样品溶液。用微量注射器准确吸取 20μL，点在薄层板下端 2cm 处。将薄层板放入预先加入第一次展开溶剂的第一展开槽中，展开至点样处以上 12cm，取出薄层板，于 60℃ 干燥 30min 后，放冷，放入预先加入第二次展开溶剂的第二展开槽中，展开至点样处以上 10cm，取出薄层板，在通风橱中挥散溶剂，然后于 100℃ 干燥箱中干燥 20min，到溶剂完全挥散为止。

为确认各点，向薄层上喷桑色素液，在暗室中用紫外灯熊射，划出确认的各蔗糖单、双、三酯边线。刮取单、双、三酯各色带，分别放置于 $T_M$、$T_D$、$T_T$ 试管中，向 $T_M$ 中加 $4mLC_2H_5OH$，向 $T_D$ 和 $T_T$ 中各加 $2mLC_2H_5OH$，分别作为样品液。另外刮取末点样品溶液的相应各部位上的薄层，放置于 $T_{BM}$、$T_{BD}$、$T_{BT}$ 试管中，在 $T_{BD}$、$T_{BT}$ 中各加 $2mLC_2H_5OH$，分别作为空白溶液。

②薄板：硅胶薄层板 110℃活化 1.5h，2d 内有效。

③标准液的制备：准确称量预干燥蔗糖 200mg，加入 $1mLH_2SO_4$ 及 $C_2H_5OH$ 至 200mL。取此液 10mL，加 $C_2H_5OH$ 定容至 200mL，作为标准液（该液含蔗糖 50μg/mL）。

④测定液的制备：把装有 $T_M$、$T_D$、$T_T$ 的试管在流水中边冷却边向 $T_M$ 管中加入 20mL 蒽酮，向 $T_D$ 和 $T_T$ 管中各加入 10mL 蒽酮，3 个管分别于 60℃水浴中浸渍 30min，其间混摇 2 ~ 3 次，然后在冷水中冷至室温。把上述试管中溶液分别转入离心管中，以 4000r/min 离心 5min，其上清液作为样品测定液。另外，单、双和三酯所对应的空白溶液与上法同样操作，作为各相对应的空白测定液。

⑤标准曲线的制作：准确吸取标准液 0mL、1mL、2mL，分别放入试管 $T_B$、$T_{S1}$、$T_{S2}$ 中，向 TB 管中加 $2mLC_2H_5OH$，向 TS1 管加 $1mLC_2H_5OH$，将 3 支试管分别置流水中冷却，同时向各管中加入 10mL 蒽酮，以下操作同④。分别作为标准曲线用空白测定液和标准曲线用标准测定液。

标准曲线用标准测定液和标准曲线用空白测定液，分别以 C2H5OH 作为参比，在 620nm 处测定吸光度 $E_{S1}$、$E_{S2}$ 和 $E_B$，计算 $E_{S1}$、$E_{S2}$ 与 $E_B$ 的差 $\triangle E_1$、$\triangle E_2$。绘制标准曲线。

⑥定量：各样品测定液均以 $C_2H_5OH$ 作为参比，在 620nm 处，测定 $E_{AM}$、$E_{AD}$、$E_{AT}$ 的吸光度，并测定相对应的空白测定液 $E_{BH}$、$E_{BD}$、$E_{BT}$ 的吸光度，计算它们的差 $\Delta E_M$，$\Delta E_D$，$\Delta E_T$ 在标准曲线上求出各样品测定液中的各醋的结合糖浓度（mg/mL）。

## （七）结果计算

$$X = \frac{(M \times \rho_M \times V_M + D \times \rho_D \times V_D + T \times \rho_T \times V_T) \times 1.25}{m}$$

式中，$X$ 为蔗糖脂肪酸酯含量，mg/kg；$\rho_M$ 为样品测定液中单酯结合糖的浓度，μg/mL；$\rho_D$ 为样品测定液中双酯结合糖的浓度，μg/mL；$\rho_T$ 为样品测定液中三酯结合糖的浓度，μg/mL；m 为取样量，g；M、D T 为系数，据蔗糖脂肪酸酯的种类。$V_M$ 为单酯的测定液量，mL；$V_D$ 为双酯的测定液量，mL；$V_T$ 为三酯的测定液量，mL。

## （八）方法评价

计算结果保留 3 位有效数字。在重复条件下获得的两次独立测定结果的绝对差值不可超过算术平均值的 10%。

# 第四章　食品毒素的检测技术

## 第一节　细菌毒素的检测

食品中天然存在的毒性物质、致癌物质、诱发过敏物质与非食品用的动植物中天然存在的有毒物质一般统称为天然毒素。

食品中天然毒素物质种类繁多，按其来源可分为动物性天然毒素、植物性天然毒素和微生物性天然毒素，其中大多数天然毒素物质具有很强毒性，常造成食物中毒事件的发生。我国食品中常被检测到的天然毒素物质有真菌毒素、细菌毒素、有毒蛋白类、生物碱类等。目前为止还有很多天然毒素物质的危害机埋还不甚清楚，但所有天然毒素物质具有共同的特点是天然存在于食品而非人为添加，尽管污染量小，但危害性大，往往与食品混为一体而难以去除和降解。因此，目前对食品中已知天然毒素物质的管理大多是在风险评估的基础上设置法定限量标准的方法来控制其对人体的危害。

由于天然毒素物质多以痕量形式存在于食品中，加上食品介质及不同毒素理化特性的差异等，采取何种检测技术能灵敏、有效检测天然毒素物质一直是监督管理的主要瓶颈问题。天然毒素物质检测技术经历了三个发展阶段，即色谱技术时代，免疫分析时代，现代集成技术时代。发展天然毒素物质的检测技术最突出的特点是精确化、简便化、在线化、规范化、国际化，同时在检测技术领域引入尖端生物技术、计算机技术、化学技术、数控技术、物理技术等，并集成各类高新技术形成检测样品的前处理、分离、测定、数据处理等一体化系统，不但提高了检测效率而且也提高了检测精密度和检测限。

但是目前常见的天然毒素物质如真菌毒素、细菌毒素、鱼贝类毒素和其他生物碱类毒素等的标准检测方法还是主要依赖于传统技术，伴随着对天然毒素物质危害性认识的提高，世界各国都在不断加强对天然毒素物质检测技术方法方面的研究，我国也加强了对天然有害性物质检测方法的研究进程。

细菌毒素的检测通常采用的方法有生物学检测法、免疫学方法、聚合酶链技术、超抗原方法和生物传感器法等。其中生物学检测法虽然简便易行但是灵敏度低，免疫学方法种类很多，包括免疫琼脂扩散法、反向间接血凝试验、免疫荧光法和ELISA方法，免疫学方法为目前普遍采用的方法。

虽然目前国内外对各类细菌毒素研究的方法很多，但是制定的标准方法还不够全面，像vero毒素、链霉菌产生的缬氨霉素等细菌毒素还没有标准方法。

## 一、细菌毒素的特征及危害评价

细菌毒素是由细菌分泌产生于细胞外或存在于细胞内的致病性物质，通常分为内毒素和外毒素，是食品中的主要天然毒素物质之一。主要的细菌毒素有肠毒素，肉毒毒素和vero毒素。肠毒素产生菌主要有金黄色葡萄球菌和蜡样芽孢杆菌，肉毒毒素产生菌主要是肉毒梭菌，vero毒素产毒菌主要是肠出血性大肠杆菌，此外还有链霉菌产生的缬氨霉素等细菌毒素。

外毒素的毒性强，几微克量就可使实验动物致死。多数外毒素不耐热，如白喉外毒素在58℃～60℃经1～2h，破伤风外毒素在60℃经20min可被破坏。但葡萄球菌肠毒素是例外，能耐100℃30min。大多外毒素是蛋白质，具有良好的抗原性。

内毒素耐热，加热100℃、1h不被破坏；需160℃加热至2～4h，或用强碱、强酸、强氧化剂加温煮沸30min才灭活。各种细菌内素的毒性作用大致相同。引起发热、弥漫性血管内凝血、粒细胞减少血症、施瓦兹曼现象等。所以，能够及时有效的检测并杜绝食品中细菌毒素，保证食品安全性意义重大。

## 二、食品中肉毒毒素的检测分析

我国肉毒中毒的食品，常见于家庭自制的食物，如臭豆腐、豆豉、豆酱、豆腐渣、腌菜、变质豆芽、变质土豆、米糊等。因这些食物蒸煮加热时间短，未能杀灭芽孢，在坛内（20～30℃）发酵多日后，肉毒梭菌及芽孢繁殖产生毒素的条件成熟，如果食用前又未经充分加热处理，进食后容易中毒。另外动物性食品，如不新鲜的肉类、腊肉、腌肉、风干肉、熟肉、死畜肉、鱼类、鱼肉罐头、香肠、动物油、蛋类等也可引起肉毒毒素食物中毒。

肉毒毒素毒性非常强，其毒性比氰化钾强1万倍，属剧毒。肉毒毒素对人的致死量为0.1～1.0μg。根据毒素抗原性不同可将其分为8个型，分别为引起人类疾病的以A、B型常见。我国报道毒素型别有A、B、E三种。据统计我国报道的肉毒毒素

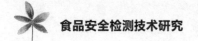

食物中毒 A、B 型约占中毒起数的 95%，中毒人数的 98.0%。

肉毒中毒时，查毒素为主，查细菌为辅。

## （一）适用范围

本标准适用于各类食品与食物中毒样品中肉毒毒素的检验。

## （二）方法目的

检测食品和食物中毒样品中的肉毒毒素。

## （三）原理

当肉毒毒素与相应的抗毒素混合后，发生特异性结合，致使毒素的毒性全被抗毒素中和失去毒力。以含有大于 i 个小白鼠最小致死量（MLD）的肉毒毒素的食品或培养物的提取液，注射于小白鼠腹腔内，在出现肉毒中毒症状之后，于 96h 内死亡。相应的抗毒素中和肉毒毒素并能保护小白鼠免于出现症状，而其他抗毒素则不能。

## （四）试剂材料

肉毒分型抗毒诊断血清；胰酶：活力（1：250）。

## （五）仪器设备

冰箱；恒温培养箱；离心机；架盘药物天平；灭菌吸管；90mm 灭菌平皿；灭菌锥形瓶；灭菌注射器；12 ~ 15g 小白鼠。

## （六）分析测定步骤

### 1. 肉毒毒素检验

液状检样可以直接离心，固体或者半流动检样须加适量（例如等量、倍量或 5 倍量、10 倍量）明胶磷酸盐缓冲液，浸泡，研碎。然后离心，上清液进行检测。

另取一部分上清液，调 pH 6.2，每 9 份加 10% 胰酶（活力 1：250）水溶液 1 份，混匀，不断轻轻搅动，37℃作用 60min，进行检测。肉毒毒素检测用小白鼠腹腔注射法为标准法。

### 2. 检出试验

取上述离心上清液及其胰酶激活处理液分别注射小白鼠 3 只，每只 0.5ml，观察 4d，注射液中若有肉毒毒素存在，小白鼠一般多在注射后 24h 内发病、死亡。主要症状为竖毛、四肢瘫软，呼吸困难，呼吸呈风箱式，腰部凹陷，宛若蜂腰，最终死于呼吸麻痹。

如遇小鼠猝死以至症状不明时，则可将注射液做适当稀释，重做试验。

### 3. 验证试验

不论上清液或其胰酶激活处理液，凡能导致小鼠发病、死亡者，取样分成 3 份进行试验，一份加等量多型混合肉毒抗毒诊断血清，混匀，37℃作用 30min；一份加等量明胶磷酸盐缓冲液，混匀，煮沸 10min；一份加等量明胶磷酸盐缓冲液，混匀即可，不做其他处理。3 份混合液分别注射小鼠各 2 只，每只 0.5ml，观察 4d，若注射加诊断血清与煮沸加热的两份混合液的小白鼠均获保护存活，而唯有注射未经其他处理的混合液的小白鼠以特有的症状死亡，则可判定检样中的肉毒毒素存在，必要时要进行毒力测定及定型试验。

### 4. 毒力判断测定

取已判定含有肉毒毒素的检样离心上清液，用明胶磷酸盐缓冲液稀释 50 倍、100 倍及 5000 倍的液样，分别注射小鼠各 2 只，每只 0.50ml，观察 4d。根据动物死亡情况，计算检样所含肉毒毒素的大体毒力（MLD/mL，或 MLD/g）。例如：5 倍、50 倍及 500 倍稀释致动物全部死亡，然而注射 5000 倍稀释液的动物全部存活，则可大体判定检样上清液所含毒素的毒力为 1000 ~ 10000MDL/mL。

### 5. 定性试验

按毒力测定结果，用明胶磷酸盐缓冲液将上清液稀释至所含毒素的毒力大体在 10 ~ 1000MLD/mL 的范围，分别与各单型肉毒抗诊断血清等量混匀，37℃作用 30min，各注射小鼠 2 只，每只 0.5ml，观察 4d。同时以明胶磷酸盐缓冲液代替诊断血清，与稀释毒素液等量混合作为对照。能保护动物免于发病、死亡的诊断血清型即为检样所含肉毒毒素的型别。

# 第二节　真菌毒素的检测

真菌毒素主要根据其结构、化学性质以及干扰因子的不同，其样品前处理和测定方法多种多样，传统的前处理方法主要采用溶剂提取法、柱层析法等等，而测定方法多采用色谱等方法。20 世纪 80 年代后期开始在真菌毒素检测领域开始应用单克隆抗体技术，相继出现了放射免疫分析技术、酶联免疫吸附技术、荧光极性免疫分析技术、生物传感器免疫分析技术以及免疫亲和分离技术等。

目前，真菌毒素的检测主要有薄层色谱法（TLC）、酶联免疫吸附法（ELISA）、高效液相色谱法（HPLC）、气相色谱法（GC）以及气质联用、液质联用等方法。其中 TLC 是最早应用于真菌毒素检测的方法之一，伴随着薄层扫描仪用于真菌毒素等内容定性、定量分析，其精确度得到了显著提高，TLC 也成为目前最常用的仪器分析方法之一。在快速检测分析中，ELISA 方法是较为普遍采用的方法。但是在精确定性、定量检测中还是以 GC、HPLC、GC-MS、HPLC-MS 等方法为主。我国对真菌毒素的检测标准以国标方法为主，美国有 Association of Official Analytical Chemists（AOAC）、American Association of Cereal Chemists（AACC）等标准检测方法，近几年来，也有人研究利用红外光谱分析，荧光极性免疫分析，生物传感器检测分析等对真菌毒素进行检测，也取得了良好测定结果。

## 一、真菌毒素的特征及危害评价

真菌毒素也有人称为霉菌毒素。

真菌毒素的特征主要表现在污染的普遍性、种类的多样性、危害的严重性上。由于自然界中真菌分布非常广泛。虽然产毒的真菌只占整个真菌的一小部分，但是从世界各国的研究报告可知，因真菌污染而造成的粮食及食品中真菌毒素残留现象非常普遍，即便发达的北美、欧盟、日本等每年也有大量食品或者粮食作物受到真菌毒素污染的报告，据估计全世界每年有 25% 的粮食作物不同程度地受到真菌的影响，其中常见的产毒真菌有曲霉菌属、青霉菌属和镰刀菌属等。

目前已知的真菌毒素大概有 300 种左右，虽然每年都有新的真菌毒素被发现和检测到，但是对食品、饲料和粮食污染最为普遍。各国最为关注的真菌毒素主要有黄曲霉毒素（AFT）、赭曲霉毒素（OTA）、棒曲霉素（棒状曲霉）、伏马毒素、呕吐毒素（DON）、玉米赤霉烯酮（ZEN）、T-2 毒素等几类毒素。

真菌毒素直接的危害是由于毒素的暴露而引发急性疾病或许多慢性症状，如生长减慢、免疫功能下降、抗病能力差以及肿瘤的形成等。

随着对真菌毒素危害性认识的提高各国政府以及世界卫生组织、世界粮农组织为了保护消费者的饮食安全性对真菌毒素的残留限量进行了严格的规定，其中欧盟为对真菌毒素监控最为严格的地区之一。

## 二、食品中的黄曲霉毒素检测技术

黄曲霉毒素简称 AFT，是由黄曲霉菌和寄生曲霉菌在生长繁殖过程中所产生的一种对人类危害极为突出的一类强致癌性物质。

目前已分离鉴定的有 AFB1、AFB2、AFG1、AFG2、AFM1、AFM2 以及其他结构类似物共 12 种，其基本结构为一个双呋喃环和一个氧杂萘邻酮，黄曲霉毒素在紫外线照射下，B 族毒素发出蓝色荧光，G 族毒素发出绿色荧光。黄曲霉毒素难溶于水、乙烷、石油醚，可溶于甲醇、乙醇、氯仿、丙酮等有机溶剂。黄曲霉毒素容易侵染的农作物有花生、玉米、棉籽、调味品和发酵食品等。在奶制品中，常常见到是黄曲霉毒素 M1.在哺乳动物的肝脏和尿中，能见到黄曲霉毒素 P1 与 Q1。通常黄曲霉毒素的检测主要是依据其荧光性、理化性质的特点以及污染介质的特性等来采用不同的提取、净化和测定方法。

黄曲霉毒素是最早为人们所认识的真菌毒素，其检测技术的发展可以认为代表了整个真菌毒素检测技术的最新发展趋势，由于黄曲霉毒素等真菌毒素在食品中的含量极小，因此现代真菌毒素分析方法首先考虑的是准确度、精密度，其次是快速性和简便性，这也是目前检测真菌毒素往往采用色谱－质谱、色谱－免疫亲和柱、酶联免疫分析等各类集成技术的原因之一。但是最终选择什么方法还是应根据实际需要和目的来确定。

考虑到各类黄曲霉毒素检测的类似性，每一种黄曲霉毒素基本都可以应用光谱法、色谱法和酶联免疫法进行测定，本节主要介绍利用纳米金免疫快速检测技术检测黄曲霉毒素 B1.AOAC 中的色谱方法和 ELISA 试剂盒方法检测黄曲霉毒素 M1。

## （一）食品中黄曲霉毒素的纳米金免疫法检测技术

### 1. 适用范围

纳米金免疫层析法适用于液体食品、粮食、饲料以及其他各类食品中黄曲霉毒素 B1 含量的测定，其中在粮食与饲料中黄曲霉毒素 B1 的检测灵敏度可达 1.0ng/mL。

### 2. 方法目的

掌握纳米金免疫快速检测技术定性检测食品中黄曲霉毒素 B1 的方法及要求。

### 3. 试剂材料

AFB1-O-BSA、金标 McAb 探针、二抗、纤维膜、金标垫、样品吸水垫、吸水纸、AFB1 标准溶液（溶于甲醇）、去离子水、待检样品。

### 4. 仪器设备

制备纳米金免疫快速检测试纸条金标点样仪、金标切条机、金标试条扫描仪、微量移液器、小型粉碎机、微量振荡器、恒温水浴锅、隔水式电热恒温培养箱、pH 计、超声波清洗器等。

### 5. 分析测定步骤

#### （1）AFB1 标准溶液的制备

精确称量 10mg AFB1，用 1ml 甲醇溶解后再用甲醇－PBS 溶液（20：80）稀释至浓度为 10mg/ kg 的标准溶液。检测时，用甲醇－PBS 溶液将该标准溶液稀释至所需浓度后将 T 作液滴加于微孔中，把测试条垂直插入微孔，5～10min 时目测结果。

#### （2）样品提取与纯化

粮食、花生及其制品：取粉碎过筛（20 目）样品 20g 于具塞锥形瓶中，加 100ml 甲醇水溶液，30ml 石油醚，具塞振摇 30min，静止片刻，过滤于 50ml 具塞量筒中，收集 50ml 甲醇水滤液（注意切勿将石油醚层带人滤液中），转入分液漏斗之中，加 2%

硫酸钠 50ml 稀释，加三氯甲烷 10ml，轻摇 2～3min，静止分层，三氯甲烷通过装有 5g 无水硫酸钠的小漏斗（以少量脱脂棉球塞住漏斗颈口，并以少量三氯甲烷润湿），并滤入蒸发皿中，再向分液漏斗中加 3ml 三氯甲烷重提一次，脱水之后滤入原蒸发皿中，加少量三氯甲烷洗涤漏斗，将蒸发皿放入通风橱，于 65℃ 水浴上通风挥干后，冷却。准确加入 10ml 甲醇–PBS（1∶1）溶液，充分溶解凝结物，即为待测样品提取液，此样液 1ml 相当于 1.0g 样品。

植物油：称混匀油样 10g 于 10ml 的烧杯中，用 50ml 石油醚分数次洗入分液漏斗中，加 50ml 甲醇轻摇 2～3min，静止分层，将下层甲醇水转入另一分液漏斗中，加 50ml 的 2% 硫酸钠水溶液稀释，加三氯甲烷 10ml，轻摇 2～3min，静止分层，三氯甲烷通过装有 5g 无水硫酸钠的小漏斗（以少量脱脂棉球塞住漏斗颈口，并以少量三氯甲烷润湿），并滤入蒸发皿中，再向分液漏斗中加 3ml 三氯甲烷重提一次，脱水后滤入原蒸发皿中，以少量三氯甲烷洗涤，将蒸发皿放入通风橱，于 65℃ 水浴上通风挥干后，冷却。准确加入 10ml 甲醇–PBS（1∶1）溶液，充分溶解凝结物，即为待测样品提取液，此样液 1ml 相当于 1.0g 样品。

发酵酒、酱油、醋等水溶性样品、啤酒等含二氧化碳的样品，需要在烧杯中水浴上加热、搅拌、除去气泡后作为待测样品。

腐乳、黄酱类：称取混匀样品 20g 于具塞锥形瓶中，加甲醇水 100ml，石油醚 20ml。震荡 30min，静止片刻，以折叠快速定性滤纸过滤于 50ml 具塞量筒中，收集甲醇水溶液 50ml（相当于 10g 样品，因为 10g 样品中约含有 5ml 水），置于分液漏斗中，加入三氯甲烷 10ml，轻摇 2～3min，静止分层，三氯甲烷通过装有 5g 无水硫酸钠的小漏斗（以少量脱脂棉球塞住漏斗颈口，并以少量三氯甲烷润湿），并滤入蒸发皿中，再向分液漏斗中加 3ml 三氯甲烷重提一次，脱水后滤入原蒸发皿中，加少量三氯甲烷洗涤漏斗，将蒸发皿放入通风橱，于 65℃ 水浴上通风挥干后，冷却。准确加入 10ml 甲醇–PBS（1∶1）溶液，充分溶解凝结物，即为待测样品提取液，此样液 1mL 相当于 1.0g 样品。

（3）样品测定分析

将经预处理的待测样品溶液滴加于微孔中，测试条垂直插入微孔，5～10min 时目测结果。

### 6. 结果参考计算

观察 NC 膜上检测区（T 区）和质控区（C 区）情况。检测区和质控区均出现红线，表明所测样品中不含有 AFB1；质控区出现 1 条红线，而检测区未出现红线，表明测样品中含有 AFB1；如若检测区出现红线而质控区未出现红线则实验或者试纸条有问题，需重新做。

## （二）食品中的黄曲霉毒素M1的EL1SA试剂盒法检测技术

### 1. 适用范围

黄曲霉毒素 M1 的检测对象一般都是动物的组织、乳及其制品，酶联免疫吸附法适用于乳、乳粉和乳酪中黄曲霉毒素 Ml 含量的测定。乳中黄曲霉毒素 Ml 的检测灵敏度 < 10μg/mL，乳酪中黄曲霉毒素 Ml 的检测灵敏度 < 250μg/mL。

### 2. 方法目的

分析测定试剂盒的目的是用来快速定量检测牛奶、奶粉与乳酪中的 AFM1。黄曲霉毒素 Ml 是黄曲霉毒素 B1 在动物体内的代谢产物，并能够进入乳汁，乳品中经常受到黄曲霉毒素 Ml 的污染，由于黄曲霉毒素 Ml 一般条件较难分解，不易受到巴氏灭菌等安全处理的破坏，因此对乳及其制品的检测是保障食品安全的重要措施。

### 3. 原理

AFM1 检测试剂盒分析测定是一种固相竞争酶联免疫分析测定方法。聚苯乙烯微孔板中包被有抗 AFM1 的高亲和力抗体。将标准品或者样品与等体积 HRP（辣根过氧化物酶）标记的 Ml 毒素混合加入微孔中，如果存在 AFM1. 它将和标记毒素竞争性的与包被抗体结合，孵育一段时间后，倒出孔里的液体，清洗后加入显色底物，在酶的作用下孔里将会出现蓝色。显色颜色的深浅与标准品或样品中 AFM1 的量成反比例关系。所以，标准品或样品中的 AFM1 浓度越高，显色的蓝色将会越浅。加入酸终止反应，底物颜色由蓝色变为棕黄色。微孔板放进酶标仪里，在 450nm 读取吸光度值。样品值与试剂盒中标准值相比较，得出结果。

### 4. 试剂材料

#### （1）生牛奶

标准品溶解在经过均质处理的脱脂乳中，未加工的全脂奶应该低温过夜，使脂肪球上升，在表面自然形成乳状油层，这时就没有必要离心分离。如果样品是在室温或者经过运输混合，低温放置 1 ~ 2h，2000g 离心力离心 5min，分离出上层脂肪层。抽掉上层脂肪层，分析时用较底层的乳浆。

#### （2）均脂牛乳

经过均质处理的脱脂乳应该被直接用来检测。由于均质过程使得脂肪球很稳定，很难再分离，即使是高速离心分离也很难从均质的全脂乳分离乳浆。因此均质脱脂乳可以直接用来检测分析。

#### （3）奶粉

奶粉首先溶解于一定量的水，处理过程如上所述。

#### （4）乳酪

带盖的离心管中用 5ml 甲醇混合 1g 被精细碾碎的或其他方式浸渍的乳酪，混合 5min，5000g 离心力离心 5min，转移上清。将 0.5ml 上清液移到玻璃试管中，利用氮吹仪使甲醇蒸发后在玻璃管内壁上会沉积一层黏稠的半固体物质。于试管中加入 0.5ml 空白脱脂乳，旋涡混匀 1min，取 200ml 奶提取物进行测定。

### 5. 仪器设备

100Ml 或 200m1 单道或多道移液器，玻璃试管，计时器，洗瓶，吸水纸，离心机，450nm 滤光片的酶标仪。

### 6. 分析步骤

①使用前将试剂拿到室温，将装试剂的小袋开封，根据待测的标准品和样品的数量取出一定量的微孔。将不使用的微孔重新放入小袋，封好口避免潮湿的空气进入（分析检测完毕微孔支架将来可继续使用）。

②每次都要使用新吸头，吸取 200μl 标准品或样品加到两个复孔里。

③将板子装入袋子中封口，避免水蒸气和紫外光的照射。

④在室温（19～25℃）下孵育 2h。

⑤将孔里的液体倒入合适的容器中，从洗瓶里吸取 PBST 洗板或用多道洗板洗孔，然后迅速弃掉洗液到合适的容器中，重复洗 3 次。在一层厚的吸水纸上拍板，去掉残留的洗液。

⑥每个孔中加入 100μl 的偶联物。

⑦再次用袋子封好板子，室温下孵育 15min，重复步骤⑤。

⑧每个孔中加入 100μl 酶反应底物（TMB）孵育 15～20min。

⑨加入 100μl 的终止液终止反应，板中颜色将会由蓝色变成棕黄色。

⑩450nm 下读取每个孔的吸光度值（使用一个空白对照）。

### 7. 结果参考计算

使用原有的吸光值或实验获得的吸光值与标准曲线中 AFM1 浓度为 0 时吸光值的百分比值建立剂量效应曲线。通过在标准品曲线中添加新数值计算被测物质中 AFM1 的浓度。标准品和样品获得的平均吸光度值除以标准品浓度为 0 时的吸光度值乘以 100，标准品浓度为 0 时为 100%，其他标准品和样品吸光度值都以这样的形式表示。

吸光值 =（标准品吸光值（或样品）/ 标准品 0 浓度时吸光值）× 100%

标准品数值输入到坐标图的坐标系统中，计算 AFM1 的浓度。根据相应的吸光度值每个样品都能从坐标曲线中读出 AFM1 的浓度。为获得样品中 AFM1 的精确含量数据，从标准曲线读取的浓度应该乘以相应的稀释倍数。

## （三）食品中黄曲霉毒素M1免疫亲和柱层析净化高效液相色谱法检测技术

### 1. 方法目的

分析测定的目的是用来精确定量检测牛奶、奶粉与乳酪中的 AFM1。

### 2. 原理

样品通过免疫亲和柱时，黄曲霉毒素 M1 被提取。亲和柱内含有的黄曲霉毒素 M1 特异性单克隆抗体交联在固体支持物上，当样品通过亲和柱时，抗体选择性地与黄曲霉毒素 M1（抗原）键合，形成抗体 – 抗原复合体。用水洗柱除去柱内杂质，然后用洗脱剂洗脱吸附在柱上的黄曲霉毒素 M1，收集洗脱液，用带有荧光检测器的高效液相色谱仪测定洗脱液中黄曲霉毒素 M1 含量。

### 3. 适用范围

免疫亲和柱层析净化高效液相色谱法适用于乳、乳粉，以及低脂乳、脱脂乳、低脂乳粉和脱脂、乳粉中黄曲霉毒素 Ml 含量的测定。乳粉中的最低检测限是 0.08μg/ kg，乳中的最低检测限是 0.008μg/10

### 4. 试剂材料

①免疫亲和柱。应该含有黄曲霉毒素 M1 的抗体。亲和柱的最大容量不小于 100ng 黄曲霉毒素 M1（相当于 50ml 浓度为 2μg/L 的样品），当标准溶液含有 4ng 黄曲霉毒素 M1（相当于 50ml 浓度为 80ng/L 的样品）时回收率不低于 80%。应当定期检查亲和柱的柱效和回收率，对于每个批次的亲和柱至少检查 1 次。

柱效检查方法是用移液管移取 1.0ml 的黄曲霉毒素 M1 储备液到 20ml 的锥形试管中。用恒流氮气将液体慢慢吹干，然后用 10ml 的 10% 乙腈溶解残渣，用力摇荡。将该溶液加入 40ml 水中，混匀，全部通过免疫亲和柱。淋洗免疫亲和柱，洗脱黄曲霉毒素 M1，将洗脱液进行适当稀释后，用高效液相色谱仪测定免疫亲和柱键合的黄曲霉毒素 M1 含量。

回收率检查的检查方法是用移液管移取 0.005μg/mL 的黄曲霉毒素 M1 标准工作液 0.8 ~ 10ml 水中，混匀，全部通过免疫亲和柱，淋洗免疫亲和柱洗脱黄曲霉毒素 M1。将洗脱进行适当稀释后，用高效液相色谱仪测定免疫亲与柱键合的黄曲霉毒素 M1 含量。

②色谱级乙腈，氮气，三氯甲烷（加入 0.5% ~ 1.0% 质量比的乙醇），超纯水。

③黄曲霉毒素 Ml 标准校准溶液：黄曲霉毒素 M1 三氯甲烷溶液标准浓度为 10μg/mL。根据在 340 ~ 370nm 处的吸光度值确定黄曲霉毒素 M1 的实际浓度。以三氯甲烷为空白，测定 $\lambda_{max}$30nm 最大吸光度值，计算方法为：

$$X = A \times M \times 100 / \varepsilon$$

式中：$X$—标准溶液浓度，μg/mL；$A$—在 $\lambda_{max}$ 处测得的吸光度值；$M$—328g/mol，黄曲霉毒素 M1 摩尔质量，g/mol；$\varepsilon$—1995，溶于三氯甲烷中的黄曲霉毒素 M1 的吸光系数，$m^2$/mol。

④标准储备液：确定黄曲霉毒素 M1 标准溶液的实际浓度值后，继续用三氯甲烷将其稀释至浓度为 0.1μg/mL 的储备液。储备液密封后于冰箱中 5℃ 以下避光保存。在此条件下，储备液可以稳定 2 个月。2 个月后，应该对储备液的稳定性进行核查。

⑤黄曲霉毒素 M1 标准工作液：从冰箱中取出储备液放置到室温，移取一定量的储备液进行稀释制备成工作液。工作液当天使用当天制备。用移液管准确移取 1.0ml 的储备液到 20ml 的锥形试管中，用和缓的氮气将溶液吹干后用 20ml。10% 的乙腈将残渣重新溶解，振摇 30min，配成浓度为 0.005μg/mL 的黄曲霉毒素 M1 标准工作液。

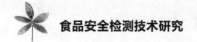

在用氮气对储备液吹干的过程中，一定要仔细操作，不可让温度降低太多而出现结露。

在作标准曲线时黄曲霉毒素 M1 的进样量分别为 0.05ng、0.1ng、0.2ng 和 0.4ng。根据高效液相色谱仪进样环的容积量，用工作液配制一系列适当浓度的黄曲霉毒素 M1 标准溶液，稀释液用 10% 乙腈。

### 5. 仪器设备

高效液相色谱仪、十八烷基硅胶柱、分光光度计、天平、一次性注射器 10ml 和 50ml、真空系统、离心机、移液管、玻璃烧杯、容量瓶、水浴、滤纸、带刻度的磨口锥形玻璃试管。

### 6. 色谱分析条件要求

根据色谱柱的型号调整乙腈 – 水的比例，以保证使黄曲霉毒素 M1 与其他成分的分离效果最佳。乙腈 – 水溶液的体积流速根据所用色谱柱而定。对于普通色谱柱（柱长约 25cm、柱内径约 4.6mm）而言，流速在 1mL/min 左右效果最好；柱内径为 3mm 时，流速在 0.5mL/min 左右效果最好。为了确定最佳的色谱条件，可以先将不含有黄曲霉毒素 M1 的阴性样品提取液注入高效液相色谱仪，然后再注入样品提取液与黄曲霉毒素 M1 标准溶液的混合液。

标准曲线的线性度和色谱系统的稳定性需要经常检查，多次反复地注入固定量的黄曲霉毒素 M1 标准溶液，直至获得稳定的峰面积与峰高。相邻两次峰面积和峰高的差异不得超过 5%。黄曲霉毒素 M1 的保留时间与温度有关，所以对测定系统的漂移需要补能每隔一段时间测定固定量的黄曲霉毒素 M1 标准溶液，这些标准溶液的测定结果可以根据漂移的情况进行校正。进样 20μl。

### 7. 分析步骤

（1）乳样品处理

将乳样品在水浴中加热到 35℃ ~ 37℃。4000g 离心力下离心 15min。收集 50ml 乳样。

（2）乳粉处理

精确称取 10.0g 样品置于 250ml 的烧杯中。将 50ml 已预热到 50℃ 的水多次少量地加入乳粉中，用搅拌棒将其混合均匀。如果乳粉不能完全地溶解，将烧杯在 50℃ 的水浴中放置至少 30mino 仔细混匀后将溶解的乳粉冷却至 20℃，移入 100ml 容量瓶中，用少量的水分次淋洗烧杯，淋洗液一并移入容量瓶中，再用水定容到刻度。用滤纸过滤乳，或者在 4000g 离心力下离心 15min。至少收集 50ml 的乳样品。

（3）免疫亲和柱的准备

将一次性的 50ml 注射器筒与亲和柱的顶部相连，再将亲和柱与真空系统连接起来。

（4）样品的提取与纯化

用移液管移取 50ml 的样品到 50ml 的注射器筒中，控制样品以 2 ~ 3mL/min 稳定的流速过柱。取下 50ml 的注射器，装上 10ml 注射器。注射器内加入 10ml 水，以稳定的流速洗柱，然后，抽干亲和柱。脱开真空系统，装上另一个 10ml 注射器，加 4ml 乙腈。缓缓推动注射器栓塞，通过柱塞控制流速，洗脱黄曲霉毒素 M1 洗脱液收集在锥形管中，洗脱时间不少于 60s。然后用和缓的氮气在 30℃下将洗脱液蒸发至体积为 50 ～ 500ml 后定容待用。

（5）黄曲霉毒素 M1 标准曲线

利用色谱仪分析，分别注入含有 0.05ng、0.1ng、0.2ng 和 0.4ng 的黄曲霉毒素 M1 标准溶液，绘制峰面积或峰高和黄曲霉毒素 M1 浓度的标准曲线。

（6）样品分析

采用与标准溶液相同的色谱条件分析样品中的黄曲霉毒素 M1。从标准曲线上得出样品中的黄曲霉毒素 M1 含量。

8. 结果参考计算

$$X = m \times V_i / (V_i \times V)$$

式中：$X$—黄曲霉毒素 M1 的含量，$\mu g/L$；$m_A$—样品液黄曲霉毒素 M1 的峰面积或峰高从标准曲线上得出的黄曲霉毒素 M1 的质量数，ng；$V_i$—样品洗脱液的体积数，$\mu l$；$V_f$—样品液的最终体积数，$\mu l$；$V$—通过免疫亲和柱被测样品的体积数 ml。

9. 方法分析与评价

①免疫亲和柱能特效性地、高选择性地吸附黄曲霉毒素 M1. 而让其他杂质通过柱子，可将提取、净化、浓缩一次完成，大大简化了前处理过程，提高工作效率，所以免疫亲和柱和高效液相色谱联用，是一种快速、高效、灵敏、准确、方便、安全的分析方法。

②实验室分析操作时应该有适当的避光措施，黄曲霉毒素标准溶液需要避光保护。

③非酸洗玻璃器皿（如试管、小瓶、容量瓶、烧杯和注射器）应用于黄曲霉毒素水溶液时会造成黄曲霉毒素含量的损失。所以新的玻璃器皿首先应在稀酸（比如 2mol/L 的硫酸）中浸泡几个小时，然后用蒸馏水冲洗除掉所有残留的酸液。

# 三、食品中的棒状曲霉检测技术

薄层色谱法是棒状曲霉检测的经典方法，该方法成本低、使用简单。回收率 85% ～ 119%，检出限为 100$\mu g/L$。

高效液相色谱 - 紫外检测器是目前国际上最流行的检测棒状曲霉的方法。因为毒素有相对极性并显示了较强的吸收光谱。在前处理中，乙酸乙酯是常用的提取剂，而净化方式有多种形式，包括液液萃取、固相萃取等。由于棒状曲霉是极性小分子物质，因此，色谱条件应选择反相柱以及含水量高的流动相。常用的流动相是水和乙腈混合液（90% 的水）或四氢呋喃水溶液（95% 的水）。在分析工作中，常常选择梯度条件来获得较好的色谱分离。气相色谱法检测包括乙酸乙酯提取、硅胶柱净化、棒状曲霉衍生化、电子捕获检测等步骤，检出限为 $10\mu g/L$。目前，尚没有酶联免疫法检测棒状曲霉的报道，不过，国际上针对棒状曲霉及其衍生物的抗体研究一直正在进行。

## （一）食品中棒状曲霉的高效液相色谱法检测技术

### 1. 方法目的

掌握高效液相色谱法分析棒状曲霉的方法原理。

### 2. 原理

样品中的棒状曲霉经乙酸乙酯提取，用碳酸钠溶液净化或者经用 MycoSep228 净化柱净化后，高效液相色谱紫外检测器法测定，外标法定量。

### 3. 试剂和材料

①乙酸乙酯、乙脂、乙酸、乙酸盐缓冲液、1.4% 碳酸钠溶液。

②棒状曲霉标准品（纯度＞99%）：称取约 1.0mg 棒状曲霉，用乙酸盐缓冲液稀释成 $100\mu g/mL$ 的标准储备液或用紫外分光光度计法进行浓度标定，避光于 0℃下保存。把上述标准储备液用乙酸盐缓冲液配备成浓度为 $0.5\mu g/mL$ 的标准工作液，避光于 0℃下保存。

### 4. 仪器和设备

高效液相色谱分析仪 – 紫外检测器，旋转蒸发仪；MyCOSeP228 净化柱，分液漏斗 125ml，刻度移液管 1ml，一次性滤膜（$0.45\mu m$）。

### 5. 测定步骤

#### （1）提取

量取样品 5ml，置于 125ml 分液漏斗，加入 20ml 水和 25ml 乙酸乙酯，振摇 1min，静置分层。将水层放入另一分液漏斗，用乙酸乙酯重复提取 2 次（每次用量 25ml）。弃去水层，合并三次乙酸乙酯提取液于原分液漏斗。

#### （2）净化

将提取液加入 10ml 碳酸钠溶液，立即振摇，静置分层（此净化操作应尽可能在 2min 内完成）。再用 10ml 乙酸乙酯提取碳酸钠水层 1 次。弃去碳酸钠水层，合并乙酸乙酯提取液。并加入 5 滴乙酸。全部转移至旋转蒸发器内，于 40℃～45℃下，蒸至剩余溶液为 1～2ml，用乙酸乙酯将此种溶液转移至 5ml 棕色小瓶内于 40℃下用氮气吹干。用 1.0ml 乙酸盐缓冲液溶解残留物，经 $0.45\mu m$ 滤膜滤至样液小瓶内，供高效液相色谱测定。

利用 MycoSep228 净化柱进行净化时移取 10ml 上层提取液至小试管中，将超过 4ml 的提取液推人 MycoSep228 净化柱，移取 4ml 净化液至棕色小瓶，在 40℃下蒸发至接近干燥（要保留一薄层样品在小瓶内，避免棒状曲霉的蒸发或降解）。用 0.4ml 流动相溶解残留物，旋涡振荡 30s，经 0.45μm 滤膜滤至样液小瓶内，供高效液相色谱测定。

### （3）色谱条件

高效液相色谱 - 紫外检测器，检测波长 276nm；ODS 反相色谱柱，长 250mm，内径 4.6mm；流动相为乙腈 - 水（10：90）；流速：1.0mL/min。

### （4）色谱测定

分别准确注射 20μl 样液及标准工作溶液于高效液相色谱仪中，按照色谱条件进行色谱分析，响应值均应在仪器检测的线性范围内。对标准工作液和样液进样测定，以外标法定量。在色谱条件下，棒状曲霉的保留时间约有 4.9min。

### 6. 结果参考计算

$$X = S_1 \times c \times V / (S_0 \times V_i)$$

式中：$X$—样品中棒曲霉素含量，mg/L；$S_1$—样液中棒状曲霉峰面积，$mm^2$；$S_0$—标准工作液中棒状曲霉的峰面积，$mm^2$；$c$—标准工作液中棒状曲霉的浓度，μg/mL；$V$—最终样液体积，ml；$V_f$—最终样液相当的样品体积即 ml。

## （二）食品中棒状曲霉的薄层色谱法检测技术

### 1. 方法目的

了解掌握薄层色谱法分析棒状曲霉的原理特点。

### 2. 原理

用乙酸乙酯提取果汁中棒状曲霉，并用硅胶柱进一步纯化。棒状曲霉的洗出液经浓缩后，在薄层板点样、展开，用 3- 甲基 -2- 苯并噻唑酮腙盐酸溶液喷湿后进行检测，在波长 360nm 紫外光下，棒状曲霉呈黄棕色荧光斑点，检测限值约为 20μg/L。

### 3. 试剂

①棒状曲霉标准溶液：称取 0.500mg 展青霉素标准品，溶于三氯甲烷中，使其浓度为 10μg/mL，0℃避光保存，用时避光升至室温。

② 3- 甲基 -2- 苯并噻唑啉酮腙盐酸（MBTH·HCl）溶液：将 0.5g MBTH·H-Cl·$H_2O$ 溶于 100ml 水中，4℃保存，每 3 天制备 1 次。

③无水硫酸钠。柱层析用 E.Merk 硅胶 60（0.063 ~ 0.2mm），薄层用 E.Merk 硅胶、苯、乙酸乙酯均重蒸后使用。

### 4. 仪器

小型粉碎机，电动振荡器，薄层色谱玻璃板 20cm×20cm，涂布器，固定盘，10μl 微量注射器，展开槽，360nm 紫外灯，喷洒瓶。

## 5. 样品的提取

将 50ml 样品放入 250ml 分液漏斗中，用 3 份 50ml 乙酸乙酯剧烈提取 3 次，将上层提取液合并，用 20g 无水硫酸钠干燥约 30min，用玻璃棒将开始形成的团块捣碎，将上清液转入 250ml 有刻度的烧杯中，用 2 份 25ml 乙酸乙酯洗涤硫酸钠，并加到提取液中。在蒸汽浴上用缓慢的氮气流蒸发至 25ml 以下（不要蒸干）。冷却至室温，如需要，可用乙酸乙酯调整体积至 25ml，并且用苯稀释至 100ml。

## 6. 纯化方法

①在装有约 10ml 苯的色谱管的底部放一团玻璃棉并压实，加入 15g 用苯调制的硅胶浆。

②用苯洗涤管壁，待硅胶沉降后，将溶剂放至硅胶顶部。小心地把样品提取物加入管中，放至硅胶顶部，弃去洗脱液。

③用 200ml 苯 – 乙酸乙酯（75∶25）以约 10mL/min 速度洗涤棒状曲霉。

④在蒸汽浴上通入氮气流将洗涤液蒸发近干。用三氯甲烷将残留物移入具聚乙烯塞的小瓶中，在氮气流下蒸汽浴蒸干，加入 500μl 三氯甲烷溶解残渣，供薄层色谱分析用。

## 7. 薄层色谱分析

用 10μl 注射器吸取样品提取液。于 0.25mm 的薄板上距底边 4cm 线上滴 2 个 5μl，1 个 10μl 的样液点及 1μL，3μl，5μl，7μl，10μl 的标准溶液点。在一个 5μl 样液点上加滴 5μl 标准液。用甲苯 – 乙酸乙酯 –90% 甲酸（5∶4∶1）将板展开至溶剂前沿达到距离板端 4cm 处时，取出薄层板，在通风橱中干燥。用 0.5% 的 MBTH 喷板，130℃加热 15min；在于波长 360nm 紫外灯下观察，棒状曲霉呈黄棕色荧光斑点，其 R 值约 0.5，检出能力应正好为 1μl 标准液（10μg/mL）。

## 8. 结果测定

用目测比较样品与标准溶液荧光斑点强度。当样品斑点与内标斑点重叠，且样品斑点的颜色与棒状曲霉标准液相同时，可认为样品的荧光斑点即为棒状曲霉。含内标的样品斑点，其荧光强度应比样品或内标单独存在时更强。如果样品斑点的强度介于两个标准斑点之间，可用内推法确定其浓度，或重新点滴适当体积的样品及标准溶液，以得到较为接近的估计值。如果最弱的样品斑点仍比对应的标准溶液斑点强，则应将样品提取物稀释，并重新点样进行薄层分析。如有条件，可采用薄层色谱扫描仪定量分析。

## 9. 方法分析与评价

①展青霉素是一种抗生素，已经证明有致突变性，在对此种物质操作时应尽量小心。

②在第一步的提取中，蒸发至 25ml 就不要再蒸发或干燥了。

③在空气中不到几小时喷过的薄层色谱板就会慢慢变蓝，因此需盖上玻璃板。

④本方法为 AOAC 974.18 方法。

## 四、食品中伏马毒素的检测技术

伏马毒素（FB）是一组镰刀菌产生的真菌毒素。

### （一）食品中伏马毒素的酶联免疫吸附法检测技术

#### 1. 方法目的

本方法利用竞争性酶标免疫法定量测定谷物与饲料中的伏马毒素。

#### 2. 原理

测定的基础是抗原抗体反应。微孔板包被有针对 IgG（伏马毒素抗体）的羊抗体。加入伏马毒素标准或者样品溶液、伏马毒素抗体、伏马毒素酶标记物。游离的伏马毒素和伏马毒素酶标记物竞争性地与伏马毒素抗体发生反应，同时伏马毒素抗体与羊抗体连接。没有连接的酶标记物在洗涤步骤中被除去。将酶基质（过氧化尿素）和发色剂（四甲基联苯胺）加入孔中孵育，结合的酶标记物将无色的发色剂转化为蓝色的产物。加入反应停止液后使颜色由蓝转变为黄色。在 450nm 处测量，吸收光强度与样品中的伏马毒素浓度成反比。

#### 3. 试剂

每一个盒中的试剂足够进行 48 个测量（包括标准分析孔）。

①48 孔酶标板（6 条 8 孔板），包被有伏马毒素羊抗体。

②伏马毒素标准溶液：1.3mL/ 瓶，用甲醇 / 水配制的伏马毒素溶液，浓度分别是 0mg/ kg，0.222mg/ kg，0.666mg/ kg，2mg/ kg，6mg/ kg。这些浓度值已经包括了样品处理过程中的稀释倍数 70，所以测定样品时，可以直接从标准曲线上读取测定结果。

③过氧化物酶标记的伏马毒素浓缩液（3mL/ 瓶，红色瓶盖），伏马毒素抗体（3mL/ 瓶，黑色瓶盖＞，底物 / 发色剂混合液（红色，6mL/ 瓶，白色滴头），1mol/L 硫酸反应停止液（6mL/ 瓶，黄色滴头）。

#### 4. 仪器设备

微孔板酶标仪（450nm），250ml 的玻璃或者塑料量筒，可处理 300ml 溶液的漏斗、容量瓶，样品粉碎机，摇床，Whatman 1 号滤纸，50μl、100μl、1000μl 微量加样器。

#### 5. 样品处理

样品应当在暗处及冷藏保存。有代表性的样品在提取前应该磨细、混匀。称取 5g 磨细的样品置于合适的试管中，并加 25ml 的 70% 甲醇 / 水。用均质器均质 2min，或者用手或者摇床摇匀 3min。用 Whatman 1 号滤纸过滤。用纯水以 1 ∶ 13 的比例将滤液稀释（即 100μl 的滤液加 1.3ml 的水）。在酶标板上每孔加 50μl。

### 6. 酶标免疫分析程序（室温 18℃～ 30℃条件下操作）

#### （1）分析要求

使用之前将所有试剂回升至室温18～30℃。使用后立即将所有试剂放回2～8℃。在使用过程中不要让微孔干燥。分析中的再现性，很大程度上取决于洗板的一致性，仔细按照推荐的洗板顺序操作是测定程序中的要点。在所有恒温孵育过程中，避免光线照射，用盖子盖住微孔板。

#### （2）伏马毒素酶标板

沿着拉锁边将锡箔袋剪开，取出所需要使用的孔条和板架。不需要的板条与干燥剂一起重新放入锡箔袋，封口后置于2～8℃。

#### （3）伏马毒素标准溶液

这些标准溶液的浓度值已经包括了样品处理过程中的稀释倍数，因此测定样品时，可以直接从标准曲线上读取测定结果。

测定程序：

①将标准和样品的孔条插入微孔板架中，记录下标准和样品的位置。

②加入50μl标准和样品到各自的微孔中，每个标准和样品须使用新的吸头。

③加入50μl酶标记物（红色瓶盖）到每一个微孔底部。

④加入50μl伏马毒素抗体（黑色瓶盖），充分混匀，在室温（18～30℃）温育10min。

⑤倒出孔中的液体，将微孔架倒置在吸水纸上拍打（每行拍打3次）以保证完全除去孔中的液体。用多道移液器将纯水注满微孔，再次倒掉微孔中液体，再重复操作2次。

⑥加2滴（100μl）底物/发色剂混合液（白色滴头）到微孔中，充分混合并在室温（18～30℃）暗处孵育30min。

⑦加入2滴（100μl）反应停止液（黄色滴头）到微孔中，混合好在450nm处测量吸光度值以空气为空白，必须在加入停止液后30min内读取吸光度值。

### 7. 测定结果

吸光度值 =（样品的吸光值 / 标准的吸光值）× 100%

将计算的标准吸光度百分值与对应的伏马毒素浓度值（mg/kg）在半对数坐标纸上绘制成标准曲线图，测定样品的浓度值。

### 8. 方法分析与评价

①伏马毒素试剂盒的平均检测下限为 0.222mg/kg。

②酶联免疫吸附法作为初筛用于检测玉米及饲料中的伏马毒素，已经有多家公司开发了商品化的成套试剂盒。这种方法简单、经济、设备投资小、一次可以同时测定多个样品。但在使用过程中需要注意试剂的有效性、试验条件的一致性控制、假阳性的确认。

③标准液含有伏马毒素，应该特别小心，避免接触皮肤。

④所有使用过的玻璃器皿和废液最好在 10% 次氯酸钠中（pH=7）过夜。

⑤反应停止液为 1mol 硫酸，避免接触皮肤。

⑥不要使用过了有效日期的试剂盒，稀释或掺杂使用会引起灵敏度的降低。不要交换使用不同批号试剂盒中试剂。

⑦试剂盒保存于 2℃ ~ 8℃，不要冷冻。

⑧将不用的微孔板放进原锡箔袋中并且与提供的干燥剂一起重新密封。

⑨底物 / 发色剂对光敏感，因此要避免直接暴露在光线下。

⑩微红色的底物 / 发色剂混合液变成蓝色表明该溶液已变质，应该弃之。标准的吸光度值小于 0.6 个单位（$A450mm < 0.6$）时，表示试剂可能变质，不要再使用。

# （二）食品中伏马毒素的高效液相色谱法检测技术

## 1. 方法目的

测定玉米中伏马毒素 $B_1$、$B_2$　$B_3$。

## 2. 原理

利用甲醇 – 水溶液提取玉米中的伏马毒素。用固相离子交换柱过滤纯化提取物，用醋酸和甲醇溶液溶解伏马毒素。邻苯二醛和 2- 巯基乙醇将溶解在甲醇中的提取物反应形成伏马毒素衍生物，用带有荧光检测器的反相液相色谱进行测定。

## 3. 使用范围

本方法适用于测定玉米中的伏马毒素大于等于 $1 \mu g/g$ 的情况。

## 4. 试剂

①甲醇，磷酸，2- 巯基乙醇（MCE），乙腈 – 水溶液（1：1），乙酸 – 甲醇溶液（1：99），0.1mol/L 磷酸氢二钠盐溶液，甲醇 – 水溶液（3：1），1mol/L 氢氧化钠溶液，0.1mol/L 硼酸二钠溶液。

②流动相：0.1mol/L 甲醇 –$NaH_2PO_4$ 溶液（77：23），用磷酸溶液调整 pH 为 3.3。滤液通过滤膜过滤，流速为 1mL/min。

③邻苯二醛（OPA）试剂：将 40mg OPA 溶解在 1ml 甲醇中，用 5ml 的 0.1mol/L $NaB_4O_7$ 溶液稀释。加 $50 \mu l$ MCE 溶液，混匀。装于棕色容量瓶中，在室温避光处可以储藏 1 周。

④伏马毒素标准品：制备 $FB_1$，$FB_2$，$FB_3$ 浓度为 $250 \mu g/mL$ 的乙腈 – 水贮存溶液。移取 $100 \mu l$ 贮存溶液于干净玻璃小瓶中，并加入 $200 \mu l$ 乙腈 – 水溶液，摇匀，即可获得 $FB_1$，$FB_2$，$FB_3$ 浓度为 $50 \mu g/mL$ 的工作标准溶液，该标准溶液于 4℃ 下，可稳定储藏 6 个月。

## 5. 仪器设备

液相色谱仪，反相 $C_{18}$ 不锈钢管的液相色谱柱，荧光检测器，组织均质器，固相萃取柱（SPE），500mg 硅胶键合强阴离子交换试剂，SPE 管，溶剂蒸发器，0.45 $\mu$m 滤膜。

## 6. 提取和净化

①称取 50g 样品放入 250ml 离心管中。加入 100ml 甲醇 – 水溶液，以均质器 60% 的速度均质 3min。如采用搅拌器提取，过程也不能超过 5min。

②提取物在 500g 的离心力下离心 10min，过滤。调整滤液的 pH 值为 5.8，如果需要可以用 2 ~ 3 滴的 pH 值为 5.8 ~ 6.5 的 NaOH 溶液调整。

③SPE 注射筒要与 SPE 管匹配。用 5ml 甲醇清洗注射筒，然后再用 5ml 甲醇 – 水溶液清洗。将 10ml 过滤后的提取液加入 SPE 注射筒中，控制流速小于等于 2mL/min。用 5ml 甲醇 – 水溶液清洗注射筒，然后用 3ml 甲醇清洗。不要让注射筒干燥。用 10ml 乙酸 – 甲醇溶液洗脱伏马毒素，流速小于等于 1mLVmin（注意：严格遵守流速不得超过 1mL/min）。收集洗脱液到 20ml 玻璃小瓶中。

④接下来将洗脱液转移到 4ml 玻璃小瓶中，在氮气 60℃ 蒸气浴作用下将洗脱液蒸干。用 1mL 甲醇冲洗收集残渣到 4ml 小瓶内。蒸发剩下的甲醇，确保所有醋酸已蒸发。蒸干的残渣可在 4℃ 下保留 1 周用于液相色谱分析。

## 7. 衍生分析

### （1）制备标准衍生物

转移 25$\mu$l 标准伏马毒素工作溶液到一个小试管里。添加 225$\mu$l OPA 试剂，混匀后，将 10$\mu$l 混合液加到液相色谱仪中（注意：添加 OPA 试剂和注射到液相色谱分析仪里之间的连续时间是非常关键的，在荧光作用下 OPA– 伏马毒素在 2min 内开始减少）。

### （2）检测器和记录效应

设定荧光检测器的灵敏度，使 FBI 标准品 OPA 衍生物能达到至少 80% 的记录效应。

### （3）分析

用 200$\mu$l 甲醇再次溶解提取残渣。将 25$\mu$l 溶液转移到小试管中，加入 225$\mu$l OPA 试剂（1min 内添加）。混匀之后，将 10$\mu$l 混合液加到液相色谱仪之中。所有伏马毒素的峰值应该在一定范围内。通过比较提取物与已知的伏马毒素标准品的保留时间来鉴定峰值。如果伏马毒素色谱峰超过伏马毒素标准，再用甲醇稀释提取物和加入 OPA 试剂，重复衍生试验。

## 8. 结果参考计算

$$F = S_u \times m_0 / S_i$$

式中：$F$—测定伏马毒素的浓度，ng；$S_u$—测试溶液伏马毒素波峰面积；$SS_f$—伏马毒素标准溶液波峰面积；$m_0$—注入 LC 系统中伏马毒素标准品浓度，ng。

### 9. 方法分析与评价

伏马毒素在肝脏中有致癌作用；对人体的影响并不完全清楚。工作时应要戴防护手套，以避免皮肤接触玉米提取物中的伏马毒素。任何实验接触泄漏物器皿都要用有 5% 工业次氯酸钠溶液清洗，然后用水冲洗。

# 第三节　其他毒素的检测

食品中可能存在的天然物质有河豚毒素、皂甙、胰蛋白酶抑制剂、龙葵素、生物胺（BA）等，目前对这些天然毒素的检测通常采用小鼠试验法。但是小鼠试验法具有测定结果的重复性差、毒性测试所需时间长、操作人员需要受专门训练和小鼠维持费用较高等不足。因此很多研究者试图利用免疫检测法、化学检测法及各类色谱法对其进行检测，其中国内外研究报告较多的是利用 HPLC 方法进行检测，虽然我国已研究出河豚毒素的免疫检测试剂盒，但是还未得到普及应用。

## 一、河豚毒素的检测技术

河豚毒素（TTX）是一种存在于河豚、蝾螈、斑足蟾等动物中的毒素，常用联免疫分析法进行检测。

### （一）适用范围

适用于鲜河豚中 TTX 的测定。对 TTX 的量小检出量是 0.1μg/L，相当于样品中 1μg/kg，标准曲线线性范围为 5～500μg/L。

### （二）方法目的

了解掌握河豚中河豚毒素酶联免疫法分析原理和技术特点。

### （三）原理

样品中的河豚毒素经提取、脱脂后与定量的特异性酶标抗体反应，多余的酶标抗体则与酶标板内的包被抗原结合，加入底物后显色，与标准曲线比较测定 TTX 含量。

### （四）试剂

①抗河豚毒素单克隆抗体：杂交瘤技术生产并经纯化的抗 TTX 单克隆单体。

②牛血清白蛋白（BSA）人工抗原：牛血清白蛋白－甲醛－河豚毒素连接物（BSA-HCHO TTX），－20℃保存，冷冻干燥后的人工抗原可室温或者4℃保存。

③河豚毒素标准品：纯度98%；乙酸（$CH_3COOH$）。

④氢氧化钠：乙酸钠，乙醚，N,N－二甲基甲酰胺，3,3,5,5－四甲基联苯胺（TMB）（4℃避光保存），碳酸钠，碳酸氢钠，磷酸二氢钾，磷酸氢二钠，氯化钠，氯化钾，过氧化氢，纯水（Milli Q系统净化），吐温－20（Tween-20），柠檬酸，浓硫酸。

⑤辣根过氧化物酶（HRP）标记的抗TTX单克隆抗体：－20℃保存，冷冻干燥的酶标抗体可室温或4℃保存。

⑥0.2mol/L的pH 4.0乙酸盐缓冲液：取0.2mol/L乙酸钠（1.64g乙酸钠加水溶解定容至100ml）2.0ml和0.2mol/L乙酸（1.14g乙酸加水溶解定容至100ml）8.0ml混合而成。

⑦0.1mol/L的pH 7.4磷酸盐缓冲液（PBS）：取0.2g磷酸二氢钾、2.9g磷酸氢二钠、8.0g氯化钠、0.2g氯化钾，加纯水溶解并定容至1000ml。

⑧TTX标准储存液：用0.01mol/L PBS配制成浓度分别是5000.00μg/L、2500.00μg/L、1000.00μg/L、500.00μg/L、250.00μg/L、100.00μg/L、50.00μg/L、25.00μg/L、10.00μg/L、5.00Mg/L、1.00μg/L、0.50μg/L、0.10μg/L、0.05μg/L的TTX标准工作溶液，现用现配。

⑨包被缓冲液（0.05mol/L的pH 9.6碳酸盐缓冲液）：称取1.59g碳酸钠、2.93g碳酸氢钠，加纯水溶解并定容至1000ml。

⑩封闭液：2.0g BSA加PBS溶解并定容至1000ml。

⑪洗液：999.5ml PBS溶液中加入0.5ml的吐温－20。

⑫抗体稀释液：1.0g BSA加PBS溶解并定容至1000ml。

⑬底物缓冲液：0.1mol/L柠檬酸（2.101g柠檬酸加水溶解定容至100ml）－0.2mol/L磷酸氢二钠（7.16g磷酸氢二钠加水溶解定容到100ml）－纯水=24.3：25.7：50，现用现配。

⑭底物溶液。

TMB储存液：200mg TMB溶于20ml N,N—二甲基甲酰胺中而成，4℃避光保存。

底物溶液：将75μl TMB储存液、10ml底物缓冲液和10μl $H_2O_2$混合而成。

终止液2mol/L的$H_2SO_4$溶液。试剂0.1%乙酸溶液，1mol/L NaOH溶液。

## （五）仪器设备

组织匀浆器；温控磁力搅拌器；高速离心机；全波长光栅酶标仪或配有450nm滤光片的酶标仪；可拆卸96孔酶标微孔板；恒温培养箱；微量加样器以及配套吸头（100μl、200μl、1000μl）；分析天平；架盘药物天平；125ml分液漏斗；100ml量筒；100ml烧杯；剪刀；漏斗；10ml吸管；100ml磨口具塞锥形瓶；容量瓶（50ml、1000ml）；pH试纸；研钵。

## （六）分析步骤

### 1. 样品采集

现场采集样品后立即 4℃冷藏，最好当天检验。如果时间长可以暂时冷冻保存。

### 2. 取样

对冷藏或冷冻后解冻的样品，用蒸馏水清洗鱼体表面污物，滤纸吸干鱼体表面的水分后用剪刀将鱼体分解成肌肉、肝脏、肠道、皮肤、卵巢等部分，各部分组织分别用蒸馏水洗去血污，滤纸吸干表面的水分后称重。

### 3. 样品提取

将待测河豚组织用剪刀剪碎，加入 5 倍体积 0.1% 的乙酸溶液（即 1g 组织中加入 0.1% 乙酸 5ml），用组织匀浆器磨成糊状。取相当于 5g 河豚组织的匀糊糊（25ml）于烧杯中，置温控磁力搅拌器上边加热边搅拌，100℃时持续 10min 后取下，冷却至室温后，8000r/min 离心 15min，快速过滤于 125ml 分液漏斗中。滤纸残渣用 20ml 的 0.1% 乙酸分次洗净，洗液合并于烧杯中，温控磁力搅拌器上边加热边搅拌，达 100℃时持续 3min 后取下，8000r/min 离心 15min 过滤，合并滤液于分液漏斗中。向分液漏斗中的清液中加入等体积乙醚振摇脱脂，静置分层后，放出水层至另一个分液漏斗中并以等体积乙醚再重复脱脂一次，将水层放入 100ml 锥形瓶中，减压浓缩去除其中残存的乙醚后，提取液转入 50ml 容量瓶中，用 1mol/L NaOH 调 pH 到 6.5 ~ 7.0，用 PBS 定容到 50ml，立即用于检测（每毫升提取液相当于 0.1g 河豚组织样品）。当天不能检测的提取液经减压浓缩去除其中残存的乙醚后不用 NaOH 调 pH，密封后—20℃以下冷冻保存，在检测前调节 pH 并定容至 50ml 检测。

### 4. 测定

用 BSA-HCHO-TTX 人工抗原包被酶标板，120μl/孔，4℃静置 12h。将辣根过氧化物酶标记的纯化 TTX 单克隆抗体稀释后分别做以下步骤。

与等体积不同浓度的河豚毒素标准溶液在 2ml 试管内混合后，4℃静 12h 或者备用。此液用于制作 TTX 标准抑制曲线。

与等体积样品提取液在 2ml 试管内混合后，4℃静置 12h 或者 37℃温育 2h 备用。

已包被的酶标板用 PBS-T 洗 3 次（每次浸泡 3min）后，加封闭液封闭，200μl/孔，置温育 2h。

封闭后的酶标板用 PBS-T 洗 3 次 ×3min 后，加抗原抗体反应液（在酶标板的适当孔位加抗体稀释液作为阴性对照），100μl/孔，37℃温育 2h，酶标板洗 5 次 ×3min 后，加新配制的底物溶液，100μl/孔，37℃温育 10min 后，每孔加 50μl 2mol/L 的 $H_2SO_4$ 终止显色反应，于波长 450nm 处测定吸光度值。

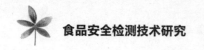

## （七）结果参考计算

$$X = m_1 \times V \times D / (V_1 \times m)$$

式中：$X$—样品中 TTX 的含量，$\mu g/ kg$；$m_1$—酶标板上测得的 TTX 的含量，ng，根据标准曲线按数值插入法求得；$V$—样品提取液的体积，ml；$D$—样品提取液的稀释倍数；$V_1$—酶标板上每孔加入的样液体积，ml；$m$—样品质量，g。

# 二、食品中龙葵素的检测技术

龙葵素又称茄素，属生物碱。龙葵素是一种有毒物质，人、畜使用过量均能引起中毒。龙葵素中毒的潜伏期为数分钟至数小时，轻者恶心、呕吐、腹泻、头晕、舌咽麻痹、胃痛、耳鸣；严重的丧失知觉、麻痹、休克，若抢救不及时可能造成死亡。

马铃薯块茎中含有龙葵素。一般成熟的正常马铃薯中，龙葵素含量为 7 ~ 10mg/100g，小于 20mg/100g 的为安全限值。但马铃薯块茎生芽或经日光暴晒后，表皮会出现绿色区域，同时产生大量龙葵素，其含量可增至 500mg/100g，远远超过了安全阈值。另外，在未成熟的青色西红柿当中也有结构类似番茄碱存在。

## （一）食品中龙葵素的分光光度法检测技术

### 1. 方法目的

了解掌握龙葵素的定性、定量分析方法的原理特点。

### 2. 原理

当样品含有龙葵素时，可与硒酸钠、钒酸铵在一定温度条件下耦合反应，有不同颜色变化，反应显色过程较快不稳定，可定性鉴定，灵敏度较高。但是龙葵素在酸化乙醇中于 568nm 左右有一较强稳定的吸收值，依此可定量分析。

### 3. 试剂

①酸化乙醇I：95% 乙醇 –5% 乙酸（1：1）；酸化乙醇Ⅱ：95% 乙醇 –20%$H_2SO_4$（1：1）。

② 60% 硫酸，甲醛溶液（使用 60%$H_2SO_4$ 配制，浓度为 0.5%），氨水。

③龙葵素标准溶液（浓度分别为 0.05mmol/L、0.1mmol/L、0.2mmol/L、0.3mmol/L、0.4mmol/L、0.5mmol/L）。

④钒酸铵溶液。用 50% 的硫酸溶液配制，浓度为 0.1%。

⑤硒酸钠溶液。用 50% 的硫酸溶液配制，浓度为 1.5%。

### 4. 仪器

可见光分光光度计。

5. 测定步骤

**（1）定性分析**

取 50g 样品压榨出汁，残渣用蒸馏水洗涤，合并为样液。样液用氨水调节 pH 值至 10 左右，3000r/min 离心 10min 得残渣。将残渣蒸干，在 60℃水浴中用乙醇回流提取 30min，然后过滤。滤液再次用氨水调节 pH 至 10，龙葵素沉淀析出，收集沉淀备用。

取少量沉淀，加入钒酸铵溶液 1ml，呈现黄色，后慢慢转为橙红、紫色、蓝色与绿色，最后颜色消失。

取少量沉淀，加入硒酸钠溶液 1mL，60℃保温 3min，冷却后呈现紫红色，随后转为橙红、黄橙和黄褐色，最后颜色消失。如若有上述现象发生，则可定性判断样品中含有龙葵素。

**（2）定量分析**

取 10g 样品，加入适量酸化乙醇Ⅰ研磨 10min。研磨后的匀浆通过滤纸过滤，滤液在 70℃的水浴中加热 30min 后取出冷却。用氨水将滤液的 pH 调至 10，然后在 5000r/min 的条件下离心 5min 使龙葵素沉淀。用氨水洗涤收集到的沉淀，干燥至恒重。

干燥的沉淀溶于酸化乙醇Ⅱ中并定容 100ml。取定容后的溶液 1ml，加入 5ml 60% 的 $H_2SO_4$，5min 后，加甲醛溶液 5ml。静置 3h 后，在 565～570nm 处测定混合液的吸光度值。

标准溶液的测定操作同上。取龙葵素系列标准溶液各 1ml，加入 5ml 的 60% $H_2SO_4$ 后，加入甲醛溶液 5ml，静置 3h 后，在 565～570nm 测定混合液的吸光度值。以浓度为横坐标，吸光度值为纵坐标绘制标准曲线。样品含量高可适当稀释。

6. 方法分析与评价

定性方法灵敏度可达 0.01μg。定量分析方法灵敏度在 5μg 左右。

## （二）食品中生物碱的高效液相色谱法检测技术

### 1. 方法目的

利用高效液相色谱法检测马铃薯块茎中的生物碱（α-龙葵素与α-卡茄碱）。

### 2. 原理

用稀醋酸提取新鲜块茎组织中生物碱，一次性固相萃取浓缩和纯化提取物。最终分离并在 202nm 处通过液相色谱紫外测量 α-龙葵碱和 α-卡茄碱量。

### 3. 适用范围

适于新鲜土豆块茎中 10～200mg/kg 的 α-龙葵素和 20～250mg/kg 的 α-卡茄碱的质量测定。

### 4. 试剂材料

①色谱级乙腈。

②提取液：100ml 的 5% 冰醋酸溶液，加入 0.5g 亚硫酸氢钠混合溶解。

③ 15% 乙腈固相萃取洗液。

④ 0.1mol/L 磷酸氢二钾（称 1.74g 无水磷酸氢二钾，定容至 100ml），0.1mol/L 磷酸二氢钾（称 1.36g 磷酸二氢钾，定容至 100ml）。

⑤ 0.1mol/L 的 pH 7.6 磷酸盐缓冲溶液：取 100ml 磷酸氢二钾至具有磁搅拌器与 pH 电极的烧杯中，再加入磷酸二氢钾溶液，使 pH 达到 7.6，通过 0.45μm 过滤膜过滤。

⑥液相色谱流动相：将 60ml 乙腈与 40ml 的 0.01mol/L 的磷酸盐缓冲液混合。

⑦ 60% 乙腈色谱冲洗溶液：配制成 600ml 的乙腈溶液，加入 400ml 的水。将其中的毒气除去。

⑧生物碱的标准溶液：称量大约 25.00mg 的 α-龙葵素和 α-卡茄碱，定量转移至 100ml 的容量瓶中，加 0.1mol 的磷酸二氢钾定容。

### 5. 仪器设备

液相色谱仪；液相色谱柱 250mm×4.6mm，离心机，分析天平，pH 计，高速均质机，固相萃取柱，多功能真空固相萃取机。

### 6. 分析步骤

（1）样品制备

在食物处理器中将 10~20 个马铃薯块茎切成细条状。混合后并且立即转移约 200g 至 2L 的装满液氮的不锈钢烧杯中并搅拌，以免它们黏合在一起。均质并使马铃薯离解成微粒，均质后将均质浆液转移到塑料容器中，置于明凉处，让液氮蒸发。在马铃薯组织开始解冻之前，盖在密闭容器内并储存在 -18℃ 或更低温度下。样品在下次操作前，至少能够储存 6 个月。

（2）提取

除去上层可能包含浓缩水的冰冻马铃薯样品，称取 10.00g 冰冻的马铃薯样品迅速加入 40ml。提取溶液，均质机搅拌约 2min（控制搅拌速度，以防止产生泡沫）。4000r/min 下离心 30min 并澄清。收集上清液。提取物可以在 4℃ 下至少稳定存放 1 周。

（3）纯化

将 5.0ml 乙腈加入 SPE 柱子，加 5.0ml 样液，接下来加 5.0ml 的萃取液，经柱子萃取，用 10.0ml 冲洗液分两次冲洗柱子（速度 1~2 滴/s）。合并各液，定容至 25ml。

（4）色谱分析方法

在规定的液相色谱测定条件下，α-龙葵素和 α-卡茄碱在 10min 就出现峰值，如果操作时间持续 20min，α-龙葵素和 α-卡茄碱的单苷类会出现峰值。建立 α-龙葵素和 α-卡茄碱的标准曲线，通过标准回归曲线计算样品的含量，单位 μg/mL 来表示。

### 7. 方法分析与评价

① α–龙葵素和 α–卡茄碱是有毒的，避免接触皮肤。

②处理液氮时要谨慎。特别是在极低温度（–196℃）可导致皮肤损伤，霜冻害，或类似烧伤一样。将液氮加入热的容器中或是向液氮中加入药品时会沸腾并飞溅，所以应用皮手套和安全眼罩将手和眼保护起来。每次操作时，要尽量地降低沸腾和喷溅的程度。蒸发的氮气和凝结的氧气在密闭空间内所占一定百分比可以降低危险性。所以通常要在通风良好的情况下使用和贮藏液氮。由于从液态变成气体体积膨胀，那么，液氮储存在密封的容器中可能会产生危险的超压。

③结果参考计算时，注意样品含水率的换算误差，样品稀释误差及倍数换算。

## 三、食物中皂甙的检测技术

皂甙由皂甙元和糖、糖醛酸或其他有机酸组成，广泛存在于植物的叶茎、根、花和果实中。

第一，皂甙的理化特征。皂甙多具苦味和辛辣味，因而使含皂甙的饲用植物适口性降低。皂甙一般溶于水，有很高的表面活性，其水溶液经强烈振摇产生持久性泡沫，且不因加热而消失。

第二，氰苷。氰苷是由氰醇上的烃基( α–烃基 )和 D–葡萄糖所形成的糖苷衍生物。可从许多植物中分离鉴定出氰苷，如木薯、苦杏仁、桃仁、李子仁、白果、枇杷仁、亚麻仁等。这些能够合成氰苷的植物体内也含有特殊的糖苷水解酶，能够将氰苷水解释放出氢氰酸。这些水解释放出的氢氰酸被人体吸收后，将随血液进入组织细胞，导致细胞的呼吸链中断造成组织缺氧，机体随即陷入窒息状态。氢氰酸的口服最小致死剂量为 0.5 ~ 3.5mg/ kg。氰苷测定的常用方法是先把氰苷用酶或酸水解，然后用色谱法或电化学分析测定放出的氢氰酸总量。

## （一）食物中氰甙的离子选择性电极法分析

### 1. 方法目的

了解掌握离子选择性电极法分析氰苷的原理特点。

### 2. 原理

样品中氰苷在淀粉酶作用下水解为氰离子，溶液中一定离子浓度在氰离子选择性电极产生的电极电位，和标准溶液比较可进行定量分析。

### 3. 试剂

α-淀粉酶、β-淀粉酶、0.025mol/L 的 pH 6.9 磷酸盐缓冲液、0.05mol/L 氰化钾标准储备液、0.01mol/L 盐酸、2mol/L 氢氧化钠溶液、去离子水。

## 4. 仪器

电化学分析仪或离子计、氰离子选择性电极、甘汞电极。

## 5. 分析步骤

样品真空干燥后磨成粉状，精确称取 5g 左右粉状样品放入烧杯中，视样品中淀粉含量的多少加入淀粉酶和矛淀粉酶，再加入 50ml 去离子水。用稀盐酸调节 pH 到 5.0，在 30℃ 条件下回流水解 30min。

将水解液冷却后过滤至 100ml 容量瓶，然后加入 10ml 缓冲液和 1ml 的 2mol/L NaOH，再用去离子水定容，此时体系的 pH 为 11 ～ 12。

用甘汞电极作参比电极、氰离子选择性电极作指示电极，对照标准曲线测定样品中氰离子总量，样品中氰苷的含量以氢氰酸计。

## 6. 结果参考计算

$$X = M \times V \times M_0 / m$$

式中：$X$—样品中氰苷的含量（以氢氰酸计），mg/g；$M$—从标准曲线上查得的样品溶液中氰离子总量，mol/L；$V$—样品定容体积，ml；$M_0$—氢氰酸的毫摩尔质量，27mg/mmol；m 样品质量，g。

## 7. 方法分析与评价

①样品杯在测定中最好为恒温搅拌条件下进行，减少分析的误差。
②测定过程最好在通风条件进行（通风橱）。
③方法检测灵敏度较高，可达 0.01μg。

# （二）食物中氰苷的气相色谱法分析

## 1. 方法目的

掌握气相色谱法分析氰苷的原理方法和特点。

## 2. 原理

样品在酶和酸解后，用碱吸收，在特定缓冲溶液体系中，通过有机溶剂提取，经气相色谱分析，与标准物质比较定量分析。

## 3. 试剂

①氢氧化钠试纸（滤纸滴加 10% 氢氧化钠溶液润湿），0.01mol/L 的 pH 7.0 磷酸盐缓冲液，1% 氯胺 T 溶液，5% 亚砷酸溶液，20% 盐酸溶液，甲醇，乙醚。
②氢氰酸标准储备液（100mg/mL），使用时稀释 1 ～ 20Mg/mL。

## 4. 仪器

气相色谱仪（色谱柱 PORAPAK-QS），检测器（FID），载气（高纯氮）。

### 5. 操作步骤

样品真空干燥后磨成粉状。精确称取 5g 左右粉状样品放入烧杯中，视样品中淀粉含量的多少加入 α – 淀粉酶和 β – 淀粉酶，再加入 50ml 去离子水，用稀盐酸调节 pH 至 5.0。在 30℃条件下回流水解 30min。

回流结束后冷却水解液，将其过滤至 100ml 烧杯中，加入 20% 的盐酸溶液 40ml 后立即封口，并在封口膜的内侧固定氢氧化钠试纸，然后把烧杯放入 30℃恒温箱中 1.0h。

将氢氧化钠试纸移入烧杯中，用 5ml 蒸馏水分次浸提。合并浸提液，加入缓冲液和氯胺 T 溶液各 2ml，5min 后加入亚砷酸溶液 2ml 和乙醚 5ml 振摇 3mine 乙醚层用 K-D 浓缩器浓缩至干，用甲醇定容至 2.00ml 备用。

配制标准系列浓度样品，依据标准溶液定性、定量分析。

### 6. 色谱工作条件

进样温度 220℃，柱温 150℃，检测器温度 250℃，载气流速 35mL/min。

### 7. 结果参考计算

$$X = S_1 \times c \times V / (S_0 \times m)$$

式中：$X$—样品中氰苷的含量（以氢氰酸计），mg/g；$S_1$—样品峰面积；$c$—氢氰酸标样的浓度，mg/mL；$V$—样品的定容体积，ml；$S_0$—标样峰面积；$m$—样品的质量，g。

### 8. 方法分析与评价

采用顶空进样的气相色谱方法也可用于氰苷释放的氢氰酸的测定。此方法的样品处理过程与上述步骤略有不同。首先，样品也须先真空干燥后磨碎，然后在淀粉酶的作用下水解，并除去不溶性杂质。顶空密闭容器中事先加入 1ml 2mol/L 的硫酸溶液，然后用微量注射器加入一定体积的样品水解后的过滤液。将密闭容器激烈振荡后静置 1h，然后用微量进样器取上层气体供气相色谱分析。采用顶空进样的方法时，进样温度、柱温与检测器温度均采用较低的值。

## 四、食品中胰蛋白酶抑制物的检测技术

### （一）胰蛋白酶抑制剂的特征

胰蛋白酶抑制剂是大豆以及其他一些植物性饲料中存在的重要抗营养因子。

李子仁、白果、枇杷仁、亚麻仁等能够合成氰苷，当体内含有特殊的糖苷水解酶，能够将氰苷水解释放出氢氰酸。这些水解释放出的氢氰酸被机体吸收后，将随血液进入组织细胞，导致细胞的呼吸链中断造成组织缺氧，机体随即陷入窒息状态。氢氰酸的口服最小致死剂量为 0.5 ～ 3.5mg/ kg。氰苷测定的常用方法是先将氰苷用酶

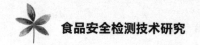

或酸水解，然后用色谱法或电化学分析测定放出的氢氰酸总量。

综上所述，不论在食品安全检测方面，还是胰蛋白酶抑制剂药物等方面，建立胰蛋岛酶抑制剂快速、灵敏和准确的检测技术都显得更为重要。

## （二）作物中胰蛋白酶抑制剂的比色法分析

### 1. 方法目的

掌握分光光度法测定作物中胰蛋白酶抑制剂的方法原理。

### 2. 原理

胰蛋白酶可作用于苯甲酰 –DL– 精氨酸对硝基苯胺（BAPA），释放出黄色的对硝基苯胺，该物质在 410nm 下有最大吸收值。转基因植物及其产品中的胰蛋白酶抑制剂可抑制这一反应，使吸光度值下降，它的下降程度与胰蛋白酶抑制剂活性成正比。用分光光度计在 410nm 处测定吸光度值的变化，可对胰蛋白酶抑制剂活性进行定量分析。

本方法适用于转基因大豆及其产品、转基因谷物及其产品中胰蛋白酶抑制剂的测定。其他的转基因植物，如花生、马铃薯等也可用该方法进行测定。

### 3. 试剂

① 0.05mol/L 三羟甲基氨基甲烷（Tris）缓冲液：称取 0.605g Tris 和 0.294g 氯化钙溶于 80ml 水中，用浓盐酸调节溶液的 pH 至 8.2，加水定容至 100ml。

② 0.01mol/L 氢氧化钠溶液，1mmol/L 盐酸，戊烷 – 己烷（1：1）。

③胰蛋白酶：大于 10000 BAEE u/mg。BAEE 为 Na– 苯甲酰 –L– 精氨酸乙烷酯。BAEE u 表示胰蛋白酶与 BAEE 在 25℃、pH 7.6、体积 3.2ml 条件下反应，在 253nm 波长下每分钟引起吸光度值升高 0.001. 即为 1 个 BAEE u。

④胰蛋白酶溶液：称取 10mg 胰蛋白酶，溶于 200ml lmmol/L 盐酸中。

⑤苯甲酰 –DL– 精氨酸对硝基苯胺（BAPA）。

⑥ BAPA 底物溶液：称取 40mg BAPA，溶于 1ml 二甲基亚砜中，使用预热至 37℃的 Tris 缓冲液稀释至 100ml。BAPA 底物溶液应于实验当日配制。

⑦反应终止液：取 30ml 冰乙酸，加水定容至 100ml。

### 4. 仪器和设备

分光光度计，恒温水浴箱，旋涡搅拌器，电磁搅拌器。

### 5. 操作步骤

#### （1）样品的制备

将试验材料磨碎，过筛（100 ~ 200 目）。称取 0.2 ~ 1g 样品，加入 50ml 的 0.01mol/L 氢氧化钠溶液，pH 应控制在 8.4 ~ 10.0 之间，低档速电磁搅拌下浸提 3h，过滤。浸出液用于测定，必要时可进行稀释。如果样品的脂肪含量较高（如全脂大豆粗粉或豆粉），应在室温条件下先脱脂。将样品浸泡于 20ml 戊烷－已烷（1：1）中，低档速电磁搅拌 30min，过滤。残渣用约 50ml 戊烷－已烷（1：1）淋洗 2 次，收集残渣。然后进行浸提。

### 2. 测定管和对照管的制备

取两组平行的试管，在每组试管中依次加入样品浸出液、水和胰蛋白酶溶液，于 37℃ 水浴中混合，再加入 5.0ml 已预热至 37℃ 的底物溶液 BAPA，从第一管加入起计时，于 37℃ 水浴中摇动混匀，并准确反应 10min，最后加入 1.0ml 反应终止液。用 0.45μm 微孔滤膜过滤，弃初始滤液，收集滤液。

在制备测定管的同时，应制备试剂对照管和样品对照管，即取 2ml 水或样品浸出液，然后按顺序加入 2ml 胰蛋白酶溶液、1mL 反应终止液与 5ml BAPA 底物溶液，混匀后过滤。

### 3. 测定

以试剂对照管调节吸光度值为零，在 410nm 波长下测定各测定管与对照管的吸光度值，以平行试管的算术平均值表示。

### 6. 结果表示

#### （1）酶活性的表示方法

胰蛋白酶活性单位（TU）：在规定实验条件下，每 10ml 反应混合液在 410nm 波长下每分钟升高 0.01 吸光度值即为一个 TU。

胰蛋白酶抑制率：在规定实验条件下，与非抑管相比，测定管吸光度值降低的比率。

胰蛋白酶抑制剂单位（TIU）：在规定实验条件下，和非抑管相比，每 10ml 反应混合液在 410nm 波长下每分钟降低 0.01 吸光度值即为一个 TIU。

#### （2）计算

各测定管的胰蛋白酶抑制率按下式计算：

$$TIR(\%) = \left(A_N - A_T - A_{T0}\right) / A_N$$

式中：TIR—胰蛋白酶抑制率，%；$A_N$—非抑管吸光度值，$A_T$—测定管吸光度值；$A_{T0}$—样品对照管吸光度值。

只有胰蛋白酶抑制率在 20% ~ 70% 范围内时，测定管吸光度值可用于胰蛋白酶抑制剂活性计算，各测定管胰蛋白酶抑制剂活性按下式计算。

$$TI(\%) = \left(A_N - A_T - A_{T0}\right) / A_N$$

式中 TI—胰蛋白酶抑制剂活性，TIU；$A_N$—非抑管吸光度值；$A_T$—测定管吸光度值；$A_{T0}$—样品对照管吸光度值；$t$—反应时间，min。

单位体积样品浸出液中胰蛋白酶抑制剂活性，以测定样品浸出液体积（ml）为横坐标，TI 为纵坐标作图，拟和直线回归方程，计算斜率，斜率值则是单位体积样品浸出液中胰蛋白酶抑制剂活性（单位为 TIU/mL）。当测定用样品浸出液体积和 TI 不是一条直线关系时，单位体积样品浸出液中胰蛋白酶抑制剂活性用各测定管单位体积胰蛋白酶抑制剂活性的算术平均值表示。

样品中胰蛋白酶抑制剂活性按下式计算。

$$TIM = V \times D \times TIV / m$$

式中：TIM—样品中胰蛋白抑制剂活性，TIU/g；TIV 单位体积样品浸出液中胰蛋白酶抑制剂活性，TIU/mL; $V$—样品浸出液总体积，ml；$D$—稀释倍数 $m$—样品质量，g。

### 7. 说明

重复条件下，两次独立测定结果的绝对差值不超过其算术平均值的 10%。

## 五、食品中生物胺类的检测技术

### （一）食品中生物胺的分光光度法检测分析

#### 1. 方法目的

组胺是生物胺中对人危害最大的一类有害物，利用分光光度计检测组胺，此方法操作简单，可以快速检测食品中组胺，并且成本较低。

#### 2. 原理

鱼体中的组胺经正戊醇提取后，与偶氮试剂在弱碱性溶液中进行偶氮反应，产生橙色化合物，与标准比较定量。

#### 3. 适用范围

水产品中的青皮红肉类鱼，因含有较高的组氨酸，在脱羧酶与细菌作用后，脱羧而产生组胺，分光光度计检测水产品中组胺是我国现行采用的标准检验方法。

#### 4. 试剂材料

①正丁醇，三氯乙酸溶液；碳酸钠溶液，氢氧化钠溶液，盐酸。

②组胺标准储备液。准确称取 0.2767g 于 100℃ ±5℃ 干燥 2h 的磷酸组胺溶于水，移入 100ml 容量瓶中，再加水稀释到刻度，此溶液为 1.0mg/mL 组胺。使用时吸取 1.0ml 组胺标准溶液，置于 50ml 容量瓶中，加水稀释至刻度。此溶液每毫升相当于 20.0μg 组胺。

③偶氮试剂甲液。称 0.5g 对硝基苯胺，加 5ml 盐酸溶解后，再加水稀释至 200ml，置冰箱中；乙液：0.5% 亚硝酸钠溶液，临时现配。吸取甲液 5ml、乙液 40ml 混合后立即使用。

### 5. 仪器设备

分光光度计。

### 6. 分析步骤

**（1）样品处理**

称取 5.00 ~ 10.00g 切碎样品置于具塞三角瓶中，加三氯醋酸溶液 15 ~ 20ml，浸泡 2 ~ 3h，过滤。吸取 2ml 滤液置于分液漏斗中，加氢氧化钠溶液使呈碱性，每次加入 3ml 正戊醇，振摇 5min，提取 3 次，合并正戊醇并稀释至 10ml。吸取 2ml 正戊醇提取液于分液漏斗中，每次加 3ml 盐酸（1 : 11）振摇提取 3 次，合并盐酸提取液并稀释直至 10ml 备用。

**（2）测定分析**

吸取 2ml 盐酸提取液于 10ml 比色管中。另吸取 0ml、0.20ml、0.40ml、0.6ml、0.80ml、1.00ml 组胺标准溶液（相当于 0μg、4μg、8μg、12μg、16μg、20μg 组胺），分别置于 10ml 比色管中，各加盐酸 1ml。样品与标准管各加 3ml 的 5% 碳酸钠溶液，3ml 偶氮试剂，加水至刻度，混匀，放置 10min 后，以零管为空白，在于波长 480nm 处测吸光度，绘制标准曲线计算。

### 7. 结果参考计算

$$X = m_1 \times 100 / [m_2 \times (2/V) \times (2/10) \times (2/10) \times 1000]$$

式中：$X$—样品中组胺的含量，mg/100g；$V$—加入三氯乙酸溶液（100g/L）的体积，ml；$m_1$—标准溶液中组胺的含量，μg；$m_2$—样品质量，单位为克，g。

### 8. 注意事项

在重复性条件下获得的两次独立测定结果的绝对差值不可超过算术平均值的 10%。

## （二）食品中生物胺的高效液相色谱法检测分析

### 1. 方法目的

本方法使用苯甲酰氯衍生化 – 高效液相色谱 – 紫外检测法测定水中腐胺、尸胺、亚精胺、精胺及组胺含量的方法。

### 2. 原理

样品经苯甲酰氯衍生化后用乙醚萃取，萃取物经溶剂转换后用高效液相色谱 – 紫外检测器检测，外标法定量。

### 3. 适用范围

此方法适用于水中 2.0 ~ 40.0mg/L 的腐胺、尸胺、亚精胺、精胺以及组胺的测定。

### 4. 试剂材料

①苯甲酰氯、乙醚、甲醇、乙腈、氯化钠、氮气（9.99%），2.0mol/L 氢氧化钠、0.02mol/L 乙酸铵、0.45μm 滤膜、Φ13 ～ Φ15mm 过滤器。

②浓度均为 1.00mg/mL 的腐胺标准溶液、尸胺（$C_5HuN_2$）标准溶液、亚精胺（$C_7H_{19}N_3$）标准溶液、精胺（$C_{10}H_{24}N_4$）#准溶液、组胺（$C_5H_9N_3$）标准溶液。使用时分别取 10ml 腐胺、尸胺、亚精胺、精胺及组胺标准溶液，置于 100ml 容量瓶中，用水稀释至刻度，混匀，获得标准混合溶液。此标准混合溶液含腐胺、尸胺、亚精胺、精胺及组胺各 0.100mg/mL。分别移取不同体积的标准混合溶液置于 50ml 容量瓶中，用水稀释至刻度，混匀。

### 5. 仪器设备

高效液相色谱，紫外检测器，$C_{18}$ 色谱柱，液体混匀器（或者称旋涡混匀器），恒温水浴箱，具塞刻度试管，分析天平。

### 6. 分析测定步骤

#### （1）样品的衍生和萃取

移取 2.00ml 水样置于 10ml 具塞刻度试管中，加入 1ml 氢氧化钠溶液，20μl 苯甲酰氯，在液体混匀器上旋涡 30s，置于 37℃水浴中振荡，反应时间 20min，反应期间间隔 5min 旋涡 30s。

衍生反应完毕后，加入 1g 氯化钠，2ml 乙醚，振荡混匀，旋涡 30s，静置。待溶液分层后，用滴管将乙醚层完全移取至 10ml 具塞刻度试管中，用氮气或吸耳球缓缓吹干乙醚，加 1.00ml 甲醇溶解，再用一次性过滤器过滤后，作为高效液相色谱分析用的样品。

#### （2）不同浓度标准工作浓度的衍生和萃取

移取 2.00ml 不同浓度的标准工作溶液分别置于 5 个 10ml 具塞刻度试管中，加入 1ml 氢氧化钠溶液，20μl 苯甲酰氯，在液体混匀器上旋涡 30s 充分混匀，萃取步骤同上。

#### （3）液相色谱分析测定

根据腐胺、尸胺、亚精胺、精胺及组胺的标准物质的保留时间，确定样品中物质。定量分析，校准方法为外标法。

#### （4）校准曲线的制作

使用衍生化的标准工作溶液分别进样，以标准工作溶液浓度为横坐标，以横面积为纵坐标，分别绘制腐胺、尸胺、亚精胺、精胺及组胺的标准曲线。

#### （5）样品测定

使用样品分别进样，每个样品重复 3 次，获得每个物质的峰面积。根据校准曲线计算被测样品中腐胺、尸胺、亚精胺、精胺及组胺的含量（mg/L）。样品中各待测物质的响应值均应在方法的线性范围内。当样品中某种生物胺的响应值高于方法的线性范围时，需将样品稀释适当倍数后再进行衍生、萃取与测定。

## 7. 结果参考计算

$$X = D \times c$$

公式中：$X$—水样中被测物质含量，mg/L；$c$—从标准工作曲线可得到样品溶液之中被测物质的含量 mg/L；$D$—稀释倍数。

# 第五章　食品中化学污染物含量的检测技术

## 第一节　食品中重金属的检测

### 一、食品中铅的检测

铅（lead，Pb）是日常生活和工业生产当中广泛使用的金属。人体内的铅主要来源于食物。食品中铅污染的主要来源有：工业"三废"和汽车尾气、含铅农药、铅笔及印刷油墨、食品加工设备、食品容器、包装材料及食品添加剂等。

纯净的铅是灰白色金属，质软、强度不高、有延展性，比重 11.36，熔点 327.4℃，沸点 1619℃不溶于水，但是溶于硝酸溶液和热的硫酸溶液。在自然界中，铅多以氧化物和盐的形式存在，大多难溶于水，其中包括：PbO（黄色，也称密陀僧）易溶于硝酸，难溶于碱；$PbO_2$（棕色）稍溶于碱而难溶于硝酸；$PbCl_2$ 在冷水中溶解度较小，易溶于热水；醋酸铅、砷酸铅、硝酸铅可溶于水；硫酸铅、铬酸铅、硫化铅不溶于水，但部分可溶于酸性胃液。铅的一些有机化合物，如四乙基铅等具有良好的抗震性，曾被作为汽油防爆剂广泛使用。铅还可和多种金属（如锡、锐）形成合金。

铅的检测方法有二硫腙比色法、原子吸收分光光度法、氢化物原子荧光光谱法、极谱法等。原子吸收分光光度计由光源、原子化器、分光系统和检测器 4 部分构成，根据原子化器的不同又分为火焰原子吸收光谱法（火焰原子化器）、石墨炉原子吸收光谱法（电热原子化器）、氢化物原子吸收光谱法（氢化物原子化器）3 种。二硫腙比色法设备简单、价廉，但是灵敏度较低；火焰原子吸收光谱法灵敏度低，样品往往要通过萃取等复杂的前处理后才能检测；石墨炉原子吸收光谱法灵敏度高，样品经消解定容后可直接上机测定，但仪器价格昂贵；氢化物原子荧光光谱法灵敏度高，但对铅的特异性不高；极谱法操作较繁琐，分析时间长。目前最常用的方法是石墨炉原子吸收光谱法和二硫腙比色法。

铅的测定前样品通常要进行消解，消解的方法有：压力消解法、干法灰化法、湿法消化法、微波消解法等。

## （一）石墨炉原子吸收光谱法

### 1. 原理

原子吸收光谱法是基于基态自由原子对特定波长光吸收的一种测定方法。光源辐射出待测元素的特征谱线，通过原子化的样品蒸汽，被蒸汽中待测元素的基态原子所吸收，在一定条件之下，入射光被吸收而减弱的程度与样品中待测元素的含量成正相关，因此可以进行定量。

试样经灰化或酸消解后，注入原子吸收分光光度计石墨炉中，电热原子化后吸收283.3nm共振线，在一定浓度范围，其吸收值和铅含量成正比，与标准系列比较定量。

### 2. 试剂

除特别说明外，所使用试剂均为分析纯，水为去离子水。

（1）硝酸（优级纯）、高氯酸（优级纯）、过硫酸铵、过氧化氢（30%）。

（2）硝酸（1+1）：取50mL硝酸慢慢加入50mL水中。

（3）硝酸（0.5mol/L）：取3.2mL硝酸加入50mL水中，稀释至100mL。

（4）硝酸（1mol/L）：取6.4mL硝酸加入50mL水中，稀释至100mL。

（5）磷酸二氢铵溶液（20g/L）：称取2.0g磷酸二氢铵，以水溶解稀释至100mL。

（6）混合酸：硝酸＋高氯酸（9+1），取9份硝酸与1份高氯酸混合。

（7）铅标准贮备液：准确称取1.000g金属铅（99.99%），分次加少量硝酸（2），加热溶解，总量不超过37mL，移入1000mL容量瓶中，加水至刻度。混匀。此种溶液每毫升含1.0mg铅。

（8）铅标准使用液：每次吸取铅标准贮备液1mL于100mL容量瓶中，加硝酸（3）至刻度。如此经多次稀释成每毫升含10.0ng，20.0ng，40.0ng，60.0ng，80.0ng铅的标准使用液。

### 3. 仪器

（1）原子吸收光谱仪，附石墨炉及铅空心阴极灯。

（2）天平：感量为1mg。

（3）干燥恒温箱。

（4）瓷坩埚。

（5）可调式电炉。

（6）马弗炉。

（7）压力消解罐。

### 4. 测定方法

**（1）试样预处理**

①在采样和制备过程中，应注意不应使试样污染。

②粮食、豆类去杂物后，磨碎，过 20 目筛，贮于塑料瓶中，保存备用。

③蔬菜、水果、鱼类、肉类及蛋类等水分含量高的鲜样，用食品加工机或者匀浆机打成匀浆，贮于塑料瓶中，保存备用。

**（2）试样消解（可根据实验室条件选用以下任何一种方法）**

①压力消解罐消解法：称取 1 ~ 2g 试样（精确到 0.001g，干样、含脂肪高的试样 < 1g，鲜样 < 2g 或按压力消解罐使用说明书称取试样）于聚四氟乙烯内罐，加硝酸 2 ~ 4mL 浸泡过夜。再加 30% 过氧化氢 2 ~ 3mL（总量不能超过罐容积的 1/3）。盖好内盖，旋紧不锈钢外套，放入恒温干燥箱，120 ~ 140℃保持 3 ~ 4h，在箱内自然冷却至室温，用滴管将消化液洗入或过滤入（视消化后试样的盐分而定）10 ~ 25mL 容量瓶中，用水少量多次洗涤罐，洗液合并于容量瓶中并定容至刻度，混匀备用；同时作试剂空白。

②干法灰化：称取 1 ~ 5g 试样（精确到 0.001g，根据铅含量而定）于瓷坩埚中，先小火在可调式电热板上炭化至无烟，移入马弗炉 500℃±25℃灰化 6 ~ 8h，冷却。若个别试样灰化不彻底，则加 1mL 混合酸在可调式电炉上小火加热，反复多次直到消化完全，放冷，用硝酸将灰分溶解，用滴管将试样消化液洗入或过滤入（视消化后试样的盐分而定）10 ~ 25mL 容量瓶中，用水少量多次洗涤瓷坩埚，洗液合并于容量瓶中并定容至刻度，混匀备用；同时作试剂空白。

③过硫酸铵灰化法：称取 1 ~ 5g 试样（精确到 0.001g）于瓷坩埚中，加 2 ~ 4mL 硝酸浸泡 1h 以上，先小火炭化，冷却后加 2.00 ~ 3.00g 过硫酸铵盖于上面，继续炭化至不冒烟，转入马弗炉，500℃±25℃恒温 2h，再升到 800℃，保持 20min，冷却，加 2 ~ 3mL 硝酸，用滴管将试样消化液洗入或过滤入（视消化后试样的盐分而定）10 ~ 25mL 容量瓶中，用水少量多次洗涤瓷坩埚，洗液合并于容量瓶中并定容至刻度，混匀备用；同时作试剂空白。

④湿式消解法：称取试样 1 ~ 5g（精确到 0.001g）于锥形瓶或者高脚烧杯中，放数粒玻璃珠，加 10mL 混合酸，加盖浸泡过夜，加一小漏斗于电炉上消解，若变棕黑色，再加混合酸，直至冒白烟，消化液呈无色透明或略带黄色，放冷，用滴管将试样消化液洗入或过滤入（视消化后试样的盐分而定）10 ~ 25mL 容量瓶中，用水少量多次洗涤锥形瓶或高脚烧杯，洗液合并于容量瓶中并定容至刻度，混匀备用；同时作试剂空白。

**（3）测定**

①仪器条件：根据仪器性能调至最佳状态。参考条件为波长 283.3nm，狭缝 0.2 ～ 1.0nm，灯电流 5 ～ 7mA，干燥温度 120℃，20s；灰化温度 450℃，持续 15 ～ 20s，原子化温度：1700 ～ 2300℃，持续 4 ～ 5s，背景校正为气灯或塞曼效应。

②标准曲线绘制：吸取上面配制的铅标准使用液 10.0ng/mL，20.0ng/mL，40.0ng/mL，60.0ng/mL，80.0ng/mL1 各 10μL，注入石墨炉，测得其吸光值并求得吸光值和浓度关系的一元线性回归方程。

③试样测定：分别吸取样液和试剂空白液各 10μL，注入石墨炉，测得其吸光值，代入标准系列的一元线性回归方程中求得样液中铅含量。

④基体改进剂的使用：对有干扰试样，则注入适量的基体改进剂磷酸二氢铵溶液（一般为 510μL 或与试样同量）消除干扰一，绘制铅标准曲线时也要加入与试样测定时等量的基体改进剂

**5. 含量计算**

$$X = \frac{(C_1 - C_0) \times V \times 1000}{m \times 1000 \times 1000}$$

式中 $X$——试样中铅含量，mg/kg 或 mg/L；

$C_1$——测定样液中铅含量，ng/mL；

$C_0$——空白液中铅含量，ng/mL；

$V$——试样消化液定量总体积，mL；

$m$——试样质量或体积，g 或 mL。

以重复性条件下获得的两次独立测定结果的算术平均值表示，结果保留两位有效数字。

**6. 本法特点及注意事项**

（1）本法为国标方法 GB 5009.12—2010 中的第一法。

（2）本法灵敏度较高，最低检出浓度可达 5μg/kg，适用于食品中痕量铅的检测。

（3）所用玻璃仪器均应以 10% ～ 20% 硝酸浸泡过夜，反复冲洗后用去离子水润洗干净。

# （二）二硫腙比色法

## 1. 原理

二硫腙能与多种金属离子形成有颜色的螯合物，不同金属离子反应的最适 pH 不同，通过控制 pH，及采用掩蔽剂掩蔽其他金属离子，可选择性测定某一特定金属离子。

试样经消化后，在 pH8.5 ～ 9.0 时，铅离子与二硫腙生成红色络合物，溶于三氯甲烷，在 510nm 有最大吸收。加柠檬酸铵、氰化钾和盐酸羟胺等，防止铁、铜、锌

等离子干扰，和标准系列比较定量。

**2. 试剂**

（1）氨水（1+l）。

（2）盐酸（1+1）：量取 100mL 盐酸，加入 100mL 水中。

（3）酚红指示液（lg/L）：称取 0.10g 酚红，用少量多次乙醇溶解后移入 100mL 容量瓶中并定容至刻度。

（4）盐酸羟胺溶液（200g/L）：称取 20.0g 盐酸羟胺，加水溶解至 50mL，加 2 滴酚红指示液，加氨水（1+1），调 pH 至 8.5 ~ 9.0（由黄变红，再多加 2 滴），用二硫腙 – 三氯甲烷溶液（10）提取到三氯甲烷层绿色不变为止，再用三氯甲烷洗 2 次，弃去三氯甲烷层，水层加盐酸（1+1）至呈酸性，加水至 100mL。

（5）柠檬酸铵溶液（200g/L）：称取 50g 柠檬酸铵，溶于 100mL 水中，加 2 滴酚红指示液（3），加氨水（1），调 pH 至 8.5 ~ 9.0，用二硫腙 – 三氯甲烷溶液（10）提取数次，每次 10 ~ 20mL，至三氯甲烷层绿色不变为止，弃去三氯甲烷层，再用三氯甲烷洗 2 次，每次 5mL，弃去三氯甲烷层，加水稀释至 250mL。

（6）氰化钾溶液（100g/L）：称取 10.0g 氰化钾，用水溶解后稀释至 100mL。

（7）三氯甲烷：不应含氧化物。

①检查方法：量取 l0mL 三氯甲烷，加 25mL 新煮沸过的水，振摇 3min，静置分层后，取 10mL 水溶液，加数滴碘化钾溶液（150g/L）及淀粉指示液，振摇后应不显蓝色。

②处理方法：于三氯甲烷中加入 1/10 ~ 1/20 体积的硫代硫酸钠溶液（200g/L）洗涤，再用水洗后加入少量无水氯化钙脱水后进行蒸馏，弃去最初及最后的 1/10 馏出液，收集中间馏出液备用。

（8）淀粉指示液：称取 0.5g 可溶性淀粉，加 5mL 水搅匀后，慢慢倒入 100mL 沸水中，边倒边搅拌，煮沸，放冷备用，临用时配制。

（9）硝酸（1+99）：量取 1mL 硝酸，加入 99mL 水中。

（10）二硫腙 – 三氯甲烷溶液（0.5g/L）：保存冰箱中，必要时用下述方法纯化。称取 0.5g 研细的二硫腙，溶于 50mL 三氯甲烷中，如不全溶，可用滤纸过滤于 250mL 分液漏斗中，用氨水（1+99）提取 3 次，每次 100mL，将提取液用棉花过滤至 500mL 分液漏斗中，用盐酸（1+1）调至酸性，把沉淀出的二硫腙用三氯甲烷提取 2 ~ 3 次，每次 20mL，合并三氯甲烷层，用等量水洗涤 2 次，弃去洗涤液，在 50℃ 水浴上蒸去三氯甲烷。精制的二硫腙置硫酸干燥器中，干燥备用.或将沉淀出的二硫腙用 200mL，200mL，100mL 三氯甲烷提取 3 次，合并二氯甲烷层为二硫腙溶液。

（11）二硫腙使用液：吸取 1.0mL 二硫腙溶液，加三氯甲烷至 10mL，混匀。用 1cm 比色杯，以三氯甲烷调零，于波长 510nm 处测吸光度（A），用下列式算出配制 100mL 二硫腙使用液（70% 透光率）所需二硫腙溶液的毫升数（V）。

$$V = \frac{10 \times (2 - lg\,70)}{A} = \frac{1.55}{A}$$

（12）硝酸 – 硫酸混合液（4+1）。

（13）铅标准溶液（1.0mg/mL）：准确称取 0.1598g 硝酸铅，加 10mL 硝酸（1+99），全部溶解后，移入 100mL 容量瓶中，加水稀释至刻度。

（14）铅标准使用液（10.0μg/mL）：吸取 1.0mL 铅标准溶液，置于 100mL 容量瓶中，加水稀释至刻度。

### 3. 仪器

（1）天平：感量为 1mg。

（2）分光光度计。

### 4. 测定方法

**（1）试样预处理**

同石墨炉原子吸收光谱法。

**（2）试样消化**

①硝酸 – 硫酸法

a. 粮食、粉丝、粉条、豆干制品、糕点、茶叶等及其他含水分少的固体食品：称取 5g 或 10g 的粉碎样品（精确到 O.01g），置于 250 ~ 500mL 定氮瓶中，先加水少许使湿润，加数粒玻璃珠、10 ~ 15mL 硝酸，放置片刻，小火缓缓加热，待作用缓和，放冷。沿瓶壁加入 5mL 或 10mL 硫酸，再加热，至瓶中液体开始变成棕色时，不断沿瓶壁滴加硝酸至有机质分解完全。加大火力，至产生白烟，待瓶口白烟冒净后，瓶内液体再产生白烟为消化完全，该溶液应澄清无色或微带黄色，放冷（在操作过程中应注意防止爆沸或爆炸）。加 20mL 水煮沸，除去残余的硝酸到产生白烟为止，如此处理 2 次，放冷。将冷后的溶液移入 50mL 或 100mL 容量瓶中，用水洗涤定氮瓶，洗液并入容量瓶中，放冷，加水至刻度，混匀，定容后的溶液每 10mL 相当于样品，相当加入硫酸量 1mL。取与消化试样相同量的硝酸和硫酸，按同一方法做试剂空白试验。

b. 蔬菜、水果：称取 25.00g 或 50.00g 洗净打成匀浆的试样（精确到 0.01g），置于 250 ~ 500mL 定氮瓶中，加数粒玻璃珠、10 ~ 15mL 硝酸，以下同上"放置片刻……"起依法操作，定容后的溶液每 10mL 相当于 5g 样品，相当加入硫酸 1mL。

c. 酱、酱油、醋、冷饮、豆腐、腐乳、酱腌菜等：称取 10g 或者 20g 试样（精确到 0.01g）或吸取 10.0mL 或 20.0mL 液体样品，置于 250 ~ 500mL 定氮瓶中，加数粒玻璃珠、5 ~ 15mL 硝酸。以下同上"放置片刻……"起依法操作，定容后的溶液每 10mL 相当于 2g 或 2mL 试样。

d. 含酒精性饮料或含二氧化碳饮料：吸取 10.00mL 或 20.00mL 试样，置于 250 ~ 500mL 定氮瓶中。加数粒玻璃珠，先用小火加热除去乙醇或二氧化碳，再加 5 ~ 10mL 硝酸，混匀后，以下同上"放置片刻……"起依法操作，定容后溶液每 10mL 相当于 2mL 试样。

e. 含糖量高的食品：称取 5g 或 10g 试样（精确至 O.01g），置于 250 ~ 500mL

定氮瓶中，先加少许水使湿润，加数粒玻璃珠、5～10mL硝酸，摇匀。缓缓加入5mL或10mL硫酸，待作用缓和停止起泡沫后，先用小火缓缓加热（糖分易炭化），不断沿瓶壁补加硝酸，待泡沫全部消失后，再加大火力，至有机质分解完全，发生白烟，溶液应澄清无色或微带黄色，放冷。以下同上"加20mL水煮沸……"起依法操作。

f.水产品：取可食部分样品捣成匀浆，称取5g或10g试样（精确至0.01g，海产藻类、贝类可适当减少取样量），置于250～500mL定氮瓶中，加数粒玻璃珠，5～10mL硝酸，混匀后，以下同上"沿瓶壁加入5mL或者10mL硫酸……"起依法操作。

②灰化法

a.粮食及其他含水分少的食品：称取5g试样（精确至0.01g），置于石英或瓷坩埚中，加热至炭化，然后移入马弗炉中，500℃灰化3h，放冷，取出坩埚，加硝酸（1+1），润湿灰分，用小火蒸干，在500℃烧1h，放冷。取出坩埚。加1mL硝酸（1+1），加热，使灰分溶解，移入50mL容量瓶中，用水洗涤坩埚，洗液并入容量瓶中，加水到刻度，混匀备用。

b.含水分多的食品或液体试样：称取5.0g或吸取5.00mL试样，置于蒸发皿中，先在水浴上蒸干，再同上自"加热至炭化"起依法操作。

（3）测定

①吸取10.0mL消化后的定容溶液和同量的试剂空白液，分别置在125mL分液漏斗中，各加水至20mL。

②吸取0mL，0.10mL，0.20mL，0.30mL，0.40mL，0.50mL铅标准使用液（相当0.0μg，1.0μg，2.0μg，3.0μg，4.0μg，5.0μg铅），分别置于125mL分液漏斗中，各加硝酸（1+99）至20mL。于试样消化液、试剂空白液和铅标准液中各加2mL柠檬酸铵溶液（200g/L），1.0mL盐酸羟胺溶液（200g/L）和2滴酚红指示液，用氨水（1+1）调至红色，再各加2mL氰化钾溶液（100g/L），混匀。各加5.0mL二硫腙使用液，剧烈振摇1min，静置分层后，三氯甲烷层经脱脂棉滤入1cm比色杯中，以三氯甲烷调节零点于波长510nm处测吸光度，各点减去零管吸收值后，绘制标准曲线或计算一元回归方程，试样和曲线比较。

5. 含量计算

$$X = \frac{(m_1 - m_2) \times 1000}{m_3 \times (V_2 / V_1) \times 1000}$$

式中 $X$——试样中铅的含量，mg/kg或mg/L；
$m_1$——测定用试样液中铅的质量，μg；
$m_2$——试剂空白液中铅的质量，μg；；
$m_3$——试样质量或体积，g或mL；
$V_1$——试样处理液的总体积，mL；
$V_{112}$——测定用试样处理液的体积，mL。

以重复性条件下获得的两次独立测定结果的算术平均值表示，结果保留两位有效数字。

### 6. 本法特点及注意事项

（1）本法为国标方法 GB 5009.12—2010 中的第四法，最低检出浓度为 0.25mg/ kg。

（2）柠檬酸铵的作用是络合钙、镁、铅、铁等阳离子，防止在碱性溶液之中形成氢氧化物沉淀。

（3）盐酸羟胺是一种还原剂，可保护二硫腙和氰化钾不被氧化。

（4）氰化钾的作用是掩蔽铜、锌等多重离子的干扰，并稳定 pH 在 9 左右。氰化钾有剧毒，使用时应特别注意。废弃的氰化钾应加氢氧化钠和硫酸亚铁，使其变成铁氧化钾，然后倒入废液池。

（5）所用玻璃仪器均应以 10%~20% 硝酸浸泡过夜，反复冲洗后再用去离子水润洗干净。

# 二、食品中镉的检测

镉（cadmium，Cd）在自然界分布很广，但含量甚微，可以通过食物链富集，使食品中的含量达到较高水平食品中的镉主要来自工业"二废"、化肥、环境本底、食品容器等。

纯净的镉是银白色金属，略带淡蓝光泽，质软、有延展性。比重 8.6，熔点 321℃，沸点 767℃，不溶于水镉的氧化物和硫化物可以作为颜料，氧化镉呈棕色，不溶于水，硫化镉呈鲜艳的黄色，在水中溶解度很小镉对盐水和碱液有良好的耐腐蚀性，与硫酸、盐酸和硝酸作用生成相应的镉盐，生成的镉盐易溶于水。碳酸镉在水中溶解度很小，亚硫酸镉不溶于水。镉的有机化合物很不稳定，于自然界中不存在。在生物体内镉多数与蛋白质分子呈结合态。

食品中镉的含量很低，必须采用灵敏度和精密度高的测定方法才能满足要求。常用的测定方法有：原子吸收法、比色法、原子荧光法和电化学分析法。原子吸收法包括火焰原子吸收光谱法、石墨炉原子吸收光谱法，最低检出浓度分别为 5.0μg/ kg、0.1μg/ kg。石墨炉原子吸收光谱法准确、检出限低，是国际上通用的方法，也是目前测定食品中镉的主要方法。比色法也是常用的方法，最低检出浓度为 50μg/ kg，以前常用的是二硫腙比色法，因其灵敏度较低，已经改用镉试剂比色法。

## （一）石墨炉原子吸收光谱法

### 1. 原理

试样经灰化或酸消解后，注入原子吸收分光光度计石墨炉中，电热原子化后吸收 228.8nm 共振线，在一定浓度范围，其吸收值与锡含量成正比，与标准系列比较定量。

## 2. 试剂

（1）盐酸（1+1）：取用 50mL 盐酸慢慢加入 50mL 水中—

（2）磷酸铵溶液（20g/L）：称取 2.0g 磷酸铵，以水溶解稀释至 100mL。

（3）混合酸：硝酸 + 高氯酸（4+1）取 4 份硝酸与 1 份高氯酸混合。

（4）镉标准储备液：准确称取 1.000g 金属镉（99.99%）分次加 20mL 盐酸（1+1）溶解，加 2 滴硝酸，移入 1000mL 容量瓶，加水至刻度，混匀，贮于聚乙烯瓶中。此溶液每毫升含 1.0mg 镉。

（5）镉标准使用液：吸取镉标准储备液 10.0mL 于 100mL 容量瓶中，加硝酸（0.5mol/L）至刻度，如此经多次稀释成每毫升含 100.0ng 镉的标准使用液。

其余试剂同第一节中石墨炉原子吸收光谱法。

## 3. 仪器

同第一节中石墨炉原子吸收光谱法。

## 4. 测定方法

（1）试样预处理

同第一节中石墨炉原子吸收光谱法。

（2）试样消解

同第一节中石墨炉原子吸收光谱法。

（3）测定

①仪器条件：根据仪器性能调到最佳状态。参考条件为波长 228.8nm，狭缝 0.5 ~ 1.0nm，灯电流 8 ~ 10mA，干燥温度 120℃，20s；灰化温度 350℃，持续 15 ~ 20s，原子化温度 1700 ~ 2300℃，持续 4 ~ 5s，背景校正为氘灯或塞曼效应。

②标准曲线绘制：吸取上面配制的镉标准使用液 0.0mL，1.0mL，2.0mL，3.0mL，5.0mL，7.0mL，10.0mL 于 100mL 容量瓶中，稀释至刻度，相当于 0.0ng/mL，1.0ng/mL，2.0ng/mL，3.0ng/mL，5.0ng/mL，7.0ng/mL，10.0ng/mL，各吸取 10μL 注入石墨炉，测得其吸光值并求得吸光值与浓度关系的一元线性回归方程。

③试样测定：分别吸取样液和试剂空白液各 10μL 注入石墨炉，测得其吸光值，代入标准系列的一元线性回归方程中求得样液中镉含量。

④基体改进剂的使用：对于有干扰试样，则注入适量的基体改进剂磷酸铵溶液（20g/L）（一般为 < 5μL。消除干扰。绘制镉标准曲线时也应加入与试样测定时等量的基体改进剂。

## 5. 含量计算

$$X = \frac{(A_1 - A_2) \times V \times 1000}{m \times 1000}$$

式中 X——试样中镉含量，μg/ kg 或 μg/L；

$A_1$——测定试样消化液中镉含量，ng/mL；

$A_2$——空白液中镉含量，ng/mL；

$V$——试样消化液定量总体积，mL；

$m$——试样质量或体积，g 或 mL。

计算结果保留两位有效数字。

### 6. 本法特点及注意事项

（1）本法为国标 GB/T 5009.15—2003 中的第一法。适用于各类食品中镉的测定。

（2）所用玻璃仪器均应以 10% ～ 20% 硝酸浸泡过夜，反复冲洗之后用去离子水润洗干净。

# 三、食品中汞的检测

汞（mercury，Hg）在自然界广泛分布而且应用较多。食品中汞污染的来源主要有工业"三废"、含汞农药等。含汞废水常用于灌溉和养鱼，鱼贝类是汞的主要污染食品。

汞呈银白色，是室温下唯一呈液态的金属，俗称水银，在室温下有挥发性，不溶于冷的稀硫酸和盐酸，几乎不溶于水，溶于硝酸、氢碘酸和热硫酸，一般不与碱性溶液反应。汞化合物又分为无机汞和有机汞。汞能溶解许多金属（金、银、镉等）形成汞齐（含汞合金）；汞不易与氧作用，易与硫作用生成硫化汞，几乎不溶于水，与氯作用生成氯化汞和氯化亚汞（甘汞），微溶于水；可形成二价硫酸盐、硝酸盐和卤化物，均溶于水。汞与烷基化合物及卤素能形成挥发性的有机汞化合物，如甲基汞、乙基汞、丙基汞、氯化乙基汞、醋酸苯汞等，都为脂溶性，也有一定水溶性。有机汞的毒性比无机汞大。

测定食品中汞（总汞）的常用方法有冷原子吸收光谱法（测汞仪法）、原子荧光光谱法、二硫腙比色法等。冷原子吸收光谱法是利用汞在常温下蒸发为汞蒸汽、对波长为 253.7nm 的共振线有特征吸收的原理进行测定，采用的冷蒸汽技术仅适用于汞，具有很高的灵敏度和专一性，故又称为测汞仪法。该法除了原子化方法不同外，其他操作与前述铅、镉测定的原子吸收法类似。冷原子吸收光谱法、原子荧光光谱法、二硫腙比色法的检出限分别为 0.15μg/ kg、0.4μg/ kg（压力消解法）或 10μg/ kg（其他消解法）、25μg/ kg。

## （一）原子荧光光谱法

### 1. 原理

试样经酸加热消解后，在酸性介质中，试样中的汞被硼氢化钾（KBH$_4$）或硼氢化钠（NaBH$_4$）还原成原子态汞，由载气（氩气）带入原子化器中，在特制汞空心阴极灯照射下，基态汞原子被激发至高能态，当去活化回到基态时，发射出特征波长的荧光，其荧光强度与汞含量呈正比，和标准系列比较定量。

### 2. 试剂

（1）硝酸（优级纯）、硫酸（优级纯）、过氧化氢（30%）；

（2）硫酸＋硝酸＋水（1+1+8）：量取 10mL 硝酸和 1 0mL 硫酸，缓缓倒入 80mL 水中，冷却之后小心混匀。

（3）硝酸溶液（1+9）：量取 50mL 硝酸，缓缓倒入 450mL 水中，混匀。

（4）氢氧化钾溶液（5g/L）：称取 5g 氢氧化钾，溶于水中，稀释至 1000mL，混匀。

（5）硼氢化钾溶液（5g/L）：称取 5g 硼氢化钾，溶于 5g/mL 的氢氧化钾溶液中，并稀释至 1000mL，混匀，现配现用。

（6）汞标准贮备溶液：准确称取 0.1354g 干燥过的二氯化汞，加硫酸＋硝酸＋水混合酸（1+1+8）溶解后移入 100mL 容量瓶中，并稀释至刻度，混匀，此溶液每毫升相当于 1 mg 汞。

（7）汞标准使用溶液：用移液管吸取 1.0mL 汞标准贮备液，置于 100mL 容量瓶中，加硝酸溶液（1+9）稀释至刻度，此溶液每毫升相当于 10μg，再分别吸取此溶液 1mL 和 5mL 于 2 个 100mL 容量瓶中，用硝酸溶液（1+9）定容，混匀，分别相当于 1 00ng/mL 和 500ng/mL，分别用于测定低浓度试样和高浓度试样，制作标准曲线。现配现用。

### 3. 仪器

（1）双道原子荧光光度计。

（2）高压消解罐（100mL 容量）。

（3）烘箱、微波消解炉。

### 4. 测定方法

**（1）试样消解**

①高压消解法

a. 粮食及豆类等干样：称取经粉碎混匀过 40 目筛的干样 0.20 ~ 1.00g，置于聚四氟乙烯塑料内罐中，加 5mL 硝酸，混匀后放置过夜，再加 7mL 过氧化氢，盖上内盖放入不锈钢外套中，旋紧密封。然后将消解器放入烘箱中加热，120℃保持 2 ~ 3h，至消解完全，自然冷却到室温，消解液用硝酸溶液（1+9）转移并定容至 25mL，摇匀，同时做试剂空白，待测。

b. 蔬菜、瘦肉、鱼类及蛋类水分含量高的鲜样：用捣碎机将样品打成匀浆，称取匀浆 1.00 ~ 5.00g，置于聚四氟乙烯塑料内罐中，加盖留缝置于 65℃烘箱中烘到近干，取出，同上"加 5mL 硝酸……"起依法操作。

②微波消解法

称取 0.10 ~ 0.50g 试样于消解罐中，加入 1 ~ 5mL 硝酸、1 ~ 2mL 过氧化氢，盖好安全阀，放入微波炉消解炉中，至消解完全，冷却后用硝酸溶液（1+9）转移并定容至 25mL（低含量样品可定容至 10mL），摇匀待测。

（2）标准系列配制

①低浓度标准系列：分别吸取100ng/mL汞标准使用液0.25mL，0.50mL，1.00mL，2.00mL，2.50mL于25mL容量瓶，用硝酸溶液（1+9）定容，摇匀，分别相当于汞浓度1.00ng/mL，2.00ng/mL，4.00ng/mL，8.00ng/mL，10.00ng/mL。

②高浓度标准系列：分别吸取500ng/mL汞标准使用液0.25mL，0.50mL，1.00mL，1.50mL，2.00mL于25mL容量瓶中，用硝酸溶液（1+9）定容摇匀，分别相当于汞浓度5.00ng/mL，10.00ng/T，20.00ng/mL，30.00ng/mL，40.00ng/mL。

（3）测定

①仪器参考条件：光电倍增管负高压：240V；汞空心阴极灯电流：30mA；原子化器温度：300℃，高度8.0mm；氩气流速：载气500mL/min，屏蔽气1000mL/min；测量方式：标准曲线法；读数方式：峰面积，读数延迟时间：1.0s；读数时间：10.0s；硼氢化钾溶液加入时间：8.0s；标液或样液加液体积：2mL。

注：所列条件供参考，不同型号仪器性能不同，应灵活选择分析条件

②测定方法：根据情况任选以下一种方法。

浓度测定方式：设定好仪器最佳条件，逐步将炉温升至所需温度后，稳定10～20min开始测量。先用硝酸溶液（1+9）进样，读数稳定后进标准系列，重复硝酸溶液（1+9）进样，待读数基本回零时，分别测定试样空白和试样消化液，每测不同试样前都应清洗进样器。按照公式计算试样中汞含量。

仪器自动计算结果方式：设定好仪器最佳条件，输入试样质量、稀释体积、结果浓度单位等参数，同上"浓度测定方式"顺序进样测定，仪器自动输出结果。

5. 含量计算

$$X = \frac{(C_1 - C_0) \times V \times 1000}{m \times 1000 \times 1000}$$

式中 $X$——试样中汞的含量，mg/kg 或 mg/L；

$C_1$——测定用试样消化液中汞的含量，ng/mL；

$C_2$——试剂空白液中汞的含量，ng/mL；

$V$——试样消化液总体积，mL；

$m$——试样质量或体积，g 或者 mL。

计算结果保留三位有效数字。

6. 本法特点及注意事项

（1）本法为国标GB/T 5009.17—2003中的第一法。适用于各类食品中总汞的测定。

（2）高压消解法适用于粮食、豆类、蔬菜、水果、瘦肉类、鱼类、蛋类及乳与乳制品类食品中总汞的测定。

（3）低浓度标准溶液适用于一般试样，高浓度标准溶液适用于鱼以及含汞量偏高的试样。

## 四、食品中砷的检测

砷（arsenic，As）广泛存在于自然界，其化合物是化工生产的常用原料。食品中砷污染的主要来源是自然本底、环境污染（比如砷矿开采及冶炼、工业"三废"、含砷农兽药的使用）、生物富集、食品原料和添加剂、食品容器等。

砷是一种非金属元素，但其许多理化性质类似金属，也称为"类金属"，比重5.73。砷在常温下不与水和空气反应，也不和稀酸作用，但能和强氧化性酸反应。砷的化合物又分为无机砷和有机砷。常见的无机砷有三氧化二砷（砒霜）、砷酸钠、亚砷酸钠、砷酸钙、亚砷酸、砷酸铅、砷化氢、硫化砷等。三氧化二砷是一种较强的还原剂，特别是碱性条件下能被碘氧化成砷酸。砷化氢是一种无色、有大蒜气味的剧毒气体。硫化砷可认为无毒，不溶于水，难溶于酸，可溶于碱。有机砷除天然存在的一甲基砷、二甲基砷外，还有对氨基苯砷酸、甲砷酸、甲基砷酸锌等。无机砷的毒性大于有机砷。自然界中砷主要以硫化物形式存在，如雄黄（As4S4）、雌黄（AS2S3）、砷硫铁矿等。

测定砷的常用方法有：氢化物原子荧光光度法、原子吸收分光光度法、银盐法、砷斑法（古蔡氏法）、硼氢化物还原比色法、钼蓝比色法等等。

氢化物原子荧光光度法和原子吸收分光光度法具有操作简便、灵敏度高的优点，可以测定微量的砷；银盐法是一种比色法，灵敏度和准确度都比较好，是比较常用的方法；砷斑法操作简便，但采用目测与标准色斑比较，精密度较差，仅适用于半定量测定；硼氢化物还原比色法灵敏度低，同时该方法反应速度和反应时间等条件难以控制一致，易影响方法的精密度；钼蓝比色法需要控制的条件较严，操作复杂、耗时，使用较少。

## （一）氢化物原子荧光光度法

### 1. 原理

食品试样经湿消解或干灰化后，加入硫脲使五价砷预还原为三价砷，再加入硼氢化钠或硼氢化钾使还原生成砷化氢，由氢气载入石英原子化器中分解为原子态砷，在特制砷空心阴极灯的发射光激发下产生原子荧光，其荧光强度在固定条件下与被测液中的砷浓度成正比，与标准系列比较定量。

### 2. 试剂

（1）氢氧化钠溶液（2g/L）、硫脲溶液（50g/L）。

（2）硼氢化钠（NaBH4）溶液（10g/L）：称取硼氢化钠10.0g，溶于2g/L氢氧化钠溶液1000mL中，混匀。此液于冰箱可以保存10d，取出后应当日使用（也可称取14g硼氢化钾代替10g硼氢化钠）。

（3）硫酸溶液（1+9）：S取硫酸100mL，小心倒入900mL水中混匀。

（4）氧氧化钠溶液（100g/L）：少量，供配制砷标准溶液用。

（5）砷标准溶液

①砷标准贮备液：含砷 0.1mg/mL。精确称取于 100℃干燥 2h 以上的三氧化二砷（As₂O₃）0.1320g，加 100g/L 氢氧化钠 10mL 溶解，用适量水转入到 1000mL 容量瓶中，加（1+9）硫酸 25mL，用水定容至刻度。

②砷使用标准液：含砷 1μg/mL。吸取 1.00mL 砷标准贮备液于 100mL 容量瓶中，用水稀释至刻度。此液应当日配制使用。

（6）湿消解试剂：硝酸、硫酸、高氯酸。

（7）干灰化试剂：六水硝酸镁（150g/L）、氯化镁、盐酸（1+1）。

## 3. 仪器

原子荧光光度计、电炉、马弗炉。

## 4. 测定方法

### （1）试样消解

①湿消解：固体试样称样 1 ~ 2.5g，液体试样称样 5 ~ 10g（或者 mL）（精确至小数点后第二位），放 50 ~ 100mL 锥形瓶中，同时做 2 份试剂空白。加硝酸 20 ~ 40mL，硫酸 1.25mL，摇匀后放置过夜，置于电热板上加热消解。若消解液消解至 10mL 左右时仍有未分解物质或色泽变深，取下放冷，补加硝酸 5 ~ 10mL，再消解至 10mL 左右观察，如此反复两三次，注意避免炭化。如仍不能消解完全，则加入高氯酸 1 ~ 2mL，继续加热至消解完全后，再持续蒸发至高氯酸的白烟散尽，硫酸的白烟开始冒出。冷却，加水 25mL，再蒸发至冒硫酸白烟。冷却，用水将内容物转入 25mL 容量瓶或比色管中，加入 50g/L 硫脲 2.5mL，补水至刻度并混匀，备测。

②干灰化：一般应用于固体试样。称取 1 ~ 2.5g（精确至小数点后第二位）于 50 ~ 100mL 坩埚中，同时做两份试剂空白。加 150g/L 硝酸镁 10mL 混匀，低热蒸干，将 1g 氧化镁仔细覆盖在干渣上，于电炉上炭化至无黑烟，移入 550℃马弗炉灰化 4h。取出放冷，小心加入（1+1）盐酸 10mL 以中和氧化镁并溶解灰分，转入 25mL 容量瓶或比色管中，向容量瓶或比色管中加入 50g/L 硫脲 2.5mL，另用（1+9）硫酸分次涮洗坩埚后转出合并，定容，混匀备测。

### （2）标准系列制备

取 25mL 容量瓶或比色管 6 支，依次准确加入 1μg/mL 砷使用标准液 0mL，0.05mL，0.2mL，0.5mL，2.0mL，5.0mL（各相当于砷浓度 0ng/mL，2.0ng/mL，8.0ng/mL，20.0ng/niL，80.0ng/mL，200.0ng/mL），各加入（1+9）硫酸 12.5mL，50g/L 硫脲 2.5mL，补加水至刻度，混匀备测。

### （3）测定

①仪器参考条件：光电倍增管负高压：400V；砷空心阴极灯电流：35mA；原子化器温度：820 ~ 850℃，高度 87.0mm；氩气流速：载气 600mL/min；测量方式：标准曲线法；荧光强度或浓度直读；读数方式：峰面积，读数延退时间：1.0s；读数时间：15.0s；硼氢化钾溶液加入时间：5.0s；标液或者样液加入体积：2mL。

②测量方法：同第三节中原子荧光光谱法。

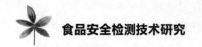

### 5. 含量计算

$$X = \frac{(C_1 - C_0) \times V \times 1000}{m \times 1000 \times 1000}$$

式中 $X$——试样中砷的含量，mg/ kg 或 mg/L；

$C_1$——试样消化液中砷的含量，ng/mL；

$C_0$——试剂空白液中砷的含量，ng/mL；

$V$——试样消化液总体积（25mL），mL；

$m$——试样质量或体积，g 或 mL。

计算结果保留两位有效数字

### 6. 本法特点及注意事项

（1）本法为国标 GB/T5009.11—2003 中的第一法。适用于各类食品中总砷的测定。检出限为 0.01 mg/ kg。

（2）测定时产生的砷化氢气体具有大蒜臭味，毒性较大，应当严防其溢出。

## （二）银盐法

### 1. 原理

试样经消化后，以碘化钾、氯化亚锡将高价砷还原为三价砷，然后与锌粒和酸产生的氢生成砷化氢，经银盐溶液吸收后，形成红色胶态物，和标准系列比较定量。

### 2. 试剂

（1）硝酸、硫酸、盐酸、氧化镁、无砷锌粒。

（2）乙酸铅溶液（100g/L）、氢氧化钠溶液（200g/L）。

（3）硝酸 – 高氯酸混合溶液（4+1）：80mL 硝酸，加 20mL 高氯酸，混匀。

（4）硝酸镁溶液（150g/L）：称取 15g 硝酸镁 [ Mg（$NO_3$）$_2$·$6H_2O$ ] 溶于水中，并稀释至 100mL。

（5）碘化钾溶液（150g/L）：贮存于棕色瓶中。

（6）酸性氯化亚锡溶液：称取 40g 氯化亚锡（$SnCl_2$·$2H_2O$），加盐酸溶解并且稀释到 100mL，加入数颗金属锡粒。

（7）盐酸（1+1）：量取 50mL 盐酸加水稀释至 100mL。

（8）乙酸铅棉花：用乙酸铅溶液（100g/L）浸透脱脂棉后，压除多余溶液，并使疏松，在 100℃以下干燥后，贮存于玻璃瓶中。

（9）硫酸（6+94）：量取 6.0mL 硫酸加于 80mL 水中，冷后再加水稀释至 100mL。

（10）二乙基二硫代氨基甲酸银 – 三乙醇胺 – 三氯甲烷溶液（银盐吸收液）：称取 0.25g 二乙基二硫代氨基甲酸银 [（$C_2H_5$）$_2NCS_2Ag$ ] 置于乳钵中，加少量三氯甲烷研磨，移入100mL量筒中，加入1.8mL三乙醇胺，再用三氯甲烷分次洗涤乳钵，将洗液一并移入量筒中，再用三氯甲烷稀释至100mL，放置过夜。滤入棕色瓶中贮存。

（11）砷标准贮备液：准确称取0.1320g在硫酸干燥器中干燥过的或在100℃干燥2h的三氧化二砷，加5mL氢氧化钠溶液（200g/L），溶解后加25mL硫酸（6+94），移入1000mL容量瓶中，加新煮沸冷却的水稀释至刻度，贮存于棕色玻塞瓶中此溶液每毫升相当于0.10mg砷。

（12）砷标准使用液：吸取1.0mL砷标准储备液，置于100mL容量瓶中，加1mL硫酸（6+94），加水稀释到刻度，此溶液每毫升相当于1.0mg砷。

### 3. 仪器

（1）分光光度计。

（2）反应吸收装置如图5-1：由100～150mL带橡皮塞的锥形瓶、玻璃弯管（起连接导气作用，从连接锥形瓶的一端塞入乙酸铅棉花）10mL刻度离心管（砷化氢的吸收管）组装而成。

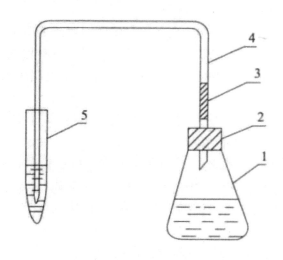

图5-1 砷化氢反应吸收装置
1—锥形瓶；2—橡皮塞；3—乙酸铅棉花；4—玻璃弯管；5—10mL刻度离心管

### 4. 测定方法

（1）试样处理

①硝酸–高氯酸–硫酸法

a. 粮食、粉丝、粉条、豆干制品、糕点、茶叶等其他含水分少的固体食品：称取5.00g或者10.00g粉碎试样，置于250～500mL定氮瓶中，先加少许水湿润，加数粒玻璃珠、10～15mL硝酸–高氯酸混合液，放置片刻，小火缓缓加热，待作用缓和，并放冷。沿瓶壁加入5mL或10mL硫酸，再加热，至瓶中液体开始变成棕色时，不断沿瓶壁滴加硝酸–高氯酸混合液至有机质分解完全。加大火力，待瓶口白烟冒净后，瓶内液体产生白烟为消化完全，该溶液应澄清透明，无色或微带黄色。放冷，加 20mL 水煮沸（注意防止爆沸或爆炸），至产生白烟为止（除去残余硝酸），如此处理 2 次，放冷。将冷后的溶液移入 50mL 或 100mL 容量瓶中，洗涤、定容、混匀。定容后的溶液每 10mL 相当于 1g 试样，相当加入硫酸量 1mL，同法做试剂空白试验。

b.蔬菜、水果：称取 25.00g 或 50.00g 洗净打成匀浆的试样，置于 250～500mL 定氮瓶中，加数粒玻璃珠、10～15mL 硝酸－高氯酸混合液，同上自"放置片刻……"起依法操作，但定容后的溶液每 10mL 相当于 5g 试样。

c.酱、酱油、醋、冷饮、豆腐、腐乳、酱腌菜等：称取 10.00g 或 20.00g 试样（或吸取 10.0mL 或者 20.0mL 液体试样），置于 250～500mL 定氮瓶中，加数粒玻璃珠、5～15mL 硝酸－高氯酸混合液。同上自"放置片刻……"起依法操作，但定容后的溶液每 10mL 相当于 2g 或 2mL 试样。

d.含酒精性饮料或含二氧化碳饮料：吸取 10.00mL 或 20.00mL 试样，置于 250～500mL 定氮瓶中，加数粒玻璃珠，先用小火加热除去乙醇或二氧化碳，再加 5～10mL 硝酸－高氯酸混合液，混匀后，同上自"放置片刻……"起依法操作，但定容后的溶液每 10mL 相当于 2mL 试样。

e.含糖量高的食品：称取 5.00g 或 10.0g 试样，置于 250～500mL 定氮瓶中，先加少许水使湿润，加数粒玻璃珠 5～10mL 硝酸－高氯酸混合后，摇匀。缓缓加入 5mL 或 10mL 硫酸，待作用缓和停止起泡沫后，先用小火缓缓加热（糖分易炭化），不断沿瓶壁补加硝酸－高氯酸混合液，待泡沫全部消失后，再加大火力，至有机质分解完全,发生白烟,溶液应澄明无色或微带黄色,放冷。同上自"加20mL水煮沸……"起依法操作。

②硝酸—硫酸法

以硝酸代替硝酸—高氯酸混合液进行操作。

③干法灰化法

a.粮食、茶叶及其他含水分少的食品：称取 5.00g 磨碎试样，置于坩埚中，加 1g 氧化镁及 10mL 硝酸镁溶液，混匀，浸泡 4h。于低温或置水浴锅上蒸干，用小火炭化至无烟后移入马弗炉中加热至550℃，灼烧 3～4h，冷却后取出。加 5mL 水湿润后，用细玻棒搅拌，再用少量水洗下玻棒上附着的灰分至坩埚内，放水浴上蒸干后移入马弗炉 550℃灰化 2h，冷却后取出。加 5mL 水湿润灰分，再慢慢的加入 10mL 盐酸(1+1)，然后将溶液移入 50mL 容量瓶中，坩埚用盐酸（1+1）洗涤 3 次，每次 5mL，再用水洗涤 3 次，每次 5mL，洗液均并入容量瓶中，之后加水至刻度，混匀。定容后的溶液每 10mL 相当于 1g 试样，其加入盐酸量不少于（中和需要量除外）1.5mL。全量供银盐法测定时，不必再加盐酸。同法做试剂空白试验。

b.植物油：称取 5.00g 试样，置于 50mL 瓷坩埚中，加 10g 硝酸镁，再在上面覆盖 2g 氧化镁，将坩埚置小火上加热，至刚冒烟，立即把坩埚取下，以防内容物溢出，待烟小后，再加热至炭化完全。将堪堪移至马弗炉中，550℃以下灼烧到灰化完全，冷后取出。加 5mL 水湿润灰分，再缓缓加入 15mL 盐酸（1+1），然后将溶液移入 50mL 容量瓶中堪埚用盐酸（1+1）洗涤 5 次，每次 5mL，洗液均并入容量瓶中，加盐酸（1+1）至刻度，混匀。定容后的溶液每 10mL 相当于 lg 试样，相当于加入盐酸量（中和需要量除外）1.5mL。同法做试剂空白。

c. 水产品：取可食部分试样捣成匀浆，称取 5.00g，置于坩埚中，加 1g 氧化镁及 10mL 硝酸镁溶液，混匀，并浸泡 4h。以下按粮食、茶叶灰化方法自"于低温或置水浴锅上蒸干……"起依法操作。

（2）测定

①消化液准备

吸取一定量的消化后的定容溶液（相当于 5g 试样）及同量的试剂空白液，分别置于 150mL 锥形瓶中，补加硫酸至总量为 5mL，加水至 50 ~ 55mL，

②标准曲线的绘制

吸取 0mL，2.0mL，4.0mL，6.0mL，8.0mL，10.0mL 砷标准使用液（相当 0μg，2.0μg，4.0μg，6.0μg，8.0μg，10.0μg 砷），分别置于 150mL 锥形瓶中，加水至 40mL，再加 10mL 硫酸（1+1）。

③湿法消化液的测定

于试样消化液、试剂空白液及砷标准溶液中各加 3mL 碘化钾溶液（150g/L），0.5mL 酸性氯化亚锡溶液，混匀，静置 15min。各加入 3g 锌粒，立即分别塞上装有乙酸铅棉花的导气管，并且使管尖端插入盛有 4mL 银盐溶液的离心管中的液面下，在常温下反应 45min 后，取下离心管，加三氯甲烷补足 4mL。用 1cm 比色杯，以零管调节零点，于波长 520nm 处测吸光度，绘制标准曲线。

④干法消化液的测定

取灰化法消化液及试剂空白液分别置于 150mL 锥形瓶中。吸取 0mL，2.0mL，4.0mL，6.0mL，8.0mL，10.0mL 御标准使用液（相当 0μg，2.0μg，4.0μg，6.0μg，8.0μg，10.0μg 砷），分别置于 150mL 锥形瓶中，加水到 43.5mL，再加 6.5mL 盐酸。同湿法消化液自"于试样消化液……"起依法操作。

### 5. 含量计算

$$X = \frac{(A_1 - A_2) \times 1000}{m \times (V_2 / V_1) \times 1000}$$

式中 $X$——试样中砷的含量，mg/kg 或 mg/L；

$A_1$——测定用试样消化液中砷的质量，μg；

$A_2$——试剂空白液中砷的质量，μg；

$m$——试样质量或体积，g 或 mL；

$V_1$——试样消化液的总体积，mL；

$V_2$——测定用试样消化液的体积，mL。

计算结果保留两位有效数字。

### 6. 本法特点及注意事项

（1）本法为国标 GB/T 5009.11—2003 中的第二法。适用于各类食品当中总砷的测定。检出限为 0.2mg/ kg。

（2）反应吸收装置应分别经酸、碱、水煮沸处理。使用前应仔细检查气密性，反应过程中严防砷化氢溢出。

（3）反应吸收时酸的用量、锌粒大小、反应温度都有影响，锌粒不宜太细，以免反应太激烈。反应温度 25℃为宜，以免反应过激或过缓。

（4）氯化亚锡的作用：将高价砷还原为三价砷；还原反应生成的碘；在锌粒表面沉积锡层，抑制氢气生成速度；抑制某些元素（例如锑）的干扰。

（5）银盐吸收液必须澄清，避光保存。吸收液不能含有水分，吸收管也须干燥，否则会产生混浊。

（6）吸收后呈色在于 150min 内稳定。比色测定时比色杯应用三氯甲烷清洗。

# 第二节  食品中三聚氰胺及氯丙醇的检测

## 一、食品中三聚氰胺的检测

三聚氰胺是一种三嗪类含氮杂环有机化合物，分子式为 $C_3H_6N_6$，化学名称为 1，3，5- 三嗪 -2，4，6- 三胺或 2，4，6- 三氨基 -1，3，5- 三嗪，简称三胺、蜜胺、氰脲三酰胺、三聚氰酰胺等，俗称蛋白精，其相对分子质量 126.12。

三聚氰胺为白色晶体，无味，密度 $1.573g/m^3$（16℃），常压熔点为 354℃。快速加热时升华，升华温度为 300℃。在水中溶解度随温度升高而增大，微溶于冷水，溶于热水。不溶于醚、苯和四氯化碳，微溶于热乙醇，溶于甲醇、甲醛、乙酸、甘油、吡啶等。三聚氰胺呈弱碱性，与盐酸、硫酸、硝酸、乙酸、草酸等都能成盐，但遇强酸或强碱溶液水解，最后生成三聚氰酸。

三聚氰胺的检测方法主要有高效液相色谱法（HPLC）、气相色谱 - 质谱联用法（GC-MS、GC-MS/MS）和液相色谱 - 质谱 / 质谱法（LC-MS/MS）。此处介绍 HPLC 与 GC-MS。

## （一）高效液相色谱法（HPLC）

### 1. 原理

试样用三氯乙酸溶液—乙腈提取，经阳离子交换固相萃取柱净化后，使用高效液相色谱测定，外标法定量。

### 2. 试剂与材料

除非另有说明，所有试剂均为分析纯，水为去离子水。

（1）甲醇（色谱纯）、乙腈（色谱纯）、氨水（25% ~ 28%）、三氯乙酸、柠檬酸、辛烷磺酸钠（色谱纯）。

（2）甲醇水溶液：准确量取 50mL 甲醇和 50mL 水，混匀后备用。

（3）三氯乙酸溶液（1%）：准确称取 10g 三氯乙酸于 1L 容量瓶中，用水溶解并定容至刻度，混匀后备用。

（4）氨化甲醇溶液（5%）：准确量取 5mL 氨水和 95mL 甲醇混匀。

（5）离子对试剂缓冲液：准确称取 2.10g 柠檬酸和 2.16g 辛烷磺酸钠，加入约 980mL 水溶解，调节 pH 至 3，0 后，定容至 1L 备用。

（6）三聚氰胺标准品：CAS 108-78-01，纯度大于 99.0%。

（7）三聚氰胺标准贮备液：准确称取 100mg（精确到 0.1mg）三聚氰胺标准品于 100mL 容量瓶中，用甲醇水溶液（2）溶解并定容至刻度，配制成浓度为 1mg/mL 的标准贮备液，于 4℃避光保存。

（8）阳离子交换固相萃取柱：混合型阳离子交换固相萃取柱，基质为苯磺酸化的聚苯乙烯 – 二乙烯基苯高聚物，60mg，3mL，或相当者。使用前依次用 3mL 甲醇、5mL 水活化。

（9）氮气：纯度大于等于 99.999%。

（10）海砂（化学纯，粒度 0.65 ~ 0.85mm，二氧化硅含量为 99%）、微孔滤膜（0.2 呻，有机相）、定性滤纸。

### 3. 仪器

（1）高效液相色谱（HPLC）仪：配有紫外检测器或者二极管阵列检测器。

（2）分析天平：感量为 0.0001g 和 0.01g。

（3）离心机：转速不低于 4000r/min。

（4）固相萃取装置、氮气吹干仪、超声波水浴、涡旋混合器。

（5）50mL 具塞塑料离心管、研钵。

### 4. 测定方法

**（1）样品处理**

①提取

a. 液态奶、奶粉、酸奶、冰淇淋与奶糖等：称取 2g（精确至 0.01 g）试样于

50mL 具塞塑料离心管中，加入 15mL 三氯乙酸溶液（1%）和 5mL 乙腈，超声提取 10min，再振荡提取 10min 后，以不低于 4000r/min 离心 10min。上清液经三氯乙酸溶液润湿的滤纸过滤后，用三氯乙酸溶液定容至 25mL，移取 5mL 滤液，加入 5mL 水混匀后做待净化液。同时做试剂空白。

b. 奶酪、奶油和巧克力等：称取 2g（精确至 0.01g）试样于研钵中，加入适量海砂（试样质量的 4～6 倍）研磨成干粉状，转移至 50mL 具塞塑料离心管中，用 15mL 三氯乙酸溶液（1%）分数次清洗研钵，清洗液转入离心管中，再往离心管中加入 5mL 乙腈，同上"超声提取 10min……"起依法操作。

注：如若样品中脂肪含量较高，可以用三氯乙酸溶液饱和的正己烷液 - 液分配除脂后再用 SPE 柱净化。

②净化

将以上样品提取液转移至阳离子交换固相萃取柱中。依次用 3mL 水和 3mL 甲醇洗涤，抽至近干后，用 6mL 氨化甲醇溶液洗脱。整个固相萃取过程流速不超过 1 mL/min。洗脱液于 50℃下用氮气吹干，残留物（相当于 0.4g 样品）用 1mL 流动相定容，涡旋混合 1min，过微孔滤膜后，供 HPLC 测定。

（2）测定

① HPLC 参考条件

a. 色谱柱：$C_8$ 柱，250mm × 4.6mm（i.d.），5μm，或相当者；$C_{18}$ 柱，250mm × 4.6mm（i.d.），5μm，或相当者。

b. 流动相：$C_8$ 柱，离子对试剂缓冲液 - 乙腈（85+15，体积比），混匀。$C_{18}$ 柱，离子对试剂缓冲液 - 乙腈（90+10，体积比）混匀。

c. 流速：1.0mL/min。

d. 柱温：40℃。

e. 波长：240nm。

f. 进样量：20μL。

②标准曲线的绘制

用流动相将三聚氰胺标准储备液逐级稀释得到的浓度为 0.8μg/mL，2μg/mL，20μg/mL，40μg/mL，80μg/mL 的标准工作液，浓度由低到高进样检测，以峰面积 - 浓度作图，得到了标准曲线回归方程。

③定量测定

待测样液中三聚氰胺的响应值应在标准曲线线性范围内，超出线性范围则应稀释后再进样分析。

5. 含量计算

$$X = \frac{A \times c \times V \times 1000}{A_x \times m \times 1000} \times f$$

式中 $X$——试样中三聚氰胺的含量，mg/kg；

*A*——样液中三聚氰胺的峰面积；

*c*——标准溶液中三聚氰胺的浓度，μg/mL；

*V*——样液最终定容体积，mL；

$A_s$——标准溶液中三聚氰胺的峰面积；

*m*——试样的质量，g；

*f*—稀释倍数。

### 6. 本法特点及注意事项

本法为国标 GB/T 22388-2008 中的第一法，适用于原料乳、乳制品及含乳制品中三聚氰胺的定量测定，定量限为 2mg/ kg。

## （二）气相色谱-质谱联用法（GC-MS）

### 1. 原理

试样经超声提取、固相萃取净化后，进行硅烷化衍生，衍生产物采用选择离子监测质谱扫描模式（SIM）或多反应监测质谱扫描模式（MRM），使用化合物的保留时间和质谱碎片的丰度比定性，外标法定量。

### 2. 试剂

除非另有说明，所有试剂均为分析纯，水为去离子水。

（1）吡啶（优级纯）、乙酸铅。

（2）衍生化试剂：N，O- 双三甲基硅基三氟乙酰胺（BSTFA）＋ 三甲基氯硅烷（TMCS）（99+1），色谱纯。

（3）乙酸铅溶液（22g/L）：取 22g 乙酸铅用 300mL 水溶解后定容至 1 L。

（4）三聚氰胺标准溶液：准确吸取三聚氰胺标准贮备液（同 HPLC 法）1mL 于100mL 容量瓶中，用甲醇定容至刻度，此标准溶液 1mL 相当于 10μg 三聚氰胺标准品，于 4℃冰箱内贮存，有效期 3 个月。

（5）氩气（纯度大于等于 99.999%）、氦气（纯度大于等于 99.999%）。

其他同 HPLC 法。

### 3. 仪器

（1）气相色谱 – 质谱（GC-MS）仪：并配有电子轰击电离离子源（EI）。

（2）电子恒温箱。

其他同 HPLC 法。

### 4. 测定方法

（1）样品处理

①提取

a.液态奶、奶粉、酸奶与奶糖等: 称取 5g( 精确至 0.01g )样品于 50mL 具塞比色管，加入 25mL 三氯乙酸溶液（1%），涡漩振荡 30s，再加入 15mL 三氯乙酸溶液，超声提取 15min，加入 2mL 乙酸铅溶液，用三氯乙酸溶液定容至刻度．充分混匀后，转移上层提取液约 30mL 至 50mL 离心试管，以不低于 4000r/min 离心 10min。上清液待净化同时做试剂空白。

b. 奶酪、奶油和巧克力等：称取 5g（精确至 0.01g）样品于 50mL 具塞比色管中，用 5mL 热水溶解（必要时可适当加热），再加入 20mL 三氯乙酸溶液（1%），涡漩振荡 30s，再加入 15mL 三氯乙酸溶液超声提取，以下操作同上。若样品中脂肪含量较高，可以先用乙醚脱脂后再用三氯乙酸溶液提取。

②净化

准确移取 5mL 的待净化滤液至固相萃取柱中。再用 3mL 水、3mL 甲醇淋洗，弃淋洗液，抽近干后用 3mL 氨化甲醇溶液洗脱，收集洗脱液，50℃下氮气吹干。

（2）测定

①仪器参考条件

a. 色谱柱：5% 苯基二甲基聚硅氧烷石英毛细管柱，30m × 0.25mm（i.d.）× 0.25μn，或相当者。

b. 流速：1.0mL/min。

c. 程序升温：70℃保持 1min，以 10℃/min 的速率升温到 200℃，保持 10min。

d. 传输线温度：280℃。

e. 进样口温度：250℃。

f- 进样方式：不分流进样。

g- 进样量 1μL。

h. 电离方式：电子轰击电离（EI）；

i. 电离能量：70eV。

j. 离子源温度：230℃。

k. 扫描模式：选择离子扫描，定性离子 m/z99、171、327、342，定量离子 m/z327。

②标准曲线的绘制

准确吸取三聚氰胺标准溶液 0mL，0.4mL，0.8mL，1.6mL，4mL，8mL，16mL 于 7 个 100mL 容量瓶中，用甲醇稀释至刻度。各取 1mL 用氮气吹干，加入 600μL 的吡啶和 200μL 衍生化试剂，混匀，70℃反应 30min 完成衍生。配制成衍生产物浓度分别为 0μg/mL，0.05μg/mL，0.1μg/mL，0.2μg/mL，0.5μg/mL，1μg/mL，2μg/mL 的标准溶液反应液供 GC-MS 测定，以标准工作溶液浓度为横坐标，定量离子质量色谱峰面积为纵坐标，绘制标准工作曲线。

③定量测定

待测样液中三聚氰胺的响应值应在标准曲线线性范围内，超过线性范围则应当对净化液稀释，重新衍生化之后再进样分析。

④定性判定

以标准样品的保留时间和监测离子（m/z99、171、327 和 342）定性，待测样品中 4 个离子（m/z99、171、327 与 342）的丰度比与标准品的相同离子丰度比相差不大于 20%。

### 5. 含量计算

同 HPLC 法。

### 6. 本法特点及注意事项

本法为国标 GB/T 22388-2008 中的第三法，适用于原料乳、乳制品以及含乳制品中三聚氰胺的定量测定及妃性确证，疋量限为 0.05mg/ kg.

## 二、食品中氯丙醇的检测

氯丙醇化合物均比水重，沸点高于 100℃，常温下是无色液体，可溶于水、丙酮、苯、甘油、乙醇、乙醚、四氯化碳等。性质不稳定，易潮解。

测定氯丙醇的方法主要有气相色谱法（GC）、气相色谱 - 质谱联用法（GC-MS）、毛细管电泳法、分子印迹法等。GC 法存在相对误差大、重复性差等缺点，尤其是痕量检测很难达到其精确性的要求；毛细管电泳法具有高灵敏度、高分离度、分析速度快和样品用量少等特点，但仪器设备要求较高；分子印迹法需要制备特殊结构的分子印迹聚合物。最常用的是 GC-MS 法，即将样品经前处理后，经气相色谱质谱联用仪测定检出，常见的样品前处理方法有顶空萃取法、基质固相分散萃取法、液 - 液萃取法等，我国国家标准 GB/T 5009.191—2006 规定了 3 种方法，分别是: 针对 3-MCPD 的层析柱分离 -GC-MS 法、针对氯丙醇多组分的基质固相分散萃取 -GC-MS 法以及针对氯丙醇多组分的顶空固相微萃取 -GC-MS 法，都采用同位素稀释技术，内标法定量。GB/T 18782-2002 规定了调味品中 3-MCPD 的层析柱分离 -GC-MS 法，采用外标法定量。

### （一）基质固相分散萃取——GC-MS法

#### 1. 原理

采用稳定性同位素稀释技术，在试样中加入五氘代 -3- 氯 -1，2- 丙二醇（$d_5$-3-MCPD）和五氘代 -1，3- 二氯 -2- 丙醇（$d_5$-1，3-DCP）内标溶液，以硅藻土为吸附剂进行基质固相分散萃取分离，用正己烷洗脱样品中非极性的脂质成分，用乙醚洗脱样品中的氯丙醇，用七氟丁酰基咪唑（HFBI）溶液为衍生化试剂，采用四级杆质谱仪的选择离子监测（SIM）或者离子阱质谱仪的选择离子存储（SIS）质谱扫描模式进行分析，内标法定量。

#### 2. 试剂

（1）2，2，4- 三甲基戊烷（可用正己烷代替）、乙醚（需重蒸）、正己烷（需重蒸）、氯化钠、无水硫酸钠、七氟丁酰基咪唑、Extrelut™20 硅藻土（或其他等效产品）。

（2）d$_5$-3-MCPD 标准品、d$_5$-1，3-DCP 标准品：纯度 > 98%。

（3）3-MCPD 标准品（纯度 > 98%）、1，3-DCP 标准品（纯度 > 98%）、2，3-DCP 标准品（纯度 > 97%）。

（4）饱和氯化钠溶液（5mol/L）：氯化钠 290g，加水溶解并稀释至 1000mL。

（5）氯丙醇标准储备液（1000mg/L）：分别称取 3-MCPD、1，3-DCP、2，3-DCP25mg（精确至 0.1 mg），置 3 个 25 mL 容量瓶中，加入乙酸乙酯溶解，并定容。

（6）氯丙醇中间溶液（100mg/L）：分别准确移取 3 种氯丙醇储备溶液 ImL 至 3 个 10mL 容量瓶中，加正己烷稀释至刻度。

（7）氯丙醇使用液：准确移取适量 3 种中间溶液，置同一 25mL 容量瓶中，加正己烷稀释至刻度（浓度为 2.00mg/L）。

（8）内标贮备液（1000rng/L）：分别称取 d$_5$-3-MCPD 或 d$_5$-1，3-DCP 25mg（精确至 0.1 mg），置 2 个 25mL 容量瓶中，加乙酸乙酯溶解，并定容。

（9）内标使用液（10mg/L）：准确移取 d$_5$-3-MCPD 与 d$_5$-1，3-DCP 贮备液 1.00mL，至同一 100mL 容量瓶中，加正己烷稀释至刻度。

### 3. 仪器

（1）四级杆或离子阱气相色谱 - 质谱联用仪（GC-MS）、色谱柱。

（2）玻璃层析柱：柱长 40cm，柱内径 2cm。

（3）旋转蒸发仪、氮吹仪、恒温箱、涡旋混合器、气密针（1.0mL）。

### 4. 测定方法

#### （1）试样制备

a.酱油等液体试样：称取试样 4g 至 100mL 烧杯中，加内标使用液（10mg/L）20μL，加饱和氯化钠溶液至 10g，超声 15min。

b.香肠等食物试样：称取匀浆试样 2 ~ 5g 至离心管中，加内标使用液（10mg/L）20μL，加饱和氯化钠溶液至 10g，超声 15min，3500r/min 离心 20min，取上清液。

c.酸水解蛋白粉、固体汤料等粉末试样：称取试样 1 ~ 2g，至 100mL 烧杯中，加内标使用液（10mg/L）20μL，加饱和氯化钠溶液至 10g，超声 15min。

#### （2）试样净化

称取 10g Extrelut™20 硅藻土柱填料 2 份，一份加入试样溶液中，混匀；另一份装入层析柱中（柱下端填有玻璃棉）。将试样与吸附剂的混合物装入层析柱，上层加 1cm 高度的无水硫酸钠。放置 15min 后，用正己烷 40mL 洗脱非极性成分，弃去洗脱液。用乙醚 150mL 洗脱（流速约 8mL/min），收集洗脱液。于收集的乙醚中加无水硫酸钠 15g，振摇，放置 10min 后过滤，滤液于 35℃下旋转蒸发至约 0.5mL，用正己烷洗涤并转移至 5mL 具塞试管，定容，即为提取液。

#### （3）衍生化

将提取液在室温下用氮气浓缩至 1mL，用气密针加入七氟丁酰基咪唑 0.05mL，立即盖好。涡漩混合后，于 75℃保温 30min，取出放到室温，加饱和氯化钠溶液

3mL，涡漩混合 30s，静置使两相分离。取上层正己烷加无水硫酸钠约 0.3g 干燥，静置 2～5min，并转移到自动进样的样品瓶中。

**（4）空白试样制备**

称取饱和氯化钠溶液（5mol/L）10g，置于 100mL 烧杯中，加内标使用液（10mg/L）20μL，超声 15min，按（2）、（3）方法操作。

**（5）标准系列溶液制备**

在 5 个具塞试管中分别加入 0.5mL 正己烷和 10μL，30μL，80μL，150μL，250μL 氯丙醇使用液，然后分别加入内标使用液（10mg/L）20μL，加正己烷至 1.0mL，用气密针加入七氟丁酰基咪唑 0.05mL，立即盖好。以下步骤同（3）自"涡旋混合……"。

**（6）测定**

①色谱条件

色谱柱：DB-5ms 柱，30m×0.25mm×0.25μm，或等效毛细管柱。

进样口温度：230℃。

色谱柱升温程序：50℃保持 1min，以 2℃/min 速度升至 90℃，再以 40℃/min 的速度升至 250℃，并保持 5min。

载气：氦气，柱前压为 41.4kPa，相当于 6psi。

不分流进样体积：1μL。

②质谱参数

四级杆质谱仪：电离模式为电子轰击源（EI），能量为 70eV。离子源温度为 200℃。传输线温度为 250℃。分析器（电子倍增器）电压为 450V。溶剂延迟为 5min，质谱采集时间为 5～12min。离子阱质谱仪：离子化方式为 EI，电子倍增器增益 +150V，灯丝电流 50μA。阱温度为 220℃，传输线温度为 250℃。歧盒温度为 48℃。溶剂延迟为 10min。

③测定

吸取标准溶液与试样溶液 1μL 进样。记录总离子流图以及氯丙醇及其内标的峰面积。

**5. 含量计算**

（1）3-MCPD：计算 3-MCPD 和 d₅-3-MCPD 的峰面积比，以各系列标准溶液中 3-MCPD 的进样量与对应的 3-MCPD 和 d₅-3-MCPD 的峰面积比作线性回归，由回归方程计算 3-MCPD 的质量，按（3）中公式计算试样中 3-MCPD 与 2-MCPD 的含量，2-MCPD 以 3-MCPD 为参考标准进行计算。

（2）1，3-DCP 和 2，3-DCP：计算 1，3-DCP 或 2，3-DCP 与山-1，3-DCP 的峰面积比，以各系列标准溶液中 1，3-DCP 或 2，3-DCP 的进样量与对应的 1，3-DCP 或 2，3-DCP 与 d₅-1，3-DCP 的峰面积比作线性回归，由回归方程计算 1，3-DCP 和 2，3-DCP 的质量，按照（3）中公式计算试样中 1，3-DCP 和 2，3-DCP 的含量。

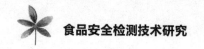

（3）计算公式

$$X = \frac{A \times f}{m}$$

式中 $X$——试样中目标氯丙醇组分的含量，μg/ kg 或 μg/L；

$A$——试样色谱峰和内标色谱峰的峰面积比值对应的目标氯丙醇组分的质量，ng；

$f$——试剂溶液的稀释倍数；

$m$——加入内标时的取样量，g 或 mL。

### 6. 本法特点及注意事项

（1）本法为国标 GB/T 5009.191—2006 中的第二法。适用于酱油、食醋、鸡精、蚝油等调味品、水解植物蛋白液、香肠、方便面调味包等食品中 4 种氯丙醇异构体的同时测定，检测限和定量限分别为 $2.0 \mu g/ kg$ 和 $5.0 \mu g/ kg$。

（2）衍生化试剂七氟丁酰咪唑是腐蚀性极强的危险品。

## （二）检测3-MCPD的层析柱分离——GC-MS法

### 1. 原理

样品中的 3- 氯 -1，2- 丙二醇（3-MCPD）经层析柱分离净化，与七氟丁酰基咪唑衍生成 1，2- 二（七氟丁酰氧基）-3- 氯丙烷。衍生物用气相色谱 – 质谱联用仪定性，外标法定量。

### 2. 试剂

（1）正己烷（重蒸馏）、无水乙醚（重蒸馏）、乙酸乙酯（重蒸馏）。

（2）淋洗溶液：9 体积正己烷加 1 体积无水乙醚。

（3）七氟丁酰基咪唑（HFBI）：分子式 $C_7H_3F_7N_2O$。

（4）提取填充料：ExtrelutNT（含游离晶体硅酸）；或者与其相当的提取填充料。

（5）无水硫酸钠：650℃灼烧 4h，冷却之后贮于密闭容器中。

（6）3-MCPD 标准品：纯度不低于 99%。

（7）标准贮备溶液：称取约 0.1g（精确至 0.1mg）3-MCPD，用乙酸乙酯溶解并定容至 100mL。此标准贮备溶液的浓度约 1mg/mL。

（8）标准系列溶液：用正己烷将标准贮备溶液稀释至约 0.00μg/mL，0.01 头 μg/mL，0.05μg/mL，0.1μg/mL，0.5μg/mL，1.0μg/mL，2.0μg/mL。

### 3. 仪器

（1）旋转蒸发仪或吹氮浓缩器、涡旋混合器。

（2）离心机：转速不低于 4000r/min。

（3）玻璃层析柱：长 200mm，内径 25mm，并带活塞。

（4）气相色谱 / 质谱联用仪。

（5）色谱柱：石英毛细管柱，HP-5（柱长 60m，内径 0.32mm，涂膜厚度 0.25 呻；固定液：5% 二苯基 +95% 二甲基硅氧烷共聚物）；或者与 HP-5 相当的柱。

（6）刻度离心管：10mL，具塞。

### 4. 测定方法

（1）装柱

①液体试样（酱油、酸水解植物蛋白调味液、其他调味液）

称取 5g 试液（精确至 0.001g）于 100mL 烧杯中。加 5g 提取填充料，搅拌均匀。装入已依次充填 1cm（高）的无水硫酸钠和 5g 提取填充料的玻璃层析柱中。压实后再充填 1cm（高）的无水硫酸钠。

②固体、半固体试样（酱油粉，酸水解植物蛋白调味粉，其他调味粉，调味酱）

称取 5g 试液（精确至 O.001g）在 100mL 烧杯中。加入 5.0mL 水，搅拌成浆状。同上"加 5g 提取填充料……"起操作。

③空白试样

用 5mL 水代替试样，同①方法做空白试验。

（2）提取

用 80mL 淋洗溶液淋洗玻璃层析柱，淋洗速度约 3mL/min。弃去淋洗液，再用 150mL 无水乙醚洗脱，洗脱速度约 3mL/min。收集洗脱液于 250mL 圆底烧瓶中，在 40℃下用旋转蒸发仪或氮吹仪浓缩至近干（不能干透）。使用正己烷将浓缩物转移入 10mL 刻度离心试管并定容至 5mL。

（3）衍生

①试样的衍生

在上述盛有正己烷溶液的刻度离心试管中加入 50μL 七氟丁酰基咪唑，盖紧，用涡旋混合器充分涡旋混合 1min。在 70℃恒温 30min，冷却至室温。加水 3mL，塞紧试管塞，涡旋混合 1min，离心 3min。用尖嘴吸管将水层吸出后，重复"加水 3mL，涡旋混合、离心、吸去水层"的操作。将溶液在 40T 下充入小股氮气流，浓缩至 1.0mL，移入 2mL 样品瓶中，加入约 300mg 无水硫酸钠，加塞，充分振摇 1min，静置后供气相色谱 / 质谱分析。

②标准系列溶液的衍生

分别取 5mL 标准系列溶液于 7 只 10mL 刻度离心试管中，同①的方法操作。

（4）测定

①色谱条件

a.色谱柱升温程序：60℃保持 1 min，以 5℃ /min 速度升至 120℃，保持 3min，再以 20℃ /min 的速度升至 250℃，并保持 2min。

b.进样口温度：250℃。

c.接口温度：280℃。

d. 载气：氮气，纯度不低于 99/999%，流速为 1.0mL/min。

e. 无分流进样体积：1μL。

②质谱参数

a. 电离模式：电子电离（EI）。

b. 电离电压：70eV。

c. 选择离子：质荷比（m/z）253、289.453。

d. 电子倍增器电压：自动调谐值 +200V。

e. 溶剂延迟时间：11min

③测定

用进样器分别吸取 1μL 衍生后的标准系列溶液，注入气相色谱仪，在上述质谱条件下测定标准系列溶液的响应峰面积。以响应峰面积为纵坐标，标准系列溶液的浓度为横坐标，绘制标准曲线或者计算回归方程。

吸取 1μL 衍生后的试样注入气相色谱仪，在上述质谱条件下测定试样的响应峰面积（应在仪器检测的线性范围内），依据测定的响应峰面积，于标准曲线上查出（或用回归方程计算出）样品中 3-MCPD 的含量。

在上述色谱条件下，3-MCPD 的保留时间约 13min。

### 5. 含量计算

$$X_1 = \frac{(C_1 - C_2) \times V}{m}$$

式中 $X_1$——样品中 3-MCPD 的含量，mg/kg；

$C_1$——试样中 3-MCPD 的含量，μg/mL；

$C_2$——空白试验 3-MCPD 的含量，μg/mL；

$V$——试样最终定容的体积数，mL；

$m$——最终试样的质量，g。

计算结果应表示至小数点后 2 位。

### 6. 本法特点及注意事项

本法为国标 GB/T 18782—2002 中的第一法。适用于酱油、酱油粉、酸水解植物蛋白调味液（粉）和其他调味液（粉）中 3-氯-1，2-丙二醇含量的测定。检出限为 0.01mg/kg。

# 第三节 食品中二噁英及多氯联苯的检测

## 一、食品中二噁英的检测

二噁英化合物为无色针状晶体，相对分子质量约为 300，无色无味，难溶于水，可溶于大部分有机溶剂和脂肪，具有较强的亲脂性。二噁英化合物的化学性质极为稳定，具有很高的熔点和沸点，对热稳定，加热到 800℃才开始降解。耐强酸、强碱及氧化剂，在环境中自然降解很慢，半衰期约为 9 年。

二噁英的分析方法很多，其定性定量最常用的方法是高分辨率气相色谱 - 质谱（GC-MS）法。对氯取代基小于 7 个的 PCDDs 和 PCDFs，应选用极性毛细管色谱柱，如 SP2331、DB-DOXIN、RT2331、CIL-88；对氯取代基等于或大于 7 个的，应选用极性小或非极性的毛细管色谱柱，如 DB-17、DB-5、HP-5。质谱仪分辨率至少要在 10000 以上，采用非分流进样及选择离子检测方式，用内标法定量。二噁英种类繁多、标准品不全、含量少，而且常常会受到多氯联苯或多氯二苯醚的干扰，现在的分析方法还不能完全将其所有的异构体进行分离检测。二噁英残留量的分析方法还有待不断研究和改进以

## （一）前处理方法

### 1. 二噁英的提取方法

#### （1）碱分离法

对于蛋白质或脂肪含量高的样品，可以取 50 ~ 100g 样品，加 1mol/L KOH 的乙醇溶液 300mL，在室温下振荡 2h，再加入 1 ∶ 1 正己烷饱和水 - 正己烷溶液 300mL 提取 10min，收集有机相，水相再用 150mL 正己烷提取，合并有机相，使用无水硫酸钠脱水。

#### （2）丙酮 - 正己烷提取法

适合蔬菜类样品。样品捣碎后取 100g，加入 200mL 1 ∶ 1 丙酮 - 正己烷振荡提取 1h，过滤，滤渣加 100mL 1 ∶ 1 丙酮 - 正己烷再提取 1 次，过滤，合并正己烷层，加入等体积正己烷饱和水，振荡 10min，收集正己烷层用无水硫酸钠脱水。

#### （3）草酸钠 - 乙醇 - 乙酸 - 正己烷提取法

适合牛奶样品。取牛奶 100mL，加入饱和草酸钠溶液 50mL、乙醇 100mL、乙醚

100mL，搅拌均匀之后，加入正己烷 200mL，振荡 10min，收集有机相，下层水层再用 200mL 正己烷分 2 次提取，合并正己烷层，加入 2%NaCl 溶液 200mL，振摇，弃去水相，正己烷层用无水硫酸钠脱水。

### 2. 净化方法

#### （1）浓硫酸与多层硅胶柱处理法

在提取液中加入浓硫酸，分解提取液中共存的有机成分及有色物质，然后将有机相用多层硅胶柱净化。硅胶柱从下至上分别装填少量玻璃棉、2g 活性硅胶、5g 碱化硅胶、2g 活性硅胶、10g 酸化硅胶、2g 活性硅胶、5g 硝酸银硅胶、2g 活性硅胶、6g 无水硫酸钠。也可以按下列顺序自下而上装填：0.9g 硅胶、3g 2%KOH/ 硅胶、0.9g 硅胶、4.5g 44% 硫酸 / 硅胶、6g 22% 硫酸 / 硅胶、0.9g 硅胶、3gl0% 硝酸银 / 硅胶、6g 无水硫酸钠。本法净化效果较好，但费时，繁琐。关于活性硅胶、酸化硅胶、碱化硅胶和硝酸银硅胶的处理方法可参考《GB/T 5009.205-2007 食品中二噁英及其类似物毒性当量的测定》。

#### （2）硅胶柱层析处理法

用 !30g 活化硅胶填充柱吸附试样，用正己烷或苯洗脱二噁英类化合物。

#### （3）其他方法

氧化铝柱层析法、活性炭柱层析法、聚酰胺色谱法、透析法等等。

## （二）气相色谱-质谱法（GC-MS）测定奶制品中二噁英含量

### 1. 原理

以 $^{13}C$ 标记的 PCDD 和 PCDF 为内标，用 GC-MS 对二噁英进行定性和定量分析。检测限为 3pg。

### 2. 测定方法

#### （1）色谱条件 / 质谱参数

色谱柱温度 130℃下 1 min，20 ℃ /min 升温到 220 ℃，再以 1 ℃ /min 升到 245℃，并保持 2min。电离室、连接器温度分别为 250℃与 150℃。电离电压 70eV。各标记物选 2 个单离子检测。

#### （2）样品处理

取 50g 样品，加入 $^{13}C$ 标记的 PCDD 和 PCDF 溶液各 2μL，加入无水硫酸钠约 20g，混匀后先后加入 100mL、50mL、30mL 1：1 二氯甲烷 - 正己烷溶液，超声提取 30min，共 3 次。离心后分出有机相放置过夜。旋转蒸发干燥，加 120mL 正己烷溶解样品，再加入 40% 硫酸硅胶 40 ~ 80g，在 70 ~ 80℃回流 20min，冷却后分出正己烷溶液，以 10mL/min 的速度流过装有二氧化硅和三氧化二铝的净化柱（口径 3cm），先后用 2：98 和 1：1 的二氯甲烷 - 正庚烷混合溶液各 100mL 洗脱。收集 1：1

洗脱液经旋转蒸发仪浓缩到干。

（3）测定

在蒸干的洗脱液中加 20μL 甲苯，进样 2μL 用 GC-MS 分析。若保留时间与标记化合物完全一致，且所选的两个单离子信号比的范围在 0.5 ~ 0.8，则认为待测物与标记物一致，可作为定性分析的依据。

### 3. 含量计算

$$X = \frac{h_2 \times A \times C \times V \times K}{h_1 \times W}$$

式中 $X$——样品中二噁英的含量，pg/g；

$h_1$——标记二噁英在单离子检测中的信号值；

$h_2$——样品二噁英在单离子检测中的信号值；

$C$——$^{13}C$ 标记化合物的浓度，12.5pg/μL；

$V$——试样中加入 $^{13}C$ 标记化合物溶液的体积，4μL；

$W$——试样的质量，50g；

$K$——标准与样品进样比。

# 二、食品中多氯联苯的检测

多氯联苯（PCBs）多为无色无味的晶体，混合物为无色或淡黄色油状液体，不溶于水，易溶于有机溶剂，亲脂性强。物理化学性质稳定，熔点与沸点较高，耐高温、耐酸碱、不受光、氧、微生物的作用，不容易挥发、不易分解。在土壤中的半衰期长达 9 ~ 12 年。

多氯联苯的检测方法主要有气相色谱（GC）法和气相色谱 – 质谱（GC-MS）法，前者如 GB/T 5009.190—2006《食品中指示性多氯联苯含量的测定》（第二法）、GB/T 22331—2008《水产品中多氯联苯残留量的测定气相色谱法》、N℃/T 1661–2008《乳与乳制品中多氯联苯的测定气相色谱法》，只能检测指定的 7 种指示性PCBs 类 型（PCB28、PCB52、PCB101、PCB118、PCB138、PCB153、PCB180）；后者如 GB/T 5009.190—2006《食品中指示性多氯联苯含量的测定》（第一法），可以检测包括上述 7 种在内的 20 种指示性 PCBs 含量。下面介绍检测食品中 PCBs 的气相色谱（GC）法：

## （一）气相色谱（GC）法

### 1. 原理

以 PCB198 为定量内标，在试样中加入 PCB198，水浴加热振荡提取后，经硫酸

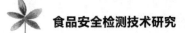

处理、色谱柱层析净化，采用气相色谱 – 电子捕获检测器法测定，以保留时间定性，内标法定量。

### 2. 试剂

（1）正己烷（农残级）、二氯甲烷（农残级）、丙酮（农残级）、浓硫酸（优级纯）。

（2）无水硫酸钠（优级纯）：将市售无水硫酸钠装入玻璃色谱柱，依次用正己烷和二氯甲烷淋洗 2 次，每次使用的溶剂体积约为无水硫酸钠体积的 2 倍。淋洗后，将无水硫酸钠转移至烧瓶中，在 50℃下烘干，并在 225℃烘烤过夜，冷却后放干燥器内保存。

（3）碱性氧化铝（色谱层析用）：将市售色谱填料在 660℃烘烤 6h，冷却之后放干燥器内保存。

### 3. 仪器

（1）气相色谱仪，配电子捕获检测器（ECD）；色谱柱。

（2）分析天平、组织匀浆机、绞肉机、旋转蒸发仪、氮气浓缩器、超声波清洗器、涡漩振荡器、水浴振荡器、离心机、层析柱。

### 4. 测定方法

#### （1）试样提取

①固体试样

称取试样 5.00 ~ 6.00g，置具塞锥形瓶中，加入定量内标 PCB198 后，以适量正己烷 – 二氯甲烷（1：1，体积比，下同）为提取溶液，待水浴振荡器上提取 2h，水浴温度为 40℃，振荡速度为 200r/min 将提取液合并至茄形瓶中，旋转蒸发浓缩至近干。如分析结果以脂肪计，则需要测定试样中脂肪的含量（提前称量茄形瓶空重，蒸干后称量总重，两者之差即为试样的脂肪含量）。

②液体试样（不包括油脂类样品）

称取试样 10.00g，置具塞锥形瓶中，加入定量内标 PCB198 和草酸钠 0.5g，加甲醇 10mL 摇匀，加 20mL 乙醚 – 正己烷（1：3）振荡提取 20min，以 3000r/min 离心 5min，取上清液过装有 5g 无水硫酸钠的玻璃柱，残渣加 20mL 乙醚 – 正己烷（1：3），重复以上过程，合并提取液。以下操作同①自"将提取液合并到茄形瓶中……"。

#### （2）净化

①硫酸净化

将浓缩的提取液转移至 5mL 试管中，用正己烷洗涤茄形瓶 3 ~ 4 次，洗液合并至试管中，用正己烷定容。加入 0.5mL 浓硫酸，振摇 1min，以 3000r/min 离心 5min，使硫酸层和有机层分离。如果上层溶液仍有颜色，表明脂肪未完全除净，则需再加 0.5mL 浓硫酸，重复操作，直至上层溶液无色。

②碱性氧化铝柱净化

玻璃柱底端加少量玻璃棉后，从下至上依次装入 2.5g 活化碱性氧化铝、2g 无水硫酸钠，用 15mL 正己烷预淋洗。把浓缩液转移至层析柱上，用约 5mL 正己烷洗涤茄形瓶 3 ~ 4 次，洗液一并转入层析柱。当液面降至无水硫酸钠层（最上面层）时，加入 30mL 正己烷（2xl50mL）洗脱；当液面降至无水硫酸钠层时，用 25mL 二氯甲烷：正己烷（5 ： 95）洗脱。洗脱液合并，旋转蒸发至近干。

（3）浓缩

将净化后的样液转移至进样瓶，用少量正己烷洗涤茄形瓶 3 ~ 4 次，将洗液并入进样瓶，在氮气流下浓缩至 1mL，待 GC 分析。

（4）测定

①色谱条件

色谱柱：DB-5 柱，30 m× 0.25 mm ×0.25μm 或等效色谱柱

进样口温度：290℃。

色谱柱升温程序：90℃保持 0.5min，以 15℃ /min 速度升至 200℃，保持 5min，再以 2.5℃ /min 的速度升至 250℃，保持 5min，以 20℃ /min 速度升到 265℃，保持 5min。

载气：高纯氮气（纯度＞ 99.999%），柱前压为 67kPa，相当于 1 0psi。

不分流进样体积：1μL。

② PCBs 的定性分析

以保留时间或相对保留时间定性，PCBs 色谱峰的信噪比（S/N）应当大于 3。

③ PCBs 的定量测定

采用内标法，以相对相应因子（RRF）进行定量计算。

$$RRF = \frac{A_n \times c_s}{A_s \times c_n}$$

式中 RRF——目标化合物对定量内标的相对响应因子；

$A_n$——目标化合物的峰面积；

$C_s$——定量内标的浓度，μg/L；

$A_s$——定量内标的峰面积；

$C_n$——目标化合物的浓度，μg/L；

系列标准溶液中，各目标化合物 RRF 值的相对标准偏差（RSD）应该小于 20%。

5. 含量计算

$$X_n = \frac{A_n \times m_s}{A_s \times RRF \times m}$$

式中 $X_n$——目标化合物的含量，μg/ kg；

$A_n$——目标化合物的峰面积；

$m_s$——试样中加入定量内标的质量，ng；

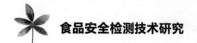

$A_s$——定量内标的峰面积；

RRF——目标化合物对定量内标的相对响应因子；

$m$——取样量，g。

### 6. 本法特点及注意事项

本法为国标 GB/T 5009.190-2006 中的第二法。适用于鱼类、贝类、蛋类、肉类、奶类等动物源性食品及其制品和油脂类样品中指示性 PCBs 含量的测定，各指示性 PCBs 的定量限为 0.5μg/ kg。

# 第四节　食品中多溴联苯醚及烷基酚的检测

## 一、食品中多溴联苯醚的检测

多溴联苯醚（PBDEs）的化学通式为 $C_{12}H_{(0-9)}BR_{(10-1)}O$，其中氢原子与溴原子之和为 10，沸点为 310 ~ 425℃，亲脂性强，难溶于水，易溶于有机溶剂，化学性质稳定，不易降解。

检测 PBDEs 的方法主要有气相色谱 / 电子捕获检测法（GC/ECD）、气相色谱 – 质谱联用法（GC-MS）、高效液相色谱法（HPLC）、高效液相色谱 – 串联质谱法（HPLC/MS-MS）等。GC-MS 又包括气相色谱 – 负离子化学源质谱法（GC-NCI/MS）、气相色谱 – 电子轰击离子源 / 高分辨质谱法（GC-EI/HRMS）和气相色谱 – 串联质谱法（GC/MS-MS），以 GC-NCI/MS 应用较多。NCI/MS 中的 NCI 源被称为"软电离源"，对含电负性基团的分析物具有高选择性和高灵敏度，PBDEs 分子大多都有 –Br 电负性基团，所以 GC-NCI/MS 可成为 PBDEs 的特征分析方法。

由于含有 PBDEs 的样品基体复杂、易受环境的影响，使其样品的前处理技术成为一个难点，检测 PBDEs 的常用前处理方法主要有索氏提取、超声波萃取、微波辅助萃取、加速溶剂萃取等。

目前检测食品中 PBDEs 的方法研究报道不多，也无相应的国家标准，但可以参考 GB/Z 21276—2007《电子电气产品中限用物质多溴联苯（PBBs）、多溴二苯醚（PBDEs）检测方法》，其中包括 GC-MS.HPLC、GC 三种方法。下面介绍 GC-NCI/MS 法：

### （一）GC-NCI/MS法

#### 1. 原理

试样经微波萃取或索氏提取，提取液经柱层析净化后，浓缩，定容作为测定溶液，用气相色谱－质谱联用仪（GC–NCI/MS）测定，内标法定量。

### 2. 试剂、仪器

#### （1）标准物质和内标物

PBDE-28、PBDE-47、PBDE-66、PBDE-85、PBDE-99.PBDE-100.PBDE-153 和 PBDE-154，以上 8 种 PBDEs 标准物质浓度都是 50mg/L（1.00mL）；PBDE-183 浓度为 50mg/L（1.20mL）。PCB-103 为内标物（IS），浓度为 50mg/L（1.00mL）。

混合标准溶液配制：采用正己烷将 PBDE-28、PBDE-47、PBDE-66、PBDE-85、PBDE-99.PBDE-100.PBDE-153 和 PBDE-154 标准样品稀释成 500.0g/L，PBDE-183 标准样品稀释成 600.0g/L 的单标准储备液。再根据分析的需要，用正己烷配制成含有 5.00g/L PCB-103（IS）的 9 种 PBDEs 系列混合标准使用溶液。

#### （2）仪器

气相色谱－质谱联用仪，配备 NC1 离子源；捣浆机；超声波清洗器；电热恒温水浴锅；烘箱；离心机；冷冻干燥机；索氏抽提装置；氮吹浓缩装置。

### 3. 测定方法

#### （1）提取和净化

①海产品样品

贝类去壳、鱼类剃除鱼皮取鱼肉，用捣浆机捣成匀浆。准确称取 2 份 10.0g 样品于 50.0mL 锥形瓶中，用 15.0mL、15.0mL 和 10.0mL 正己烷/丙酮（1：1，V/V）超声提取 3 次，每次 10.0min，合并 3 次提取液，加入适量无水 $Na_2SO_4$ 除水，氮吹浓缩近干后，用 2.0mL 左右的正己烷溶解残留物，供层析柱净化。

在 30cm（长）×0.8cm（内径）的玻璃层析柱内从下到上依次填入适量的脱脂棉、2.0cm 高的无水 $Na_2SO_4$ 1.0g 中性硅胶、2.0g 酸性硅胶和 2.0cm 高的无水 $Na_2SO_4$，轻微振动使层析柱填实。先用 10.0mL 正己烷淋洗层析柱，弃去淋洗液，再用浓缩后的提取液转至玻璃层析柱上，依次用 15.0mL、10.0mL 和 10.0mL 正己烷洗脱 3 次，洗脱液用氮气吹浓缩近干后，用正己烷溶解残留物于带刻度的测试瓶中，加入 1.00mL 5.00μg/L PCB-103（IS）标准溶液，氮吹定容到 0.50mL，供仪器分析。

②禽蛋类样品

将禽蛋去壳，蛋清蛋黄混匀，置于 45℃烘干至恒重，于研钵中研碎后收集于容器中，待用。准确称取经烘烤的无水硫酸钠 2.0g 及禽蛋粉 4.5000 ～ 5.0000g，置于小型研钵中，研成粉状物后转入 50mL 离心管中，加正己烷 20mL，样品置于超声波清洗器内水浴超声提取 10min，用一次性滴管将提取液转至另一 50mL 离心管中，蛋粉提取再重复上述过程 2 次，合并提取液，得提取液约 30mL。往提取液中加入浓 $H_2SO_4$10mL，再置于离心机中离心 3min，转速为 1000r/min。用一次性滴管将已经变为棕褐色的下层浓 $H_2SO_4$ 吸出，弃去。此过程重复数次，直至下层浓 $H_2SO_4$ 洗出液无色为止。将上述离心后的上层清液氮吹至 5mL 左右，进行复合硅胶柱净化。

在 20cm（长）×1.5cm（内径）的玻璃层析柱内填入适量的脱脂棉，再依次填入 1.0cm 高无水硫酸钠、0.5g $AgNO_3$ 硅胶、0.3g 中性硅胶、2.0g 浓硫酸酸化硅胶（50%）、0.5g 中性硅胶和 1.0cm 高无水硫酸钠。先用 10mL 正己烷淋洗玻璃层析柱，再用上述离心后的上层清液转移入玻璃层析柱内，用 10.0mL 正己烷洗脱，再用 $15.0mLCH_2Cl_2$ 洗脱，洗脱过程控制洗脱液的流速为 1～2 滴/S。将洗脱液置于 40℃ 恒温水浴中氮吹浓缩近干，然后加入内标溶液 0.50mL 溶解提取物于带刻度的小测试瓶中，氮吹定容至 0.50mL，供仪器分析。

③蔬菜类样品

将蔬菜洗净，用搅拌器搅碎后冷冻干燥恒重，碾磨成粉后过 0.18mm 筛。称取干燥蔬菜样品 5g，加入回收率指示物 $^{13}C$-PCB141（4μL×1mg/L），用 250mL 正己烷 - 丙酮（体积比 1：1）索氏抽提 72h。抽提液浓缩为 1mL，过凝胶渗透色谱柱（GPC，填料为 0.0374～0.075mm S-X3 生物珠）去除色素，GPC 柱用正己烷 - 二氯甲烷（体积比 1：1）淋洗，弃去前 115mL，收集第 115～280mL 组分，然后用 200mL 溶剂冲洗色谱柱。将收集的样品浓缩为 1 mL，用硅胶 - 氧化铝复合层析柱净化。层析柱从下到上依次为：脱脂棉、6cm 氧化铝、2cm 去活化硅胶、5cm 碱性硅胶、2cm 去活化硅胶、6cm 酸性硅胶和 2cm 无水硫酸钠。用 70mL 的正己烷 - 二氯甲烷（体积比 1：1）混合液淋洗，该组分加内标 $^{13}C$-PCB208 后浓缩转移到 2mL 的样品瓶，用微弱氮气吹干后定容至 100μL，样品放于 4℃ 冰箱待分析。

（2）测定

①GC 分析条件：DB-5MS 毛细管柱（30m ×0.25mm i.d., 0.25μm）；He 载气（> 99.999%）；柱头压 65.0kPa；载气恒线速度 36.8cm/s；不分流进样 2.00μL；进样口温度 270℃。色谱柱升温程序：100℃（保持 1min），以 15℃/min 的升温速率升至 200℃（保持 10min），然后以 15℃/min 的升温速率升至 240℃（保持 10min），再以 25℃/min 的升温速率升至 280℃（保持 10min），最后以 25℃/min 的升温速率升到 290℃（保持 5min）。

②NCI/MS 条件：接口温度 270℃；甲烷反应气（> 99.95%），输出压力 0.25MPa；NCI 离子源真空度 $4.00 ×10^{-3}$pa，离子源温度 200℃，电子能量 70eV；检测器电压 1.10kV；溶剂延迟时间 6.5min；质谱扫描方式，全扫描（FuUScan）间隔 0.4s（定性分析）；选择离子监测（SIM）扫描间隔 0.2s（定量分析）。质量扫描范围：zn/z 35-750，选择离子：s/z79 和 81。回收率指示物 i3C-PCB141 扫描离子为 m/z372、374，内标 $^{13}C$-PCB208 为 m/z476、478。

③在进行样品分析的同时，进行方法空白、加标空白、基质加标、基质加标平行样及样品平行样分析。样品定量分析采用 7 种质量浓度的混合标样（2～100μg/L），用内标法绘制工作曲线。

# 二、食品中烷基酚的检测

烷基酚的检测方法主要有气相色谱 - 质谱法（GC-MS）、液相色谱法（HPLC，配紫外或荧光检测器）、液相色谱 / 串联质谱法（HPLC/MS–MS）、荧光光度法、酶联免疫分析法、极谱法等。目前应用较多的是 GC–MS 与 HPLC/UV。

国际上有关烷基酚分析方法的报道较多，我国近几年也有不少文献报道，但大多测定的是环境样品，关于食品中烷基酚的检测报道较少，也没有相应的标准方法。

## （一）样品预处理方法

样品的预处理方法主要有：液 – 液提取、回流提取、索氏提取、微波辅助萃取、超声波萃取、加速溶剂萃取、固相萃取、固相微萃取、基质固相分离萃取等等。

### 1. 索氏提取

经典的萃取方法。常用的萃取剂有二氯甲烷、氯仿、石油醚、甲醇、正己烷和甲苯等，也可以使用 2 种或 2 种以上的混合溶剂以加强提取效果。二氯甲烷、甲醇提取效果较好，提取效率高。但该法操作复杂、耗时较长，且需消耗大量有机溶剂。

### 2. 微波辅助萃取

具有操作简便、节约能源、省时省溶剂、提取效率高等特点。微波辅助萃取的回收率随萃取时间的延长而有所增加，一般情况下，10 ~ 15min 就可以取得较佳的萃取效果，试验中为确保萃取完全，可适当长萃取时间。通常情况下，微波辅助萃取的温度可比萃取溶剂的沸点高 10 ~ 20℃。视样品基体情况，可进行多次萃取。萃取溶剂可用甲醇或正己烷 – 丙酮（1 ： 1，体积比），萃取时间 30min，温度 75 ~ 85 ℃，可萃取 2 次。

### 3. 超声波萃取

超声波萃取仪器设备简单、操作方便、萃取效率高，是一种很有潜力的预处理方法。提取溶剂可以用二氯甲烷、70% 乙醇，45℃水浴超声提取 20min，离心过滤后进行净化。

### 4. 加速溶剂萃取

是一种在提高的温度（50 ~ 200℃）和压力（0.3 ~ 20.6MPa）下用溶剂萃取样品中有机物的新颖、快速的前处理方法。方法操作简单，有机溶剂用量少，完成一次萃取全过程所需的时间一般仅为 15min 左右，且基体影响小，萃取效率高，选择性好。可用的溶剂有丙酮 – 甲醇（1 ： 1，体积比）等等。

### 5. 固相萃取（SPE）

固相萃取法有分离效率高、快速、重复性好、操作简便、成本低、安全等优点，易于实现自动化，已广泛用于环境样品中烷基酚的富集分离。其缺点是烷基酚浓度较低时，需要处理大体积的样品。SPE 常用的吸附剂有活性炭、石墨化碳黑、以硅胶为基质的 ODS（$C_{18}$）或 $C_8$、聚苯乙烯 – 二乙烯等。常规的萃取过程为：柱活化 – 上样 – 洗脱。柱的活化常用乙腈、水等。洗脱剂可以是二氯甲烷、甲醇、丙酮等或者其混合溶剂。

### 6. 固相微萃取（SPME）

在固相萃取的基础上发展起来的集采样、萃取、浓缩、进样于一体的萃取分离技术，适于挥发性、半挥发性样品，对不具有挥发性的样品，在萃取前需对其进行衍生化处理。该方法不使用有机溶剂，操作时间短、样品用量少、重现性好、精密度高、检出限低，容易实现自动化其缺点是价格昂贵，萃取涂层易磨损，使用寿命有限。

### 7. 基质固相分离萃取

是固相萃取的另一种改进形式，它是以硅胶基质的 $C_{18}$ 或者 $C_8$ 固相萃取填料作为研磨剂，利用固相萃取填料的研磨剪切力使待测样品与研磨剂充分粉碎混合均匀，固相萃取填料上的键合有机相起溶剂的作用，溶解和分散待测样品和分析物质到键合相，然后再用甲醇或乙腈洗脱。该方法适合于黏度较大的半固体样品，如鸡蛋、牛奶等。

## （二）样品的测定方法

### 1. GC-MS

含烷基酚的样品通过萃取、浓缩、衍生化后，可以使用 GC-MS 进行分析检测。由于酚类物质的挥发性较差，为保证仪器检测的灵敏度，常需要进行衍生，从而提高分析方法的选择性和灵敏度。衍生化反应有两种，一种是目标化合物全部转化成三甲基硅取代物，另一种是在碳酸盐或碳氢化合物存在下，用乙醇进行乙酰化。衍生化操作较繁琐，一般需要 1h 左右，不如 HPLC 法简便。

### 2. HPLC

由于烷基酚类挥发性比较差，因此比较适合用 HPLC 进行测定。HPLC 测定酚类不需衍生，可以保持酚类化合物的组成不变，可以同时测定多种不同结构的酚类。方法重现性好、选择性高，是目前分析烷基酚类的主要手段，缺点为灵敏度较低。

HPLC 法分正相和反相，反相 HPLC 适于分离 n < 4 的烷基酚类，而正相 HPLC 对于 n > 4 的烷基酚类具有较好的分离效果。反相 HPLC 测定多采用 $C_{18}$、$C_8$ 柱或苯基硅烷柱，流动相多选用甲醇 / 水、乙腈 / 水或磷酸、醋酸铵缓冲溶液。

HPLC 检测时常使用紫外（$\lambda$=225 ~ 230nm 或 277 ~ 281 nm）或荧光检测器（激发波长为 222 ~ 233nm 之间，发射波长为 295 ~ 305nm），其中在 277nm 处检测可克服很多共萃取物，如烷基苯磺酸钠的干扰。

### 3. LC-MS

LC-MS 具有灵敏度高、选择性好、可同时检测多种物质的能力，并具有实验步骤简单、样品预处理时间短等优点。缺点是仪器相对昂贵，与常规方法相比需要更高的专业技能培训 .MS 可提供分子量和结构信息，有利于未知物的解析，因此鉴定更准确，特异性更强。

在 MS 检测技术中，电喷雾电离源（ESI）与大气压力化学电离源（APCI）是两种常用的离子化源。其中 ESI 更适合分析极性较强的大分子量化合物；而 APC1 则更多用于中等极性化合物的分析。

# 第六章　食品中有害微生物的快速检测技术

## 第一节　有害微生物的特征以及危害评价

### 一、基础概述

　　现代食品行业，有很多有害的微生物严重危害食品的品质与人们的健康，甚至会引起一些严重的疾病。伴随着经济的迅速发展，人们对各类食品的需求也日益增大，因有害微生物引起的食物中毒事件也逐渐增多。我国微生物食物中毒发病人数历来在食物中毒发病人数构成中占有很大比例。引起感染性腹泻的病原菌居首位的是志贺氏菌或轮状病毒，其次是大肠埃希氏菌与沙门氏菌或空肠弯曲菌，而食物中毒致病菌处于首位的是沙门氏菌，由此造成很大的直接和间接经济损失。

　　然而，使用传统的检测方法即非选择性和选择性增菌、生长法及血清学鉴定虽然比较准确，但费力、耗时，一般需 4 ~ 7 d 才能完成。此外，低水平的病原菌污染，食品加工后导致菌体的"致伤"及食品其他成分的干扰等因素，使传统的检测方法受到了一定的限制。因此，急需一些快速、特异、敏感的检测方法，以及时发现致病菌，控制污染及其可能对人体健康产生的危害。近几年各国的许多机构和学者融合了生理学、生物化学、免疫学、材料学、分子生物学和电子技术等多种学科，创立了先进的检测技术，如免疫学技术、代谢学技术、分子生物学技术等，具有快速、简便微量等优点，克服了传统检测方法操作烦琐，检测时间较长等缺点，具有广阔发展前景。

# 二、有害微生物的特征以及危害评价

## （一）有害微生物的危害方式

食品中有害微生物对人体造成危害有以下三种方式：

### 1. 食源性感染

食源性感染发生于微生物本身随食品被摄入之后。微生物停留在宿主体内并繁殖。由于感染是微生物在宿主体内生长所致，因此说从摄入到出现症状所需的时间相对较长。

### 2. 食源性中毒

食源性中毒发生于某些特定的细菌在食品中生长并产生毒素之后才被摄入体内。由于通过肠道吸收食品中已产生的毒素之后才引起发病，而不是微生物在宿主体内生长所致，所以出现中毒症状的时间明显快于食源性感染。

### 3. 中毒性感染

中毒性感染是前两种类型的结合。其特点是细菌为非侵袭性，是由细菌在肠道内生长产生毒素所致。一般来说，这类疾病的发生比食源性中毒时间要长，比食源性感染要短，但也不是绝对的。

## （二）有害微生物的特征

我国食源性病原菌的种类繁多，以肠道致病菌为主要病原，包括沙门氏菌、副溶血弧菌、肉毒梭菌、金黄色葡萄球菌、致病性大肠杆菌、单增李斯特菌等，引起中毒的食物则以动物性食品为主，其中沙门氏菌食物中毒起数与中毒人数均居微生物性食物中毒首位。

我国现行食品卫生标准中设定的微生物指标有四种：菌落总数 TPC、大肠菌群 Coliform、致病菌（沙门氏菌、志贺氏菌、金黄色葡萄球菌、溶血性链球菌、致泻大肠埃希氏菌、副溶血性弧菌、小肠结肠炎耶尔森氏菌、空肠弯曲菌、肉毒梭菌、产气荚膜梭菌、蜡样芽孢杆菌）与霉菌、酵母记数。我国致病菌检测通常只包括：沙门氏菌、志贺氏菌、金黄色葡萄球菌、溶血性链球菌。其中主要的有害菌的特征如下：

### 1. 大肠菌群

是指一群好氧及兼性厌氧，在 37℃、24 h 内能分解乳糖产酸产气的革兰氏阴性无芽孢杆菌，它主要来源于人畜粪便，除大肠埃希氏杆菌属外，还包括肠杆菌科的肠杆菌属。大肠菌群是作为粪便污染指标菌提出来的，主要是以该菌群的检出情况来表示食品中是否有粪便污染。大肠菌群数的高低，表明了粪便污染程度，也反映了对人体健康危害性的大小。

### 2. 沙门氏菌

属肠杆菌科，革兰氏阴性肠道杆菌。已经发现近1 000种（或菌株）。按其抗原成分，可分为甲、乙、丙、丁、戊等基本菌组。其中与人体疾病有关的主要有甲组的副伤寒甲杆菌，乙组的副伤寒乙杆菌和鼠伤寒杆菌，丙组的副伤寒丙杆菌和猪霍乱杆菌，丁组的伤寒杆菌和肠炎杆菌等。除伤寒杆菌、副伤寒甲杆菌和副伤寒乙杆菌能引起人类的疾病外，大多数仅能引起家畜、鼠类和禽类等动物的疾病，但有时也可污染人类的食物而引起食物中毒。蛋、家禽和肉类产品是沙门氏菌病的主要传播媒介，感染主要取决于沙门氏菌的血清型和食用者的身体状况，受威胁最大的是小孩、老年人及免疫缺陷个体。根据国际惯例，要求对易受沙门氏菌污染的食品进行分类管理，以使大多数食物不含沙门氏菌，从而有效预防。

### 3. 金黄色葡萄球菌

是作用于人类的一种重要病原菌，隶属于葡萄球菌属，可引起多种严重感染。有"嗜肉菌"的别称。金黄色葡萄球菌在自然界中无处不在，空气、水、灰尘及人和动物的排泄物中都可找到。因而，食品受其污染的机会很多。近年来，美国疾病控制中心报告，由金黄色葡萄球菌引起的感染占第二位，仅次于大肠杆菌。一般来说，金黄色葡萄球菌可通过以下途径污染食品：食品加工人员、炊事员或销售人员带菌，造成食品污染；食品在加工前本身带菌，或者在加工过程中受到了污染，产生了肠毒素，引起食物中毒；熟食制品包装不密封，运输过程中受到污染；奶牛患化脓性乳腺炎或禽畜局部化脓时，对肉体其他部位的污染。

### 4. 李斯特菌

在环境中无处不在，在绝大多数食品中都能找到李斯特菌。肉类、蛋类、禽类、海产品、乳制品、蔬菜等都已被证实是李斯特菌的感染源。李斯特菌中毒严重的可引起血液和脑组织感染。目前国际上公认的李斯特菌共有7个菌株：单核细胞增生李斯特菌（L.monocytohenes）；绵羊李斯特菌（L.iuanuii）；英诺克李斯特菌（L.innocua）；威尔斯李斯特菌（L.innocua）；西尔李斯特菌（L.see li geri）；格氏李斯特菌（L.grayi）；默氏李斯特菌（L.murrayi）。其中单增李斯特菌为唯一能引起人类疾病的。单核细胞增生李斯特氏菌是一种人畜共患病的病原菌。它能引起人畜的李斯特菌病，感染后主要表现为败血症、脑膜炎和单核细胞增多。它广泛存在于自然界中，食品中存在的单增李氏菌对人类的安全具有危险，该菌在4℃的环境中仍可生长繁殖，为冷藏食品威胁人类健康的主要病原菌之一。

### 5. 弧菌

菌体只有一个弯曲，呈弧状或逗点状。弧菌属（Vibrio）广泛分布于自然界，尤以水中为多，有100多种。主要致病菌为霍乱弧菌和副溶血弧菌（致病性嗜盐菌）。前者引起霍乱；后者引起食物中毒。

## （三）有害微生物的危险性评估

食品中来自微生物的危害与人类健康密切相关，然而危险性评估是一个系统程序，评估人体暴露于受污染的食品而产生的危害人体健康的可能性。1995 年国际食品法典委员会（CAC）对危险性评估的定义是对人体暴露于食源性危害，而产生的危害人体健康的已知或潜在的作用的发生可能性及其严重程度的科学评估，其框架包括 4 个主要步骤：危害的确定、危害特征的描述、暴露评估和危险性特征的描述（图6-1），这些步骤构成了评估食用可能污染致病菌或 / 和微生物毒素的食品而对人产生不良健康后果及其发生概率的系统过程。1998 年 CAC 拟定的微生物危险性评估总则和指引草案都对此做出定义。微生物危险性评估在危险性评估中是一个较新领域，至今还没有一个国内外公认的标准。

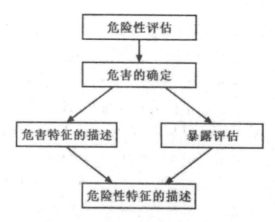

图 6-1 食品危险性评价的框架图

建立模型是进行危险性评估的重要内容，预测微生物模型属于暴露模型中的亚模型，这些模型以数学形式来描述细菌数量与时间变化的关系、受环境因素影响，从而准确描述微生物行为。预测微生物模型可预测不同环境条件下微生物生长、存活及灭活等反应。自 20 世纪 80 年代以来，已建立了许多用于微生物食品安全的预测数学模型，许多国家对预测微生物学的研究十分重视，但是对致病菌的剂量反应模型却认识不足，所谓剂量反应关系评估，是指确定暴露于各种有害因子的剂量，与所产生的危害健康的反应之间的关系（包括该反应的严重程度），但有关数学模型的方法尚未完全建立。有关危险性评估已发表的文献，能够完全符合 CAC 要求的研究还不多。

# 第二节　食品中有害微生物 PCR 快速检测技术

## 一、PCR 技术概述

### （一）PCR技术基本原理

多聚酶链式反应简称 PCR 反应，是近十几年来发展与普及最迅速的分子生物学新技术之一。基于核酸水平的检测方法主要为 PCR 检测方法，因为检测对象为 DNA，因而不受其生长期及产品形式的影响（除非产品经过精细加工，使得 DNA 断裂、变性严重，从而不易正确检出，如精炼油）。PCR 检测方法又分为定性检测及定量检测。普通 PCR、巢式 PCR、多重 PCR 用于目的成分的定性检测，双竞争性 PCR 检测方法和近年出现的实时 PCR 方法用于目的成分的定量检测。

多聚酶链式反应（polymerase chain reaction，PCR）技术发明至今已近 20 年了，在这期间技术得到了不断发展。近年来出现的实时荧光定量 PCR（real-time quantitative PCR）技术实现了 PCR 从定性到定量的飞跃，它以其特异性强、灵敏度高、重复性好、定量准确、速度快、全封闭反应等优点成了分子生物学研究中的重要工具。

多年以来 PCR 技术只作为一种高灵敏的定性技术而被应用，既制约了 PCR 质量控制的建立，又大大制约了 PCR 技术的应用，近年来定量 PCR 的出现是 PCR 的应用开拓了广阔的前景。

### （二）PCR技术要点分析

#### 1. 定量方法

在 real-time Q PCR 中，模板定量有两种策略，相对定量和绝对定量。相对定量指的是在一定样本中靶序列相对于另一参照样本的量的变化；绝对定量指的是用已知的标准曲线来推算未知的样本的量。由于在此方法中量的表达是相对于某个参照物的量而言，因此相对定量的标准曲线就比较容易制备，对于所用的标准品只要知道其相对稀释度即可。在整个实验中样本的靶序列的量来自标准曲线，最终必须除以参照物的量，其他的样本为参照物量的 n 倍。在实验中为了标准化加入反应体系的 RNA 或 DNA 的量，往往在反应中同时扩增一内源控制物，如在基因表达研究中，内源控制物常为一些管家基因（比如 beta-actin，3- 磷酸甘油醛脱氢酶 GAPDH 等）。

## 2. 比较 Ct 法的相对定量

比较 Ct 法与标准曲线法的相对定量的不同之处在于其运用了数学公式来计算相对量，前提是假设每个循环增加一倍的产物数量，在 PCR 反应的指数期得到 CT 值来反映起始模板的量，一个循环（Ct=1）的不同相当于起始模板数 2 倍的差异。但是此方法是以靶基因和内源控制物的扩增效率基本一致为前提的，效率偏移将影响实际拷贝数的估计。

## 3. 标准曲线法的绝对定量

此方法与标准曲线法的相对定量的不同之处在于其标准品的量是预先可知的。质粒 DNA 和体外转入的 RNA 常作为绝对定量标准品的制备之用。标准品的量可以根据 260 nm 的吸光度值并用 DNA 或 RNA 的分子量来转换成其拷贝数来确定。

## 4. 荧光化学

荧光定量 PCR 所使用的荧光化学可分为两种——荧光探针和荧光染料。TaqMan 荧光探针是 PCR 扩增时在加入一对引物的同时加入一个特异性的荧光探针，该探针为一寡核苷酸，两端分别标记一个报告荧光基团和一个淬灭荧光基团，探针完整时，报告基团发射的荧光信号被淬灭基团吸收；PCR 扩增时，Taq 酶的 $5' \rightarrow 3'$ 外切酶活性将探针酶切降解，使报告荧光基团和淬灭荧光基团分离，从而荧光监测系统可接收到荧光信号，即每扩增一条 DNA 链，就有一个荧光分子形成，实现了荧光信号的累积与 PCR 产物形成完全同步。SYBR 荧光染料是在 PCR 反应体系中，加入过量 SYBR 荧光染料，SYBR 荧光染料特异性地掺入 DNA 双链后，发射荧光信号，而不掺入链中的 SYBR 染料分子不会发射任何荧光信号，从而保证了荧光信号的增加和 PCR 产物的增加完全同步。

在 real-time Q-PCR 技术中，无论是相对定量还是标准曲线定量方法仍存在一些问题。在标准曲线定量中，标准品的制备是必不可少的过程，但由于无统一标准，各实验室所用的生成标准曲线的样品各不相同，致使实验结果缺乏可比性。此外，用 real-time Q-PCR 来研究 mRNA 时，受到不同 RNA 样本存在不同的逆转录（RT）效率的限制。在相对定量中，当假设内源控制物不受实验条件的影响，合理地选择适合的不受实验条件影响的内源控制物是实验结果可靠与否的关键。另外，与传统的 PCR 技术相比，real-time Q-PCR 的主要不足是：运用封闭的检测方式，减少了扩增后电泳的检测步骤，不能监测扩增产物的大小；由于荧光素种类以及检测光源的局限性，从而相对地限制了 real-time Q-PCR 的复合式（multiplex）检测的应用能力；real-time Q-PCR 实验成本比较高，限制了其广泛的应用。

## 二、食品中有害微生物的定量 PCR 检测技术

### （一）食品中大肠杆菌O157：H7的SYBR　Green　I定量PCR检测技术

#### 1. 方法目的

掌握定量 PCR 技术检测大肠杆菌 O157：H7 的方法原理及基本操作，掌握定量 PCR 仪的使用，明确 SYBR Green I 与 DNA 双链结合的原理及其信号放大原理。

#### 2. 原理

非特异性染料结合法是某些荧光素能和双链 DNA 结合，结合后的产物具有强的荧光效应。随温度的降低，DNA 复性成为双链，荧光素与之结合，经激发产生荧光，测定荧光强度，通过内标或者外标法求出因数，可准确定量。

#### 3. 适用范围

SYBR Green I 定量 PCR 方法适用于液体食品、粮食、饲料以及其他各类食品中有害微生物含量的测定。

#### 4. 试剂材料

**（1）实验材料**

大肠杆菌 O157：H7，阴性对照菌大肠杆菌 BL21 与 DH 5α。

**（2）实验试剂**

SYBR Green PCR 试剂盒购自北京天为时代科技有限公司；Taq DNA 聚和酶购自北京鼎国生物技术公司；引物由上海生工生物技术服务有限公司合成，每管 1OD 加水 330μL/L。

#### 5. 仪器设备

ABI Prism·7000 型荧光定量 PCR 仪，紫外 / 可见分光光度计。

#### 6. 操作步骤

**（1）模板 DNA 的制备**

挑取单菌落于 LB 液体培养基 37C 摇床培养 10 h，电子显微镜计数菌量浓度，酚仿抽提 DNA。

**（2）紫外分光光度计**

鉴定 DNA 提取质量，10 倍系列稀释成相当于 $1 \sim 10^9$cfu/mL 的菌量作为模板待使用。

**（3）荧光定量 PCR 扩增**

反应体系 40 μL，SYBR Green I 混合液 20μL（含 buffer，$Mg^{2+}$，dNTPs，Taq DNA 聚和酶），上下游引物 2μmol/L 及 DNA 模板。反应程序采用三步法：95℃预变性 10 min，94℃变性 15 s，60℃退火 30 s，72℃延伸 30 s，40 ~ 50 个循环。在每一循环的退火阶段收集荧光进行实时检测。反应结束后先加热到 95℃，然后降至 60℃开始缓慢升温（0.2℃/s）至 95℃，记录荧光信号变化，得出扩增产物的熔解曲线。设阴性菌及水对照检验特异性，用上步制备的 10 个浓度梯度的模板检测反应灵敏性。

**（4）荧光定量标准曲线制备**

观察不同浓度模板对扩增效率及荧光吸收强度的影响，确定合适模板 DNA 浓度。在合适的浓度范围内选择 5 个模板梯度进行反应，反应体系及程序同步骤（3），之后确定阈值和基线，绘制出了标准曲线。

（5）察看熔解曲线，分析 PCR 反应扩增的特异性（如图 6-2）。

（6）观察反应曲线，记录待测样品的 $Ct$ 值，与标准曲线对比算出待测样品的浓度。

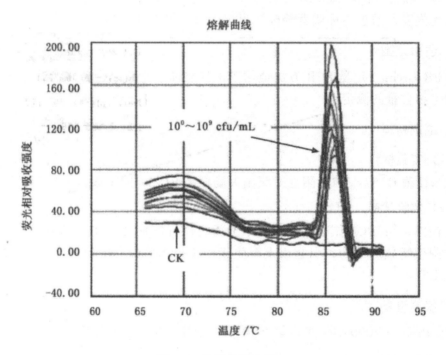

图 6-2　熔解曲线分析

## 7. 结果分析

（1）根据标准曲线的相关系数分析及反应体系中阴性对照的污染状况来综合分析本次 PCR 反应体系的正常与否。如果反应正常，观察反应曲线，记录待测样品的 $Ct$ 值，与标准曲线对比算出待测样品的浓度。

（2）本次 PCR 反应的标准曲线如图 6-3 与图 6-4 所示。

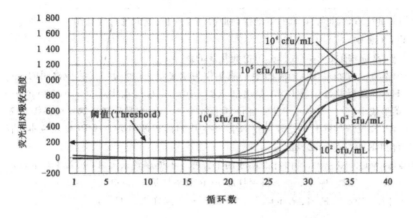

图 6-3 $10^2 \sim 10^6$cfu/mL EDL 933 扩增荧光曲线

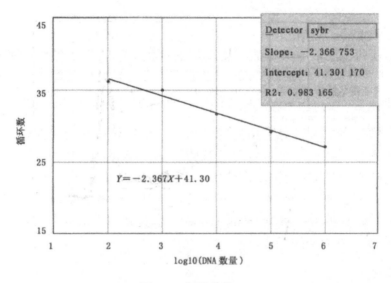

图 6-4 标准曲线

## 8. 方法分析与评价

（1）SYBR Green I 荧光染料法检测过程当中每形成一个 DNA 双链，就有一定数量的染料结合上去，染料一旦结合，荧光信号瞬时增强 100 倍，信号强度与 DNA 分子总数目成正比。染料法的优点是成本低，不需要合成探针，适合初步筛查，而且熔解曲线功能可以帮助确定 PCR 生成几种产物、有无二聚体。缺点是无法多重检测，荧光信号无模板特异性。此试验充分利用了其优点，降低了成本并借助熔解曲线帮助分析，同时通过设计单一特异性引物等手段避开了不利的影响。

（2）标准曲线的绘制时注意标阈值和基线的选择。

（3）本方法没有采用 DNA 的绝对质量作为定量单位，由于本实验所检测的是产毒细菌 O157：H7，其菌群总数比总 DNA 量更加重要。因此定量过程中选择 cfu（colony-forming u-nit，集落形成单位）作为定量单位更能体现细菌的活力，更加具

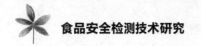

有微生物实际监测意义。

（4）PCR 反应加样时一定要避免污染，因为染料的扩散将会造成 PCR 反应本底信号的过高，影响 PCR 反应信号的判断。

（5）因为是定量分析，所以标准曲线的平行样品不能误差太大，PCR 管中不能存在气泡。

（6）标准物质选取的原则：与待测样品 PCR 效率尽量接近（越一致误差越小）；同样条件下完成（即同样的仪器、试剂、循环参数、同一次实验）；同样质量的模板、同样 $T_m$ 值的引物。因此，实验选择阳性菌倍比稀释后的荧光定量扩增确定标准曲线，最大限度保证了标准品和待测样品的同一性。

# （二）食品中假单胞菌属TAQMAN探针法定量检测技术

## 1. 方法目的

通过实验初步明确腐败菌假单胞菌属的定量检测的基本操作，明确 Taq-Man 荧光探针与 DNA 的结合，发光以及淬灭的原理，及信号放大原理。

## 2. 原理

PCR 扩增时在加入一对引物的同时加入一个特异性的荧光探针，该探针为一寡核苷酸，两端分别标记一个报告荧光基团和一个淬灭荧光基团。探针完整时，报告基团发射的荧光信号被淬灭基团吸收；PCR 扩增时，Taq 酶的 $5' \rightarrow 3'$ 外切酶活性将探针酶切降解，使报告荧光基团和淬灭荧光基团分离，从而荧光监测系统可接收到荧光信号，即每扩增一条 DNA 链，就有一个荧光分子形成，实现了荧光信号的累积与 PCR 产物形成完全的同步。

## 3. 适用范围

适用于被假单胞菌污染引起腐败变质的肉及肉制品、鲜鱼贝类、禽蛋类、牛乳和蔬菜等、且可用于检测冷藏食品中的假单胞菌。

## 4. 试剂材料

### （1）实验材料

被假单胞菌污染的食品，或土壤、水、各种植物体，已知核糖体基因含量的假单胞菌株（e.g.P.putida m-2，其 6 298 443 bp 基因组序列中含有 7 个完整的核糖体操纵子）。

### （2）实验试剂

Taqman Real Time Mix；Taq DNA 聚和酶；使用校正过的 16S rRNA 基因来设计识别假单胞菌的保守区域，此段 16S rRNA 基因序列是具有假单胞菌特异性的。

## 5. 仪器设备

ABI PrismR 7000 型荧光定量 PCR 仪；紫外 / 可见分光光度计。6.操作步骤

**（1）模板 DNA 的制备**

在食品中蘸取一定量菌，或取一定量食品（土壤，水或植物体），清洗之后梯度稀释，置于假单胞菌的选择性培养基 Gould's S1 上培养，观测菌落数。挑取单菌落培养后用梵仿抽提 DNA。

**（2）紫外分光光度计鉴定 DNA 提取质量**

10 倍系列稀释成相当于 $1 \sim 10^9$cfu/mL 的菌量作为模板待用。

**（3）荧光定量 PCR 扩增**

以 Taqman 探针为基础的定量 PCR 反应条件如下。反应体系为 20 μL，1×buffer Ⅱ（100 mmol/L Tris-HCl，pH 8.3，500 mmol/L KCl），10 μmol/L 探针，6 mmol/L MgCl$_2$，200 mmol/L dNTPs，1 单位的 AmpliTaq Gold DNA polymerase，0.2 单位的 AmpErase uracil N-glycosylas，正向引物和反向引物的终浓度均为 0.6 umol/L。不同浓度的基因组 DNA。PCR 扩增仪的条件设置为：2 min/50℃，10 min/95℃，40个循环：15 s/95℃，1 min/60℃。

**（4）荧光定量标准曲线制备**

使用已知数量的 mt-2 基因组 DNA 来制备标准曲线，DNA 的量为 0.192 ~ 4.8 pg。确定阈值与基线，以及相同的 *Ct* 值，绘制出标准曲线。由于在 mt-2 标准品中有相对高拷贝数的 rRNA 操纵子，所以会低估假单胞菌的量。为此，我们根据假单胞菌的平均 rRNA 操纵子拷贝数 4.3（n=35），源于核糖体 RNA 操纵子拷贝数据库（Klappen-bach et al.），来调整 *Ct* 值。

**（5）观察反应曲线，记录待测样品的 *Ct* 值，与标准曲线对比算出待测样品的浓度。**

**6. 结果分析**

（1）标准曲线的相关系数分析以及反应体系中非假单胞菌对照的扩增状况来综合分析本次 PCR 反应体系的可信与否。如若反应正常，观察反应曲线，记录待测样品的 *Ct* 值，与标准曲线对比算出待测样品的浓度。

（2）本次 PCR 反应的标准曲线如图 6-5 所示。

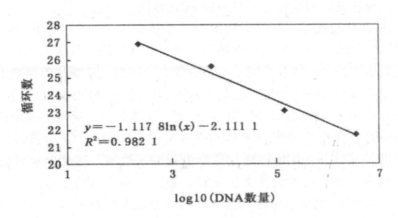

图 6-5 假单胞菌特异性荧光 PCR 的标准曲线

### 7. 方法分析及评价

（1）Taqman 探针是一段 5′ 端标记报告荧光基团，3′ 端标记淬灭荧光基团的寡核苷酸。报告基团如 FAM、TET、VIC、JOE 和 HEX 通常由位于 3′ 端的 TAMRA 淬灭基团所淬灭。当探针完整时，由于报告基团和淬灭基团的位置很接近，使荧光受到抑制而检测不到荧光信号在 PCR 过程中上游与下游引物与目标 DNA 的特定序列结合，Taqman 探针则与 PCR 产物相结合。TaqDNA 聚合酶的 5′→3′ 外切活性将 Taqman 探针水解。报告基团和淬灭基团由于探针水解而相互分开，导致报告基团信号的增加，报告基团信号的增加可被检测系统检测到，它是模板被 PCR 扩增的直接标志。当信号增加到某一阈值时，此时的循环次数值）就记录下来。该循环次数 $Ct$ 值和 PCR 体系中起始 DNA 量的对数值有严格的线形关系。利用阳性梯度标准品的 $Ct$ 值以及系列定量模板 DNA 的 PCR 反应制成标准曲线，再根据样品的 $Ct$ 值就可以准确确定起始 DNA 的数量。

（2）扩增的特异性检验中，利用 7 种 16S rRNA 基因序列与假单胞菌相似度最高的非假单胞菌（包括革兰氏阴性菌和革兰氏阳性菌）来检验扩增的特异性。实时定量 PCR 的分析结果显示：5 种假单胞菌的 $Ct$ 值为 15~18，而其中非假单胞菌的 $Ct$ 值是 30~35，与无模板的对照组一样，都已经超出了生成的标准曲线的范围，可以忽略。

（3）PCR 反应加样时一定要避免污染，由于染料的扩散将会造成 PCR 反应本底信号的过高，影响 PCR 反应信号的判断。因为是要进行定量分析，所以标准曲线的平行样品间不能误差太大，PCR 管中不能存在气泡。

## 三、食品中有害微生物的多重 PCR 检测技术

一般 PCR 仅应用一对引物，通过 PCR 扩增产生一个核酸片段，主要用于单一致病因子等的鉴定多重 PCR（multiplex PCR），又称多重引物 PCR 或者复合 PCR，它是在同一 PCR 反应体系里加上二对以上引物，同时扩增出多个核酸片段的 PCR 反应，其反应原理，反应试剂和操作过程与一般 PCR 相同。

多重 PCR 具有高效性：在同一 PCR 反应管内同时检出多种病原微生物，或对有多个型别的目的基因进行分型，特别是用一滴血就可检测多种病原体；系统性；很适宜于成组病原体的检测，如肝炎病毒，肠道致病性细菌，性病，无芽孢厌氧菌，战伤感染细菌及细菌战剂的同时侦检；经济简便性；多种病原体在同一反应管内同时检出，将大大地节省时间，节省试剂，节约经费开支，为临床提供更多更准确的诊断信息。

通常采用的多重 PCR 技术主要是通过对不同大小的目的条带进行扩增检测，目的条带大小必须区分开，才能够通过琼脂糖凝胶来检测。这就要求目的条带的扩增效率在不同引物竞争存在的条件下必须相差很小，而且目的条带也不能够太长，否则不同引物之间的 PCR 反应条件很难统一，一般最大片断不超过 500 bp，最长也不超过 800 bp。尽管这种方法很适合定性检测，但是这种方法一般检测限比较低。采

用实时定量 PCR 技术对目的条带的检测具有极高的灵敏度和特异性，且能够进行准确定量。此外，实时定量 PCR 体系不需要后续的分析操作过程，这就极大地减少了产物之间的交叉污染的概率，并且使得大规模检测成为可能。在实时定量荧光探针 PCR 检测过程中，做多重 PCR 反应需要对每个探针标记不同的荧光染料才行，但是目前很难获得那么多适合同时检测的染料，并且探针染料技术要求高，价格也很昂贵。采用 SYBR Green I 荧光检测 PCR 中最常使用的一种非特异性荧光染料，它能够和 DNA 双链的小沟紧密结合而发出荧光，最后荧光信号的强度与扩增出的目的条带的多少成正比，解决多重荧光探针 PCR 存在的问题。SYBR Green I 荧光 PCR 检测可以通过随后的熔解曲线来检测扩增出的目的条带的特异性和目的条带的多少和强弱。尽管 SYBR Green I 荧光 PCR 检测不能像荧光探针一样提供序列特异性的检测，但是它却可以给出每个扩增条带一个特征的熔点值。熔点值就像扩增片段的大小一样成为多重 PCR 检测的依据。这也使得依据熔点不同而建立的多重 PCR 成为可能。使用定量 PCR 自动对扩增结果进行熔解曲线分析就省去了传统 PCR 技术需要的凝胶检测过程。这种方法一旦建立就会为快速检测领域提供一种有效、可靠且低成本的检测方法。

传统的多重 PCR 需要很多高浓度的引物在一个 PCR 反应管中进行反应，常常出现竞争抑制现象，从而导致多重反应的失败。通用引物多重 PCR 检测技术则只使用一条引物来扩增几个不同大小的 PCR 片段，而设计的特异性扩增引物的浓度仅需要使用相当于原浓度的百分之一或者千分之一。该方法克服了传统多重 PCR 的缺点。目前正在被应用于微生物致病菌，转基因产品以及肉类品种的鉴定上。

## （一）食品中霍乱弧菌rtxA，epsM，mshA和tcpA四种基因的SYBR Green I多重PCR检测技术

### 1. 实验目的

通过本试验初步明确 SYBR Green I 多重 PCR 的检测原理。了解该方法和传统多重 PCR 相比有哪些优点。

### 2. 实验原理

SYBR Green I 是一种在实时定量 PCR 检测中广泛使用的 DNA 结合染料。PCR 结果可以通过熔解曲线分析来鉴定而不再需要使用传统的琼脂糖凝胶电泳来鉴定，因为 PCR 特定扩增产物的熔解温度的特异性类似于琼脂糖凝胶电泳中的扩增条带的特异性。本研究建立了基于扩增产物熔解曲线分析的四重实时定量 PCR 对 rtxA，epsM，mshA 和 tc-pA 四种基因的作物进行检测的方法。

### 3. 适用范围

适用于熔解曲线基本上没有重叠区域的几个扩增的片段。

### 4. 仪器设备

荧光定量 PCR 仪；紫外 / 可见分光光度计。

### 5. 操作步骤

（1）模板 DNA 的制备。

（2）紫外分光光度计鉴定 DNA 提取质量

10 倍系列稀释成相当于 1 ~ $10^9$cfu/mL 的菌量作为模板待使用。

（3）荧光定量 PCR 扩增

以熔解曲线为基础的多重 SYBR GREEN PCR 反应条件如下。反应体系为 25/μL，3μL of LightC℃cler FastStart DNA Master SYBR Green I，4.0 mmol/L MgCl$_2$（终浓度），1 μL 模板 DNAO 扩增条件设置为：2 min/50℃，10 min/95℃，35 个循环：15s/95℃，30 s/60℃，30 s/72℃ 。 PCR 扩增结束后，T$_m$ 熔解曲线分析程序接着被执行（降低到 60℃ 之后升温至 95℃，升温率为 0.2℃ /s）。

（4）观察反应曲线，记录待测样品的 $Ct$ 值。

（5）察看堉解曲线，分析 PCR 反应扩增的特异性以及四重反应条件下熔解曲线的区分度。

### 6. 结果分析

（1）根据反应体系中阴性对照的污染状况来分析本次 PCR 反应体系正常与否。如果反应正常，观察反应曲线，记录待测样品的 $Ct$ 值，与单重的阳性对照比较看是否正常。

（2）根据熔解曲线峰值的温度不同来区分目的基因的扩增情况，结果见图 6-6 和图 6-7。

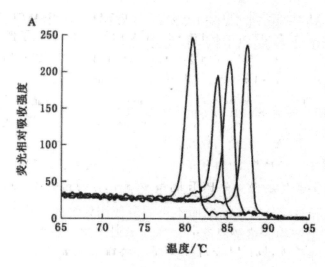

图 6-6　四种基因扩增产物熔解曲线的整合图

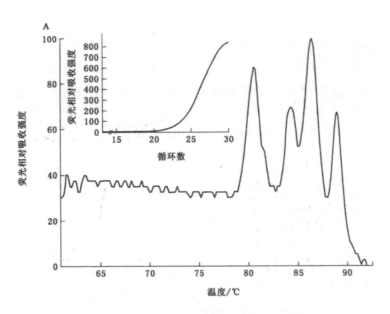

图 6-7　对霍乱弧菌四种基因的扩增熔解曲线
（图中出现的荧光峰值代表各自的熔点）

### 7. 方法分析与评价

（1）多重鉴定的必要性：霍乱为一种严重的肠道疾病，霍乱弧菌的 rtxA 基因，epsM 基因，基因，tcpA 基因是表达霍乱毒性的潜在的四个基因，因此需要多重鉴定。

（2）首先用 rtxA 基因，epsM 基因，mshA 基因，tcpA 基因的引物来进行四重 PCR 体系的实验，通过单个 PCR 反应，确定了每对引物扩增产物的确切熔解温度，只有单个熔解温度确定了后，才能够进行随后的四重 PCR 的条件的摸索。从图可以看出，这两个引物的熔解温度相差很大，并且基本上没有重叠区域。在目的条带不变的情况下，优化了四重 PCR 反应体系中的引物浓度，通过计算熔解曲线的曲线面积使得每对引物具有相似的扩增效率，在每对模板量基本相同的情况下，使得二重 PCR 反应结束时的产物的量大致相当。

（3）PCR 反应加样时一定要避免污染，由于染料的扩散将会造成 PCR 反应本底信号的过高，影响 PCR 反应信号的判断。因为是用封膜管进行反应的，PCR 管不能通过离心来混匀及去除气泡，因此加样时一定要确保混匀以及管中没有气泡存在。

## （二）食品中大肠杆菌、李斯特菌和沙门氏菌的通用引物多重PCR检测技术

### 1. 方法目的

了解通用引物多重 PCR 的检测原理，学习该方法和传统多重 PCR 相比具有的特点。

## 2. 原理

通用引物多重 PCR 方法（如图 6-8）与传统的多重 PCR 检测方法一样需要根据条带的大小来检测目的基因的存在与否。传统的多重 PCR 需要很多高浓度的引物在一个 PCR 反应管中进行反应，常常出现竞争抑制现象导致多重反应的失败。通用引物多重 PCR 检测技术则只使用一条引物来扩增几个不同大小的 PCR 片段，而设计的特异性扩增引物的浓度仅需要使用相当于原浓度的百分之一或千分之一。

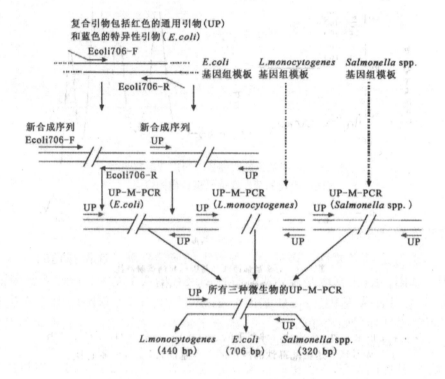

图 6-8　通用引物多重 PCR 的原理图

### 3. 适用范围

同时检测食品基质之中的几种微生物。

### 4. 仪器设备

PCR 基因扩增仪，紫外 / 可见分光光度计。

### 5. 操作步骤

（1）模板 DNA 的制备。

（2）紫外分光光度计并鉴定 DNA 提取质量。

（3）单重和多重 PCR 扩增。反应体系为 30μL，1×buffer ⅠⅠ（100 mmol/L Tris-HCl，pH 8.3，500 mmol/L KC1），10μmol/L 探 针，1.8 mmol/L $MgCl_2$，200 mmol/L dNTPs，1 单位 的 AmpliTaq Gold DNA polymerase，0.4 单位的 AmpErase uracil

N-glycosylas，正向引物和反向引物的终浓度均为 0.02 μmol/L。不同浓度的基因组 DNA。通用引物浓度为 0.2 mmol/L。

（4）PCR 扩增仪的条件设置为：4 min/95 ℃，40 个循环：20 s/95 ℃，30 s/60℃，40 s/72℃。

（5）反应结束之后琼脂糖凝胶电泳分析 PCR 产物。

（6）观察电泳条带，分析目的条带以及样品中菌相组成。

### 6. 结果分析

根据电泳结果目的条带出现的位置来分析样品中的这三种菌的菌相组成见图 6-9：

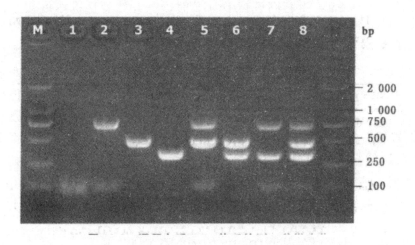

图 6-9　通用多重 PCR 体系检测三种微生物

### 7. 方法分析与评价

（1）灵敏度：传统的多重 PCR 需要很多高浓度的引物在一个 PCR 反应管中进行反应，通用引物多重 PCR 检测技术则只使用一条引物来扩增几个不同大小的 PCR 片段，而设计的特异性扩增引物的浓度仅需要使用相当于原浓度的百分之一或者千分之一，灵敏度提高。

（2）扩增效率：传统 PCR 因为引物的不同，导致扩增效率的差异。改用通用引物后，PCR 的扩增效率的差异降低。

（3）PCR 反应加样时一定要避免污染，因为染料的扩散将会造成 PCR 反应本底信号的过高，影响 PCR 反应信号的判断。

（4）通用引物的设计：通用引物的序列特异性及 Tm 的高低对多重 PCR 的反应平衡以及扩增效率、特异性均有很大的影响。

## 四、食品中有害微生物的 PCR-DGGE/TGGE 检测技术

### （一）DGGE/TGGE基本原理

双链 DNA 分子在一般的聚丙烯酰胺凝胶电泳时，其迁移行为决定于其分子大小和电荷。不同长度的 DNA 片段能够被区分开，但同样长度的 DNA 片段在胶中的迁移行为一样，因此不能被区分。DNA 分子双螺旋结构是由氢键和碱基的疏水作用共同作用的结果。温度、有机溶剂和 pH 等因素可以使氢键受到破坏，导致双链变性为单链。不同的双链 DNA 片段因为其序列组成不同，因此其解链区域及各解链区域的解链浓度也是不一样的。当它们进行 DGGE 时，一开始变性剂浓度较小，不能使双链 DNA 片段最低的解链区域解链，此时 DNA 片段的迁移行为和在一般的聚丙烯酰胺凝胶中一样。然而一旦 DNA 片段迁移到一特定位置，其变性剂浓度刚好能使双链 DNA 片段最低的解链区域解链时，双链 DNA 片段最低的解链区域立即发生解链。部分解链的 DNA 片段在胶中的迁移速率会急剧降低。因此，同样长度但序列不同的 DNA 片段会在胶中不同位置处达到各自最低解链区域的解链浓度，所以它们会在胶中的不同位置处发生部分解链导致迁移速率大大下降，从而在胶中被区分开来。

TGGE 技术的基本原理与 DGGE 技术相似，含有高浓度甲醛和尿素的凝胶温度梯度呈线性增加，这样的温度梯度凝胶可以有效分离 PCR 产物及目的片段。TGGE 技术与化学变性剂形成梯度的 DGGE 技术相比，梯度形成更加便捷，重现性更强。

### （二）食品中腐败菌的PCR-DGGE检测技术

#### 1. 方法目的

通过本实验初步明确通用引物 PCR（UPPCR）和变性梯度凝胶电泳联用检测的原理。了解该方法与传统多重 PCR 相比有哪些优点。

#### 2. 原理

DGGE 检测是通过不同序列的 DNA 片段在各自相应的变性剂浓度下变性，发生空间构型的变化，导致电泳速度的急剧下降，最后在相应的变性剂梯度位置停滞，经过染色后可以在凝胶上呈现为分散的条带。该技术可以分辨具有相同或相近分子量的目的片段序列差异。需要注意的是，一旦变性剂浓度达到 DNA 片段最高的解链区域温度时，DNA 片段会完全解链，成为单链 DNA 分子，此时它们又能在胶中继续迁移。因此如果不同 DNA 片段的序列差异发生在最高的解链区域时，这些片段就不能被区分开来。在 DNA 片段的一端加入一段富含 GC 的 DNA 片段（GC 夹子，一般 30 ~ 50 个碱基对）可以解决这个问题。含有 GC 夹子的 DNA 片段最高的解链区域在 GC 夹子这一段序列处，其的解链浓度很高，可以防止 DNA 片段在 DGGE 胶中完全解链。当加了 GC 夹子后，DNA 片段中基本上每个碱基处的序列差异都能被区分开，所以要设计 GC 夹子。

### 3. 适用范围

此种方法可检测一种食品基质中的多种有害微生物。

### 4. 实验材料

可通过水产品得到主要有害菌荧光假单胞菌（Pseudomonas fluorescent），弧菌（Vibrio anguillarum），嗜水气单胞菌（Aeromonas hydrophila），河弧菌（Vibrio fluvia-lis），登斯菌和气单胞菌（.Providencia rettgeri 和 Aeromonas sobria）。

### 5. 仪器设备

DGGE仪（Bio-Rad），Fluor-Sk Multilmager（Bio-Rad），DGGE on a Dcodek sℂstem for DGGE（Bio-Rad）。

### 6. 测定步骤

#### （1）模板 DNA 的制备

所有的菌在 28℃ 下培养 12-13 h，取能被 0.5 mL 整除体积的培养物离心 1 000g 20 min，得到的菌体沉淀用超纯水清洗，之后将菌体悬浮在 0.8 mL 的灭菌超纯水中，在沸水浴中 10 min，得到变性的细菌 DNA。离心 3 500g 10 min，15 µL 的上清作为模板，混合菌群中的 15µL 的上清作为混合模板。

#### （2）PCR 扩增

以 Taqman 探针为基础的定量 PCR 反应条件如下。反应体系是 25µL，2.5 µL 10×PCR buff er，0.7 µLCl$_2$（25 mmol/L），0.5µLdNTPs（10 mmol/L），每个引物 0.085 µL（74 µmol/L），0.2 µLTaq 聚合酶（5 U/µL），15 µL 上述模板，加灭菌水至 25 µL。降落 PCR 扩增仪的条件设置为：10 min/95℃；预变性 1 min/94℃；退火时间为 1 min，原始温度设为 68℃，之后的每一个循环降低 0.5℃，直至达到 58℃，退火温度为 58℃时额外设 20 个循环；延伸 3 min/72℃；10 min/72℃。

#### （3）DGGE 电泳

通用引物 PCR 16S rDNA 扩增片段点在 6.5% 的聚丙烯酰胺凝胶上（变性梯度范围为 40% ~ 60%，100% 的变性剂包括 7 mol/L 尿素与 40% 的甲酰胺），电泳缓冲液为 1XTAE，温度为 60℃，20 V/20 min 之后为 100 V/12 h。

#### （4）染色

电泳后，凝胶用 EB 染色。

#### （5）检测

用 Fluor-Sk Multilmager（Bio Rad，USA）照相检测。

### 7. 方法分析及评价

#### （1）UPPCR

引物 GC-clamp-EUB f933 and EUB rl387 能够使所有 6 种样品中的腐败菌的 16S rDNA 片段成功的扩增，混合细胞培养的混样也可扩增，片段大小为 500 bp 左右，不

同细菌的相同 $Mg^{2+}$（此处是 0.7 mmol/L）简化了 UPPCR 的程序。但是通过凝胶电泳并不能进一步识别这几种细菌，而通用引物 PCR 与 DGGE 联用可以解决这个问题。

### （2）DGGE 检测的有效性

用来分析 UPPCR 产物，所有条带都分离得很清晰，且混合模板的扩增产物可以通过 DGGE 来分离，而且混合模板和各个单独模板的条带都可以对应上。证明 DGGE 可以有效地分离共同培养细菌模板的不同的 16S rDNA 扩增片段，DGGE 可以有效地区别混合模板 PCR 扩增产物的不同条带。

### （3）DGGE 检测的灵敏性

DGGE 的检测灵敏度很高，在相同的条件下，用传统的 SSCP 法进行检测，条带远不如 DGGE 清晰可见。

## 五、食品中有害微生物的 MPCR-DHPLC 检测技术

### （一）DHPLC基本原理

变性高效液相色谱技术（DHPLC）是在高压闭合液相流路中，将 DNA 样品自动注入并在缓冲液携带下流过 DNA 分离柱，通过缓冲液的不同梯度变化，在不同柱温度条件下实现对 DNA 片段的分析；由紫外或者荧光检测分离的 DNA 样品，部分收集器可根据需要自动收集被分离后的 DNA 样品。

用离子对反向高效液相色谱法：①在不变性的温度条件下，检测并分离分子量不同的双链 DNA 分子或分析具有长度多态性的片段，类似 RFLP 分析，也可进行定量 RT2 PCR 及微卫星不稳定性测定（MSI）；②在充分变性温度条件下，可以区分单链 DNA 或 RNA 分子，适用于寡核苷酸探针合成纯度分析和质量控制；③在部分变性的温度条件下，变异型和野生型的 PCR 产物经过变性复性过程，不仅分别形成同源双链，同时也错配形成异源双链，根据柱子保留时间的不同将同源双链与异源双链分离，从而识别变异型。根据这一原理，可进行基因突变检测、单核苷酸多态性分析（SNPs）等方面的研究。

DHPLC 在微生物基因分型和鉴定中的应用：许多病菌具有不同的基因型，它们的致病性差异很大，可能具有遗传基因都非常相似的特征，使得细菌的准确分型面临很大的技术难点。在对疫情暴发控制中，从菌株水平确定病原菌是至关重要的，只有了解了致病菌株才能正确选择抗菌药物，追踪病菌的来源。DHPLC 通过对具有细微差异的 DNA 序列的分析可以从菌株水平识别病原菌。从临床治疗的角度来看，准确确定致病微生物的种类具有重要的价值，它可以保证用药的有效性。DHPLC 技术能有效地识别病原微生物。利用通用 PCR 引物从多种细菌的 16S 核糖体 RNA 基因中扩增含有高度变异序列的片段。将这些来自不同种类细菌的扩增产物与参照菌株的扩增产物混合后进行 DHPLC 检测，会产生一个独特的色谱峰图，可作为鉴定细菌种类的分子指纹图谱。

DHPLC 对混合微生物样品的分离鉴定：在日常微生物的检测和鉴定工作中，常常是对混合样品中的微生物进行鉴定。例如常见的污染食物的微生物有十几种，对于一个污染的食物样本，我们需要对所有可能污染的病菌进行鉴定，因而需要一种简单、快速、灵敏的检测技术。DHPLC 技术在这方面显示了其良好的应用价值。利用 DHPLC 灵敏检测 DNA 序列差异的特性结合细菌 16S rDNA 基因分型的原理，在属和种的水平上进行细菌鉴定，在部分难以鉴定的菌种间，辅以其他细菌 DNA 靶点进行进一步的分析，不同的细菌显示特异的 DHPLC 峰型，从而得到分离与鉴定。

## （二）食品中5种致病弧菌的MPCR-DHPLC检测技术

### 1. 方法目的

通过本试验初步明确采用变性高效液相色谱对多重 PCR 产物进行快速检测的原理，并对 5 种致病性弧菌进行 MPCR-DHPLC 检测。

### 2. 原理

对几种致病菌进行多重 PCR 扩增，在不变性的温度条件下，检测并且分离分子量不同的双链 DNA 分子。

### 3. 适用范围

对食品的（主要是海产品）的几种致病性弧菌进行同时检测。

### 4. 试剂材料

#### （1）实验材料

霍乱弧菌（Vibrio cholerae）、副溶血性弧菌（V.parahaemolyticus）、创伤弧菌（V.vulnificus），溶藻弧菌（V.alginolyticus）和拟态弧菌（V.mimicus），被此几类致病弧菌污染的食品（大多为水产品）。

#### （2）实验试剂

$2 \times$ Taq PCR MasterMix、dNTP、DNA marker I，厦门泰京公司；细菌基因组 DNA 提取试剂盒，天根生化科技有限公司；$5 \times$ Buffer（含 15 mmol/L MgCl$_2$），Go Taq DNA 聚合酶（5 U/μL）Promega 公司。引物用 TE 溶液（pH 8.0）稀释至浓度为 10μmol/L。-20℃保存备用。

### 5. 仪器设备

变性高效液相色谱，PCR，离心机。

### 6. 方法分析与评价

（1）由于在食品样品中如海（水）产品检测中，经常是一份样品同时检测几种致病性弧菌，因此有必要研究一种可同时、快速检测多种致病性弧菌的方法。目前快速检测病原菌的主要方法是 PCR，但传统的 PCR 方法一次只能检测一种致病菌。

MPCR 方法近年来也在弧菌的检测上得到应用，在一个 PCR 管中同时扩增多种弧菌，但都是用凝胶电泳法检测其产物。DIIPLC 是一种用于快速、自动和高通量检测核酸的先进技术，可以对单链和双链核酸进行快速、准确、自动化地分离、分析和定量。实验将 MPCR 与 DHPLC 技术联用，用于食品中多种弧菌的同时检测。采用多重 PCR 检测食品中多种致病性弧菌，然后利用 DHPLC 技术，一次可以自动分析数百个样品，可减少工作量，缩短检测时间，提高检测准确率，达到快速、高通量检测食品中致病性弧菌的目的。

（2）DHPLC 图谱中峰面积与 PCR 产物的量成正比。以平时检测较多的霍乱弧菌、溶藻弧菌和副溶血性弧菌为例，对霍乱弧菌和副溶血性弧菌、溶藻弧菌和副溶血性弧菌间的二重 PCR–DHPLC 检测灵敏度进行了测定，随着菌含量的减少，DHPLC 结果显示的特异峰的面积越来越小，霍乱弧菌和副溶血性弧菌的二重 PCR–DHPLC 最低能检测到 35 cfu/mL 霍乱弧菌和 37 cfu/mL 副溶血性弧菌，溶藻弧菌和副溶血性弧菌的二重 PCR–DHPLC 最低能检测到 52 cfu/mL 溶藻弧菌和 37 cfu/mL 副溶血性弧菌，即灵敏度均可达到 100 cfu/mL，这和各弧菌单一 PCR 凝胶电泳检测的灵敏度相同。

# 第三节　食品中有害微生物 ELISA 快速检测技术

## 一、ELISA 技术概述

### （一）ELISA技术基本原理

ELISA 检测技术的基础是抗原或抗体的固相化及抗原或者抗体的酶标记。结合在固相载体表面的抗原或抗体仍然保持其免疫学活性，酶标记的抗原或抗体既保留其免疫学活性，又保留酶的活性。在测定时，受测试物质（测定其中的抗体或抗原）与固相载体表面的抗原或抗体起反应。用洗涤的方法使固相载体上形成的抗原抗体复合物与液体中的其他物质分开。再加入酶标记的抗原或抗体，反应而结合在固相载体上。此时固相上的酶量与标本中受检物质的量呈一定的比例。加入酶反应的底物后，底物被酶催化成为有色产物，产物的量与标本中受检物质的量直接相关，故可根据呈色的深浅进行定性或定量分析。因为酶的催化效率很高，间接地放大了免疫反应的结果，提高了方法的灵敏度。

ELISA 检测技术是最常用的一项免疫学测定技术，该种方法具有很多优点：特异性强，灵敏度高，样品易于保存，结果易于观察，可以定量测定，仪器和试剂简单。ELISA 可用于测定抗原，也可用于测定抗体。根据试剂的来源与标本的情况及检测的具体条件，可设计出各种不同类型的检测方法。用于临床检验的 ELISA 主要有以下几种类型：双抗体夹心法测抗原，双抗原夹心法测抗体，间接法测抗体，竞争法测抗体，竞争法测抗原。

双抗体夹心法测抗原是目前检测抗原最常用的方法，在各种检验中，此方法适用于测试各种蛋白质、DNA 等大分子抗原，例如过敏源蛋白，毒素蛋白等。只要获得针对测试抗原的异性抗体，就可用于包被固相载体和制备酶结合物而建立此法。如抗体的来源为抗血清，包被和酶标用的抗体最好分别取自不同种属的动物，一般采用小鼠和新西兰大白兔。如果应用单克隆抗体，则一般选择两个针对抗原上不同决定簇的单抗，分别用于包被固相载体和制备酶结合物。这种双位点夹心法具有很高的特异性，而且可以将测试样品和酶标抗体一起保温，作一步检测。

双抗体夹心法适用于测定二价或二价以上的大分子抗原，因其不能形成两位点夹心，不适用于测定半抗原及小分子单价抗原。

双抗原夹心法测抗体的反应模式与双抗体夹心法类似。用特异性抗原进行包被和制备酶结合物，以检测相应的抗体。和间接法测抗体的不同之处为以酶标抗原代替酶标抗抗体。此法中测试样品不需稀释，样品前处理简单，可直接用于测试，因此其敏感度相对高于间接法。此法关键在于酶标抗原的制备，应根据抗原结构的不同，寻找合适的标记方法。

间接法测抗体是检测抗体常用的方法。主要利用酶标记的抗体检测和固相抗原结合的测试抗体，故称为间接法，常用于对传染病的诊断的病原体抗体的检测。间接法的优点是只要变换包被抗原就可利用同一酶标抗抗体检测相应抗体。间接法检测效果关键取决于抗原的纯度。虽然有时用粗提抗原包被也能取得实际有效的结果，但应尽可能地提高纯化度，以提高试验的特异性。

竞争法测抗原是测定小分子抗原或半抗原的最常用方法，因小分子抗原或半抗原缺乏可作夹心法的两个以上的位点，因此不能用双抗体夹心法进行测定，可以采用竞争法模式。其原理是样品中的抗原和一定量的酶标抗原竞争与固相抗体结合。标本中抗原量含量愈多，结合在固相上的酶标抗原愈少，最后的显色也愈浅。小分子激素、食品中的兽药等 ELISA 测定多用此法。

## （二）ELISA的特点要求

### 1. 固相载体

在 ELISA 测定中作为吸附剂和容器，不参与具体的化学反应。ELISA 检测方法的载体材料很多，常用的有聚苯乙烯。聚苯乙烯具有较强的吸附蛋白质的性能，抗体或蛋白质抗原吸附其上后仍保留原来的免疫学活性，加之它的价格低廉，所以被普遍采用。ELISA 载体的形状主要有三种：微量滴定板、小珠与小试管。以 96 孔微量滴定板最为常用，专用于 EILSA 的产品称为 ELISA 板。

## 2. 包被的方式

将抗原或者抗体固定在酶标板上的过程称之为包被（coating）。也就是说，包被即是抗原或抗体结合到固相载体表面的过程。包被过程是通过物理吸附结合的，靠的是蛋白质分子结构上的疏水基团与固相载体表面的疏水基团间的作用力。这种物理吸附是非特异性的，受蛋白质的分子量、等电点、浓度等的影响。载体对不同蛋白质的吸附能力是不相同的，大分子蛋白质较小分子蛋白质通常含有更多的疏水基团，故更易吸附到固相载体表面。脂类物质无法与固相载体结合，但可在有机溶剂（例如乙醇）中溶解后加入 ELISA 板孔中，开盖置冰箱过夜或冷风吹干，待酒精挥发后，让脂质自然干燥在固相表面。

## 3. 包被用抗原

用于包被固相载体的抗原按其来源不同可分为天然抗原、重组抗原与合成多肽抗原三大类。天然抗原可取自各种动植物组织、微生物培养物等，须经提取纯化才能作包被用。重组抗原是抗原基因在生物工程菌株中表达的蛋白质抗原，多以大肠杆菌或酵母菌为表达体系。重组抗原优点（除工程菌成分外）杂质少、无传染性，但纯化技术难度较大。合成多肽抗原是根据蛋白质抗原分子的某一抗原决定簇的氨基酸序列人工合成的多肽片段，一般只含有一个抗原决定簇，纯度高，特异性也高，但由于相对分子质量太小，往往难以直接吸附于固相上。多肽抗原的包被一般需先通过蛋白质连接技术使其与无关蛋白质如牛血清白蛋白质（BSA）等偶联，借助于偶联物与固相载体的吸附，间接地结合到固相载体表面。

## 4. 包被用抗体

包被固相载体的抗体应具有高亲和力和高特异性，可取材于抗血清或含单克隆抗体的腹水或培养液。如免疫用抗原中含有杂质（即便是极微量的），必须除去（可用吸收法）后才能用于 ELISA，以保证试验特异性。抗血清不能直接用于包被，应先提取 IgG，通常采用硫酸铵盐析和 Sephadex 凝胶过滤法。一般经硫酸铵盐析粗提的 IgG 已可用于包被，高度纯化的 IgG 性质不稳定。如需用高亲和力的抗体包被以提高试验的敏感性，则可采用亲和层析法以除去抗血清中含量较多的非特异性 IgG。腹水中单抗的浓度较高，特异性亦较强，因此不需要作吸收和亲和层析处理，一般可将腹水作适当稀释后直接包被，必要时也可用纯化的 IgG。应用单抗包被时应注意，一种单抗仅针对一种抗原决定簇，在某些情况下，用多种单抗混合包被，可取得更好的效果。

## 5. 包被条件

包被用抗原或抗体的浓度，包被的温度和时间，包被液的 pH 等应该根据试验的特点和材料的性质而选定。抗体和蛋白质抗原一般采用 pH 9.6 的碳酸盐缓冲液作为稀释液，也有用 pH 7.2 的磷酸盐缓冲液及 pH 7～8 的 Tris-HCl 缓冲液作为稀释液的。通常在 ELISA 板孔中加入包被液后，在 4℃冰箱中放置过夜，37℃中保温 2 h 被认为具有同等包被效果。包被的最适当浓度随载体和包被物的性质可有很大的变化，每批材料需通过实验与酶结合物的浓度协调选定。一般蛋白质的包被浓度为 100 ng/mL 到 20 μg/mL。

### 6. 封闭

是继包被之后用高浓度的无关蛋白质溶液再包被的过程。抗原或抗体包被时所用的浓度较低，吸收后固相载体表面尚有未被占据的结合位点，封闭就是让大量不相关的蛋白质充填这些位点，从而排斥在 ELISA 其后的步骤中抗原和抗体干扰物质的再吸附。封闭的手续与包被相类似。最常用的封闭剂是 0.05% ~ 0.5% 的牛血清白蛋白，也有用 1% ~ 5% 的脱脂奶粉或 1% 明胶作为封闭剂的。

### 7. 结合物

即酶标记的抗体（或抗原），是 ELISA 中最关键的试剂。良好的结合物应该是既保持酶的催化活性，也保持了抗体（或抗原）的免疫活性。结合物中酶与抗体（或抗原）之间有恰当的分子比例，在结合试剂中尽量不含有或少含有游离的（未结合的）酶或游离的抗体（或抗原），结合物还应具有良好的稳定性。

### 8. 酶

用于 ELISA 的酶要求纯度高，催化反应的转化率高，专一性强，性质稳定，来源丰富，价格不贵，制备成酶结合物后仍继续保留它的活性部分和催化能力。最好在受检标本中不存在相同的酶。另外，它的相应底物易于制备和保存，价格低廉，有色产物易于测定。在 ELISA 中，常用的酶为辣根过氧化物酶（horseradish peroxidase，HRP）和碱性磷酸酶（alkaline phosohatase，AP）。国产 ELISA 试剂一般都用 HRP 制备结合物。

### 9. 酶的底物

主要指 HRP 的底物，因为 HRP 是目前最常用的酶。HRP 催化过氧化物的氧化反应，最具代表性的过氧化物为 $H_2O_2$，其反应式为：$DH_2+H_2O_2 \rightarrow D+H_2O$。式中，$DH_2$ 为供氧体，$H_2O_2$ 为受氢体。在 ELISA 中，$DH_2$ 一般为无色化合物，经酶作用后成为有色的产物，以便作比色测定。

OPD 氧化后的产物呈橙红色，用硫酸终止酶反应后，在 492 nm 处有最高吸收峰，灵敏度高，比色方便，是 HRP 结合物最常用的底物。OPD 本身难溶于水，OPD·2HCl 为水溶性。曾有报道 OPD 有致癌性，所以操作时应予注意。OPD 见光易变质，与过氧化氢混合成底物应用液后更不稳定，须现用现配。在试剂盒中，OPD 和 $H_2O_2$ 一般分成二组分，OPD 可制成一定量的粉剂或片剂形式，片剂中含有发泡助溶剂，使用更为方便。过氧化氢则配入底物缓冲液中，制成易保存的浓缩液，使用时用蒸馏水稀释。先进的 ELISA 试剂盒中则直接配成含保护剂的工作浓度是 0.02%H2O2 的应用液，只需要加入 OPD 后即可作为底物应用液。

TMB 经 HRP 作用后共产物显蓝色，目视对比鲜明。TMB 性质较稳定，可配成溶液试剂，只需与 $H_2O_2$ 溶液混合即成应用液，可直接作底物使用。另外，TMB 无致癌性，在 ELISA 中应用日趋广泛。酶反应用 HC1 或者 $H_2SO_4$ 终止后，TMB 产物由蓝色呈黄色，可在波长为 405 nm 左右定量分析。

HRP 对氢受体的专一性很高，仅作用于 $H_2O_2$、小分子醇的过氧化物和尿素过氧化物。$H_2O_2$ 应用最多，但尿素过氧化物为固体，作为试剂较 $H_2O_2$ 方便、稳定。试剂盒供应尿素过氧化物片剂，用蒸馏水溶解后，在底物缓冲液中密闭、低温（2 ~ 8℃）可稳定 1 年。

### 10. 阳性对照品和阴性对照品

阳性对照和阴性对照是检验试验有效性的控制品，同时也作为判断结果的对照，因此阳性对照品的基本组成应尽量和检测样品的组成相一致。

# 二、食品中大分子物质（单核增生李斯特菌）的 ELISA 检测技术

## （一）方法目的

了解 ELISA 检测方法的基本操作方法，学习抗原抗体特异性结合与大分子物质检测的原理，方法及应用范围。

## （二）原理

间接法测抗体是检测抗体常用的方法。主要利用酶标记的抗体检测和固相抗原结合的测试抗体。

## （三）适用范围

检测大分子抗体。

## （四）试剂材料

### 1. 实验材料

单核增生李斯特菌体；单核增生李斯特菌体的多克隆抗体；HRP 标记的酶标二抗。

### 2. 实验试剂

（1）样品提取液：$Na_2CO_3$ 1.33 g、PVP 0.25 g、NaCl 1.461 g、维生素 C 0.5 g 加入 250 mL 蒸馏水。

（2）包被缓冲液 0.05 mol/L pH 9.6 的碳酸盐缓冲液：$Na_2CO_3$ 1.59 g，$NaHCO_3$ 2.93 g。

（3）抗体 / 二抗稀释液：NaCl 8.0 g、$KH_2PO_4$ 0.2 g、$Na_2HPO_4 \cdot 12H_2O$ 2.96 g、1.0

g 白明胶，加水至 1 000 mL。

（4）吐温 –20，OPD。

（5）底物缓冲液：柠檬酸 $C_6H_8O_7 \cdot H_2O$ 5.10 g、$Na_2HPO_4$，$12H_2O$ 18.43 g、1 mL 吐温 –20，加水 1 000 mL。

（6）洗涤液（PBSW）：NaCl 8.0 g、$KH_2PO_4$ 0.2 g、$Na_2HPO_4$、$12H_2O$ 2.96 g、1 mL 吐温 –20，加水 1 000 mL。

（7）终止液 2 mol/L $H_2SO_4$。

## （五）仪器设备

酶标仪，洗板机，单通道移液器，多通道移液器，样品粉碎机，酶标板。

## （六）操作步骤

### 1. 包被酶标板
用包被液倍比稀释血清，每孔加入 100 μL 稀释之后的血清，4℃过夜（12 h）。

### 2. 洗涤
倒去孔内液体，每孔加洗涤液 200μL，PBSW 洗涤 3 次，每次 5 min，并甩净洗涤液。

### 3. 封闭
每孔加入 200μL 封闭液，37℃封闭 30 min。

### 4. 洗涤
倾去孔内液体，每孔加洗涤液 200μL，洗涤 3 次，每次 5 min，甩净洗涤液。

### 5. 加样
最后一列孔加入阴性血清作为对照组，其余各列孔均加入从 1 ∶ 100 开始倍比稀释的待检血清，每孔 100 μL，37℃反应 1 h。

### 6. 洗涤
倒去孔内液体，每孔加洗涤液 200μL，洗涤 3 次，每次 5 min，甩净洗涤液。

### 7. 加酶
每孔加 100 μL 辣根过氧化物酶标记羊抗兔抗体（1 ∶ 800 稀释），37℃反应 1 h。

### 8. 洗涤
倒去孔内液体，每孔加洗涤液 200 μL，洗涤 3 次，每次 5 min，甩净洗涤液。

### 9. 显色
每孔加入新鲜配制的底物（OPD 40 mg 溶于 100 mL 包被液，加入 150 μL

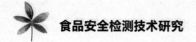

30%$H_2O_2$），37℃反应 20 min。

### 10. 终止反应

每孔加入 50μL 的终止液（2 mol/L $H_2SO_4$）终止反应。

### 11. 测定

在 492 nm 用酶联免疫检测仪测定各孔吸收值。

### 12. 判定结果

以 492 nm 吸收值大于阴性对照孔 2 倍的血清最高稀释倍数作为血清的 ELISA 效价。

## （七）结果分析

### 1. 定性判断

定性测定的结果判断是对受测样品中是否含有待测抗原或抗体作出"有"或"无"的简单回答，分别用"阳性"、"阴性"表示。"阳性"表示该标本在该测定系统中有反应。"阴性"则为无反应。用定性判断法也可以得到半定量结果，即用滴度来表示反应的强度，其实质仍是一个定性试验。在这种半定量测定中，将标本作一系列稀释后进行试验，呈阳性反应的最高稀释度即为滴度。根据滴度的高低，可以判断标本反应性的强弱，这比观察未稀释标本呈色状况，判断强、弱阳性更具定量意义。在间接法和夹心法中，阳性孔呈色深于阴性孔。竞争法 ELISA 中则相反，阴性孔呈色深于阳性孔。

### 2. 定量测定

ELSIA 操作步骤复杂，影响反应因素较多，特别是固相载体的包被达到各个体之间一致非常困难，因此在定量测定中，每批测试均须用一系列不同浓度的参考标准品在相同的条件下制作标准曲线。测定大分子量物质的夹心法 ELISA，标准曲线的范围一般较宽，曲线最高点的吸光度可接近 2.0，绘制时常用半对数纸，以检测物的浓度为横坐标，以吸光度为纵坐标，将各浓度的值逐点连接，所得曲线一般呈 S 形，其头、尾部曲线趋于平坦，中央较呈直线的部分是最理想的检测区域。测定其小分子量物质常用竞争法，其标准曲线中吸光度与受测样品的浓度呈负相关。

## （八）方法分析与评价

### 1. 可用作 ELISA 测定的样品来源十分广泛

食品原料及粗加工食品、动物体液（如血清）、分泌物（唾液）和排泄物（如尿液、粪便）等均可测定其中某种抗体或抗原成分。血清、尿液样品可直接进行测定，有些则需经预处理（比如粪便和某些分泌物）。

### 2. 在 ELISA 中一般有 3 次加样步骤

即加样品，加酶结合物，加底物。加样时应将所加物加在 ELISA 板孔的底部，避免加在孔壁上部，并注意不可溅出，不可产生气泡（如果有明亮的气泡，则用枪头消泡）。加样品一般用微量移液器，按规定的量加入板孔中。每次加样品应更换吸嘴，以免发生交叉污染。也可以在板孔中加入稀释液，再在其中加入血清标本，然后在酶标仪上震荡 1 min 以保证混合。加酶结合物应用液和底物应用液时可用定量多道移液器，加液过程快速完成。

### 3. 在 ELISA 中一般有两次抗原抗体反应

即加标本和加酶结合物后。抗原抗体反应的完成需要有一定的温度和时间，这一保温过程称为温育（incubation），也有人称之为孵育。ELISA 属固相免疫测定，抗原、抗体的结合只在固相表面上发生。以抗体包被的夹心法为例，加入板孔中的样品，其中的抗原并不是都有均等的和固相抗体结合的机会，只有最贴近孔壁的一层溶液中的抗原直接与抗体接触。这是一个逐步平衡的过程，因此需经物理扩散才能达到反应的终点。在其后加入的酶标记抗体与固相抗原的结合也同样如此。这就是为什么 ELISA 反应总是需要一定时间的温育。温育常采用的温度有 37℃、室温和 4℃（冰箱冷藏温度）等。37℃是实验室中常用的保温温度，也是大多数抗原抗体结合的合适温度。在利用 ELISA 方法作反应动力学研究时，两次抗原抗体反应一般在 37℃、1 ~ 2 h，产物的生成可达最高峰。为了加速反应，可提高反应的温度，有些试验在 43 ~ 45℃进行，但不宜采用更高的温度。抗原抗体反应在 4℃更为彻底，在放射免疫测定中多使反应在冰箱中过夜，以形成最多的沉淀。但因所需时间太长，在 ELISA 方法中一般不予采用。

### 4. 洗涤在 ELISA 过程中虽不是一个反应步骤，但却决定着实验的成败

ELISA 就是靠洗涤来达到分离游离的和结合的抗原、抗体以及酶标记物的目的。通过洗涤清除残留在板孔中没能与固相抗原或抗体结合的物质，以及在反应过程中非特异性的吸附于固相载体的干扰物质。聚苯乙烯等塑料对蛋白质的吸附是非选择性的，在洗涤时应把这种非特异性吸附的干扰物质洗涤下来。洗涤的方式除某些 ELISA 仪器配有特殊的自动洗板机外，手工操作有浸泡式和流水冲洗式两种。

### 5. 显色是 ELISA 中的最后一步温育反应，此时酶催化无色的底物生成有色的产物

反应的温度和时间仍是影响显色的关键因素。在一定时间内，阴性孔可保持无色，而阳性孔则随时间的延长而逐渐呈色，适当提高温度有助于加速显色进行。在定量测定中，加入底物后的反应温度和时间应按规定力求准确。定性测定的显色可在室温进行，时间一般不需要严格控制，有时可根据阳性对照孔和阴性对照孔的显色情况适当缩短或者延长反应时间，及时判断。

OPD 底物显色一般在室外温或 37℃反应 30 min 后即不再加深，延长其反应时间，可使本底值增高。OPD 底物液受光照会自行变色，显色反应应避光进行，显色反应结

束时加入终止液终止反应。OPD 产物用 2 mol/L 硫酸终止后，显色由橙黄色转向棕黄色。

光照对 TMB 的影响不大，可在室温中操作，边反应边观察结果。但为保证实验结果的稳定性，宜在规定的时间阅读结果。TMB 经 HRP 作用后，约 40 min 显色达顶峰，随即逐渐减弱，随着时间的延长至 2 h 后即可完全消退至无色。TMB 的终止液有多种，叠氮钠和十二烷基硫酸钠（SDS）等酶抑制剂均可使反应终止。这类终止剂尚能使蓝色维持较长时间（12 ~ 24 h）不退，是目视判断的良好终止剂。另外，各类酸性终止液则会使蓝色转变成黄色，此时可用特定的波长（450 nm）测读吸光值。

### 6. 酶标比色仪简称酶标仪，通常指专用于测读 ELISA 结果吸光度的光度计

针对固相载体形式的不同，可配备合适板、珠和小试管。酶标仪的主要性能指标有：测读速度、读数的准确性、重复性、精确度和可测范围、线性等。优良的酶标仪读数一般可精确到 0.001，准确性为 ±1%，重复性达 0.5%。酶标仪的可测范围视各酶标仪的性能而不同。目前的酶标仪在 0.000 ~ 4.000。应注意可测范围与线性范围的不同，线性范围常小于可测范围，例如某一酶标仪的可测范围为 0.000-4.000，而其线性范围仅 0.000-3.000，这在定量 ELISA 中制作标准曲线时应予以注意。

### 7. 测定时，应分别以阳性对照与阴性对照控制实验条件

待测样品应一式二份，以保证实验结果的准确性。有时本底较高，说明有非特异性反应，可采用羊血清、兔血清或 BSA 等物质封闭。

### 8. 在 ELISA 中，实验条件的选择是很重要的

其中包括：固相载体的选择：许多物质可作为固相载体，如聚氯乙烯、聚苯乙烯、聚丙酰胺和纤维素等。其形式可以是凹孔平板、试管、珠粒等。目前常用的是 96 孔聚苯乙烯凹孔板。不管何种载体，在使用前均可进行筛选：用等量抗原包被，在同一实验条件下进行反应，观察其显色反应是否均一性，据此判断其吸附性能是否良好。

包被抗体（或抗原）的选择：将抗体（或抗原）吸附在固相载体表面时，要求纯度要好，吸附时一般要求 pH 在 9.0 ~ 9.6。吸附温度、时间及其蛋白量也有一定影响，一般多采用 4℃ 18 ~ 24 h。蛋白质包被的最适浓度需进行滴定：即用不同的蛋白质浓度（0.1 μg/mL，1.0 μg/mL 和 10 μg/mL 等）进行包被后，在其他试验条件相同时，观察阳性样品的吸收值。选择吸收值最大而蛋白量最少的浓度。对于多数蛋白质来说通常为 1 ~ 10μg/mL。

酶标记抗体工作浓度的选择：首先用直接 ELISA 法进行初步效价的滴定（见酶标记抗体部分）。然后再固定其他条件或采取"方阵法"（包被物、待测样品的参考品及酶标记抗体分别为不同的稀释度）在正式实验系统里准确地滴定其工作浓度。

酶的底物及供氢体的选择：对供氢体的选择要求是价廉、安全、有明显的显色反应，而本身无色。有些供氢体（如 OPD 等）有潜在的致癌作用，应注意防护，避免与皮肤接触。有条件者应使用不致癌、灵敏度高的供氢体，如 TMB 和 ABTS 是目前较为满意的供氢体。底物作用一段时间后，应当加入强酸或强碱以终止反应。通常底物作用时间，以 10 ~ 30 min 为宜。底物使用液必须新鲜配制，尤其是 $H_2O_2$。

## 三、食品中小分子物质（金黄色葡萄球菌 B 型肠毒素）的 ELISA 检测技术

### （一）方法目的

学习掌握间接竞争 ELISA 检测方法的基本操作方法以及原理。

### （二）原理

因小分子抗原或半抗原缺乏可作夹心法的两个以上的位点，因此不能用双抗体夹心法进行测定，可采用竞争法模式，即样品中的抗原和一定量的酶标抗原竞争与固相抗体结合。标本中抗原量含量愈多，结合在固相上的酶标抗原愈少，最后的显色也愈浅。

### （三）适用范围

测定小分子抗原或半抗原。

### （四）试剂材料

#### 1. 实验材料

含有金黄色葡萄球菌 B 型肠毒素（SEB）的食品样品 / 一定稀释度的金黄色葡萄球菌 B 型肠毒素（SEB）；SEB 分子的抗体；SEB 分子的包被抗原，HRP 标记的 SEB。

#### 2. 实验试剂

样品提取液：$Na_2CO_3$ 1.33 g、PVP 0.25 g、NaCl 1.461 g，维生素 C 0.5 g、加 250 mL 蒸馏水即可成为样品、包被缓冲液；0.05 mol/L pH 9.6 的碳酸盐缓冲液：$Na_2CO_3$ 1.59 g、$NaHCO_3$ 2.93 g；抗体 / 二抗稀释液：NaCl 8.0 g、$KH_2PO_4$ 0.2 g，$Na_2HPO_4$、$12H_2O$ 2.96 g、1.0 g 白明胶加水至 1 000 mL；吐温 –20；底物缓冲液：柠檬酸 $C_6H_8O_7$、$H_2O$ 5.10 g、$Na_2HPO_4$、$12H_2O$ 18.43 g、l mL 吐温 –20，加水 1 000 mL；洗涤液 NaCl 8.0 g、$KH_2PO_4$ 0.2 g、$Na_2HPO_4$、$12H_2O$ 2.96 g、1 mL 吐温 –20，加水 1 000 mL；终止液 2 mol/L $H_2SO_4$；OPD；$H_2O_2$。

### （五）仪器设备

酶标仪，洗板机，单通道移液器，多通道移液器，样品粉碎机及酶标板。

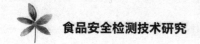

## （六）操作步骤

### 1. 包被酶标板

用包被液倍比稀释每孔加入 100 μL 稀释包被抗原，4℃过夜（至少 12 h）。

### 2. 洗涤

倒去孔内液体，每孔加入洗涤液 200 μL，PBSW 洗涤 3 次，每次 5 min，甩净洗涤液。

### 3. 封闭

每孔加入 200/L 封闭液，37℃封闭 30 min。

### 4. 洗涤

倾去孔内液体，每孔加洗涤液 200 μL.PBSW 洗涤 3 次，每次 5 min，甩净洗涤液。

### 5. 加抗体

加入稀释到工作浓度的特异性抗体，每孔 100μL，37℃反应 1 h。

### 6. 洗涤

倒去孔内液体，每孔加洗涤液 200 μL，PBSW 洗涤 3 次，每次 5 min，甩净洗涤液。

### 7. 加样

配制浓度为 10 μL/mL 的 SEB 母液，进行倍比稀释，50 μL SEB 抗血清以适当稀释度加等体积倍比稀释的 SEB 标准溶液先在 37℃孵育 1 h，同时以 50 μL 的抗血清和 PBS（phosphate buffer solution）混合物作为阳性标准，以 50 μL PBS 与 50μL 适当稀释的阴性血清作为阴性对照，然后再加到酶标板之上进行反应，每孔 100μL，37℃孵育 1 h。

### 8. 洗涤

倒去孔内液体，每孔加洗涤液 200 μL，PBSW 洗涤 3 次，每次 5 min，甩净洗涤液。

### 9. 加酶

每孔加入 100μL 辣根过氧化物酶标记 SEB，37℃反应 1 h（或加酶：每孔加入 100 mL hrp- 羊抗兔 IgG，37℃孵育 1 h）。

### 10. 洗涤

倒去孔内液体，每孔加洗涤液 200 μL，PBSW 洗涤 3 次，每次 5 min，甩净洗液。

### 11. 显色

每孔加入新鲜配制的底物（OPD 40 mg 溶于入 100 mL 包被液，加 150μL 30%$H_2O_2$），37℃反应 20 min。

### 12. 终止反应

每孔加入 50 μL 的终止液（2 mol/L $H_2SO_4$）以终止反应。

### 13. 测定

492 nm 处用酶联免疫检测仪测定各孔的吸收值。

## （七）结果分析

本方法采用了测定小分子量物质最常用的竞争法，其标准曲线中吸光度与受测样品的浓度呈负相关。定性判断仍然采用孔颜色的深浅来判断，只是结果与大分子物质恰恰相反。定量仍然采用标准的 S 形曲线来判定，只不过 S 形曲线是倒的，中央较呈直线的部分是最理想的检测区域。

## （八）方法分析与评价

要仔细理解小分子物质的检测原理与大分子物质略有不同，本方法采用酶标 RCT 与样品的游离的 RCT 之间的竞争来决定本反应的成败。当然，此种方法对于酶标 RCT 的制备要求较高。此外还可以采用酶标二抗与样品的游离的 RCT 之间的竞争来计算样品中所含待测物质的量，这种方法与本法所采用的 RCT 分子间的竞争是有很大差异的，不能真正反映小分子物质间竞争的真实情况。但是该法的酶标二抗则可以通用，条件较稳定。

# 第四节　食品中有害微生物蛋白质芯片快速检测技术

## 一、蛋白质芯片技术概述

### （一）蛋白质芯片技术基本原理

为了进一步揭示动植物细胞内各种代谢过程与蛋白质之间的关系以及某些病症发生的分子机理，必须对蛋白质的功能进行更深入的研究。蛋白质芯片技术就是为了满足人们对蛋白质的高通量、大信息量、平行分析研究应运而生的。

蛋白质芯片是一种新型的生物芯片是由固定于不同种类支持介质上的蛋白微阵列组成，阵列中固定分子的位置及组成是已知的，用未经标记或标记（荧光物质、酶或化学发光物质等标记）的生物分子与芯片上的探针进行反应，然后通过特定的扫描装置进行检测，结果由计算机分析处理。蛋白质芯片特异性强，这是由抗原抗体之间、蛋白与配体之间的特异性结合决定的；灵敏度高，可以检测出样品中微量蛋白的存在，检测水平已达 ng 级；通量高，在一次实验中对上千种目标蛋白同时进行检测，效率极高；重复性好，不同次实验间相同两点之间差异很小；应用性强，样品的前处理简单，只需对少量实际标本进行沉降分离和标记后，即可加于芯片上进行分析和检测。

蛋白质芯片根据功能可分为功能研究型芯片与检测型芯片。功能研究型芯片多为高密度芯片，载体上固定的是天然蛋白质或融合蛋白。该种芯片主要用于蛋白质活性以及蛋白质组学的相关研究。检测型芯片的密度相对较低，固定的是抗原、抗体等，主要用于生物分子快速检测。

蛋白质芯片的载体基本还是沿用了基因芯片的载体，主要有滤膜类、凝胶类以及玻璃片类。其中滤膜类和凝胶类具有蛋白质固定量大、蛋白质活性高、能够为蛋白质固定提供三维空间等优点，但这些载体往往不能满足蛋白质机械点样强度高的要求，同时点在上面的样品易发生扩散导致不同样品之间相互干扰。玻璃片具有表面光滑、成本低、性能稳定等优点，已经被广泛应用于蛋白质芯片的制作。为了使蛋白质能牢固地固定在玻片表面，必须对玻片的表面进行修饰，通常选择具有双功能基团的硅烷作为连接分子，其中一端功能基团和玻片上的羟基结合，另一端功能基团和蛋白质的氨基、羧基、羟基或巯基等相连。但是这类固定方法中，固定在玻片上的蛋白质是方向各异的，所以有一部分蛋白质由于没有游离的反应域而在后继的过程中不能与待测样品中的相应组分发生生物学反应。为了更好地保持被固定蛋白质的活性，可利用与基因芯片制作相似的点样技术，制作一张含一万多个点的蛋白质芯片，为了确保不同分子量的蛋白质都能够被固定在玻片上，在于玻片表面涂上牛血清白蛋白（BSA），然后用 N，N′－二琥珀酰胺碳酸激活 BSA 表面的赖氨酸、天冬氨酸和谷氨酸残基，使它们成为 BSA-NHS，而促进 BSA 与点样蛋白质的结合，从而大大提高了固定蛋白质中活性蛋白质分子的比例，增加了检测的灵敏度。

探针蛋白的制备：蛋白质芯片要求在载体上固定大量亲和性高、特异性强的探针。探针可根据研究目的的不同，选用不同的抗原、抗体、酶和受体等。由于具有高度的特异性和亲和性，单克隆抗体是比较好的一种探针蛋白，用其构筑的芯片可用于检测蛋白质的表达丰度以及确定新的蛋白质。但是，传统的单克隆抗体杂交瘤细胞技术具有时间长、产量低等缺点，已经不能满足芯片生产的需要。所以，如何大量生产和纯化抗体成为蛋白质芯片发展的关键之一。

## （二）蛋白质芯片技术特点

（1）芯片制作中须确保固定蛋白质的活性，此个过程最为关键的因素就是适合大多数蛋白质的载体的选择及载体表面处理修饰技术。

（2）基因芯片与蛋白质芯片的差异是：基因芯片通过检测 mRNA 的丰度或者 DNA 的拷贝数来确定基因的表达模式和表达水平，根据 mRNA 的水平（包括 mRNA 的种类和含量）并不足以估计蛋白质的表达水平。实际上，对于某些基因，当 mRNA

的水平相等时，蛋白质的表达水平可以相差 20 倍以上，反之，当某一蛋白质的表达稳定在某水平时，各转录 mRNA 的水平也可相差达 30 倍，单凭基因芯片检测结果是不能完全反应出生物体内的蛋白质水平，要想得到完整的生物信息，解决办法之一就是直接研究基因的表达产物 – 蛋白质。

利用蛋白质芯片进行检测时，样品可以是未经提纯的含待测蛋白的样品液等，但有时由于样品中存在的其他物质的影响，也会降低检测的灵敏度，而且可能出现假阳性结果，因此在检测前对样品进行适当必要的提取、纯化等预处理也是必要的。

## 二、蛋白质芯片的制作技术

### （一）实验目的

学习了解蛋白质芯片制备的基本操作方法以及特点。

### （二）试剂材料

#### 1. 实验材料

蛋白质或肽，载玻片。

#### 2. 实验试剂

乙醛，硅烷试剂，牛血清白蛋白 BSA，PBST（含 0.1% 吐温 –20 的 PBS）。

### （三）仪器设备

载玻片，自动点样机和光谱检测器。

### （四）操作步骤

#### 1. 载体表面的化学处理

通常用含乙醛的硅烷试剂处理载玻片，使载玻片表面的醛基和蛋白质的氨基反应，形成西佛碱，从而将蛋白质固定，这种方法适合固定较大的蛋白质分子。对于固定较小的蛋白质分子或肽，则用 BSA–NHS 修饰载玻片，先在载玻片上吸附上一层 BSA（bovine serum albumin）分子，然后用 N，N′–disuccinimidel carbonate 激活 BSA 分子，使 BSA 上活化的 Lys、Asp、Glu 与待固定蛋白质氨基或醛基发生反应，形成共价连接。

#### 2. 蛋白质预处理

通常用来制备芯片的蛋白质最好具有较高的纯度和完好生物活性，所以点样前必须选择合适的缓冲液将蛋白质融解，一般是采用含 40% 甘氨酸的 PBS 缓冲液，这可以防止溶液蒸发，蛋白质在芯片的整个制作过程中保持水合状态，防止蛋白质变性。

### 3. 芯片的点印

目前点印蛋白质芯片采用的方法是利用机械带动的点样头进行，点样头为不锈钢针头，与 DNA 芯片的点样仪相似。为了防止芯片表面水分蒸发，造成点印不均匀或使蛋白质变性，点样应处于密闭并且保持一定湿度的空间进行。

### 4. 配基的固定

以乙醛基或 BSA–NHS 修饰的载玻片为载体的芯片，其固定原理在载体的表面处理中已说明。需说明的是蛋白质的固定技术影响着蛋白质芯片的发展速度，因为蛋白质有比核酸更为复杂的化学性质。被固定蛋白质分子的衍向是蛋白质芯片制作中尚未解决的问题。

### 5. 芯片的封阻

蛋白质固定后要将载体上其他无蛋白质样品区域封阻，以防止待测样品中的蛋白质与之结合，形成假阳性，针对上述几种载体，封阻所用的试剂主要有 BSA 和 Gly 两种。封阻后，用 PBST（含 0.1% 吐温 –20 的 PBS）反复洗涤芯片，把多余封阻剂洗去。

### 6. 检测及分析

根据样品是否与载体上固定的配基进行特异性反应，检测出样品中是否含与配基相互作用的分子，并能鉴定其组分。目标蛋白可在芯片表面直接检测，也可从芯片上洗脱后间接检测。直接检测法包括折射指数变化表面等离子体共振法、固相激光激发时间分辨荧光光谱法、增强化学发光法、表面增强激光解吸 / 离子化质谱法、荧光偏振导向法。间接检测法多数是将蛋白质芯片和电喷雾离子化、基质辅助激光解吸 / 离子化质谱联用。

## （五）结果分析

在每个芯片的制作过程中应设计有阴阳性对照反应，或者已在多次实验中找到一个判断阴阳性结果的界值，作为判断结果的根据。

## （六）方法分析与评价

通常用来制备芯片的蛋白质最好具有较高的纯度和完好的生物活性，所以点样前必须选择合适的缓冲液将蛋白质融解，一般是采用含 40% 甘氨酸的 PBS 缓冲液，这可以防止溶液蒸发，使蛋白质在芯片的整个制作过程中保持水合状态，防止蛋白质变性。如果蛋白质发生浑浊则要至少通过微孔滤膜过滤后才能使用。载体表面的化学处理是关键的步骤，应根据蛋白质性质和大小来选择不同的处理方式，处理操作要均一，以免造成后续试验的失败。

点印时一定要防止芯片表面水分过度蒸发而造成点印不均匀或者使蛋白质变性，因此点样最好处于密闭且保持一定湿度的空间进行。

## 三、食品中有害微生物的蛋白间接检测技术

### （一）实验目的

学习蛋白质芯片间接检测法的基本原理方法。

### （二）原理

间接检测法，即样品中的被检测物质要预先用标记物进行标记，和蛋白质芯片发生特异性的结合后，使用特定的检测或扫描装置将信号收集，再经计算机分析处理。目前，标记物主要包括荧光物质、化学发光物质、酶及同位素等。目前在蛋白质芯片检测中应用最广的是荧光染料标记。

### （三）试剂材料

**1. 试验材料**

食品或者动植物微生物组织。

**2. 试验试剂**

蛋白质提取缓冲液（PBS）。

### （四）仪器设备

蛋白质芯片，芯片检测仪。

### （五）操作步骤

第一，从细胞与体液中提取出的蛋白质混合物。

第二，与一系列不同性质的蛋白质芯片相结合。

第三，洗去不与芯片结合的蛋白。

第四，用荧光染料C℃3或C℃5直接标记待检测的蛋白质，或者用荧光染料标记该蛋白质的二抗，和芯片上的蛋白质结合。

第五，用激光扫描和CCD照相技术对激发的荧光信号检测。

第六，用计算机和相应的软件系统进行分析。

## （六）结果分析

根据蛋白质芯片检测仪分析出的相应谱图来对目的蛋白的有无以及含量多少做出定性定量的判断。

## （七）方法分析与评价

第一，该方法原理简单，使用安全，且有很高的分辨率，特别是双色光的应用大大方便了表达差异检测的分析。

第二，利用蛋白质芯片进行检测时，样品可以是未经提纯的含待测蛋白的样品液等，但有时由于样品中存在的其他物质的影响，也会降低检测的灵敏度，并且可能出现假阳性结果，因此在检测前对样品进行适当必要的提取、纯化等预处理也是必要的。

# 第五节　食品中的有害微生物 DNA 芯片快速检测技术

## 一、DNA 芯片技术概述

### （一）DNA芯片技术的基本原理

基因芯片（又称 DNA 芯片、生物芯片）技术系指将大量（通常每平方厘米点阵密度高于 400）探针分子固定于支持物上后与标记的样品分子进行杂交，通过检测每个探针分子的杂交信号强度进而获取样品分子的数量和序列信息。基因芯片技术由于同时将大量探针固定于支持物上，因此可以一次性对样品大量序列进行检测和分析，从而解决了传统核酸印迹杂交技术操作繁杂、自动化程度低、操作序列数量少、检测效率低等不足。而且，通过设计不同的探针阵列、使用特定的分析方法可使该技术具有多种不同的应用价值，如基因表达谱测定、实变检测、多态性分析、基因组文库作图及杂交测序等。

基因芯片的主要类型。目前已有多种方法可以将寡核苷酸或短肽固定到固相支持物上，主要有原位合成与合成点样法等。支持物有多种如玻璃片、硅片、聚丙烯膜、硝酸纤维素膜、尼龙膜等，但是需经特殊处理。作原位合成的支持物在聚合反应前要先使其表面衍生出羟基或氨基并与保护基建立共价连接；作点样用的支持物为让其表面带上正电荷以吸附带负电荷的探针分子，通常需包被氨基硅烷或多聚赖氨酸等。

基因芯片应用主要包括基因表达检测、突变检测、基因组多态性分析和基因文库作图以及杂交测序等方面。在基因表达方面人们已成功地对多种生物如酵母及人的基因组表达情况进行了研究，并且用于核酸突变的检测及基因组多态性的分析。

## （二）DNA芯片技术特点

第一，基因芯片技术成本昂贵、复杂、检测灵敏度较低、重复性差、分析范围较狭。这些问题主要表现在样品的制备、探针合成与固定、分子的标记、数据的读取与分析等几个方面。

第二，样品制备时，在标记与测定前通常都要对样品进行一定程度的扩增以便提高检测的灵敏度。

第三，探针的合成与固定比较复杂，特别是对于制作高密度的探针阵列。使用光导聚合技术每步产率不高（95%），难以保证好的聚合效果。也有用压电打压、微量喷涂等方法，但很难形成高密度的探针阵列，所以只能在较小规模上使用。

第四，目标分子的标记是一重要的限速步骤，如何简化或绕过这一步目前仍然是难点。

第五，目标分子与探针的杂交会出现某些问题：首先，由于杂交位于固相表面，所以有一定程度的空间阻碍作用，有必要设法减小这种不利因素的影响。可通过向探针中引入间隔分子而使杂交效率提高。其次，探针分子的 GC 含量、长度以及浓度等都会对杂交产生一定的影响，所以需要分别进行分析和研究。

第六，基因芯片上成千上万的寡核苷酸探针由于序列本身有一定程度的重叠因而产生了大量的丰余信息。在信号的获取与分析上，当前多使用荧光法进行检测和分析，重复性较好，但灵敏度仍然不高，要对如此大量的信息进行解读，仍然是目前的技术难题。

# 二、食品中致病菌的基因芯片检测技术

## （一）实验目的

学习了解基因芯片技术的基本原理以及方法特点。

## （二）试剂材料

### 1. 实验材料

基因芯片，致病菌。

### 2. 实验试剂

乙醛，硅烷试剂，BSA，PBST（含 0.1% 吐温 –20 的 PBS）。

## （三）仪器设备

载玻片，自动点样机，光谱检测器。

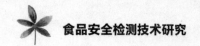

## （四）操作步骤

### 1. PCR 扩增引物及基因芯片探针设计

细菌 16S rRNA 保守性强，在生物进化过程中比其他基因演化慢，被冠之以细菌分类的"化石"。在 16S rRNA 基因中既有序列一致的恒定区，也有序列互不相同的可变区，恒定区和可变区交错排列。所以可以在 16S rRNA 恒定区设计 PCR 引物，用一对引物就可以将所有致病菌的相应基因片段全部扩增出来，在可变区设计检测探针并制作基因芯片。

### 2. 芯片准备

对芯片的介质表面进行氨基化、硅烷化或二硫键修饰处理是基因芯片技术的重要组成部分。利用基因芯片点样仪，将引物及探针 DNA 分子点涂在经过修饰的玻片等载体上，即制成芯片。DNA 芯片的制作有几种不同的方式：外合成芯片制备，如化学喷射法和接触式点涂法；原位合成芯片制备，如高压电喷头合成法和光引导原位合成法。所用寡核苷酸均先已合成完毕，再固定于载体上，变成芯片。芯片制备好之后，便可用于检测食品中未知致病菌。

### 3. 待测食品致病菌样品处理

待测致病菌样品在培养后进行裂解，提取致病菌的模板 DNA，采用聚合酶链式反应（PCR）扩增，对扩增出来的产物进行荧光标记。再用 2.0% 琼脂糖凝胶电泳检测，得到的荧光标记产物可用于杂交试验。

### 4. 杂交

将扩增后并已标记的待测致病菌 DNA 标品滴加于基因芯片上，与芯片上的特异性 DNA 进行杂交。被检测的致病菌如果存在，其 DNA 便与芯片 DNA 杂交成功，经洗涤晾干后进行结果分析。

### 5. 结果检测与分析

采用芯片扫描仪如荧光扫描仪、共聚焦显微镜等进行检测，根据荧光强弱来确定被测致病菌是否存在。

## （五）结果分析

在每个芯片的制作过程中应设计有阴阳性对照反应，或者已在多次实验中找到一个判断阴阳性结果的界值，作为判断结果的根据，通过有无及强弱来确定被测致病菌是否存在。

## （六）方法分析与评价

第一，芯片检测结果的可靠性与芯片的设计密切相关。芯片包含的探针种类与探针的特异性是决定芯片的最重要的因素，寡核苷酸探针是通过和互补序列形成双螺旋结构而成为监测目标核酸的有效方法。碱基互补配对原则的严谨性保证了杂交反应的特异性，但是生物物种都有一定的同源性，这就需要在比较引物和探针的同源性时特别严谨。载体表面的化学处理也是很关键的步骤，应根据蛋白质的性质和大小来选择不同的处理方式，处理时操作要均一，以免造成后续试验的失败。

第二，使用基因芯片检测时一定要使用内参照基因来当作阳性标准，真核生物使用 18S 通用引物，原核生物使用 16S 为通用引物。

# 第七章　食品中掺假物质的安全检测技术

## 第一节　食品掺假鉴别检验的方法

### 一、食品掺假及食品质量标准

#### （一）食品掺假

食品掺假是指人为地、有目的地向食品中加入一些非固有成分，以增加其重量或体积，而降低成本；或改变某种质量，以低劣的色、香、味来迎合消费者贪图便宜的行为。食品掺假主要包括掺假、掺杂和伪造，这三者之间没有明显的界限，食品掺假即为掺假、掺杂和伪造的总称。一般的掺假物质能够以假乱真。

根据《中华人民共和国食品安全法》规定，我国实行的是分段的食品安全监督管理体制，与食品安全有关的政府机构主要有：国务院食品安全管理委员会办公室、中华人民共和国卫生部、中华人民共和国农业部、中华人民共和国质量监督检验检疫总局、中华人民共和国工商行政管理局及中华人民共和国食品药品监督管理局。

#### （二）食品安全标准

《食品安全法》第二十条规定：食品安全标准应当包括下列内容：

①食品、食品相关产品中的致病性微生物、农药残留、兽药残留、重金属、污染物质以及其他危害人体健康物质的限量的规定。

②食品添加剂的品种、使用范围、用量。

③专供婴幼儿和其他特定人群的主辅食品的营养成分要求。

④对与食品安全、营养有关的标签、标志、说明书的要求。

⑤食品生产经营过程的卫生要求。

⑥与食品安全有关的质量要求。

⑦食品检验方法与规程。

⑧其他需要制定为食品安全标准的内容。

## 二、食品掺假检测的方法

### （一）感官评定法

食品的感官检验是在心理学、生理学与统计学的基础上发展起来的一种检验方法，是通过人的感觉味觉、嗅觉、视觉、触觉，以及语言、文字、符号作为分析数据，对食品的色泽、风味、气味、组织状态、硬度等外部特征进行评价的方法。通过食品的感官检验，可对食品的可接受性及质量进行最基本的判断，感官上不合格则不必进行理化检验。优点在于简便易行、灵敏度高、直观而实用。所以它也是食品生产、销售、管理人员所必须掌握的一门技能。

### （二）物化分析法

物化分析法通过测定密度、黏度、折射率、旋光度等物质特有的物理性质来求出被测组分的含量。如密度法可测定饮料中糖分的浓度，酒中酒精的含量，检验牛乳中是否掺水、脱脂等。折光法可测定果汁、番茄制品、蜂蜜、糖浆等食品的固性物含量和牛乳中乳糖的含量等。旋光法可以测定饮料中蔗糖的含量、谷类食品中淀粉的含量等。

### （三）仪器检测法

依据不同食品在化学成分上的差别，选择特征性的一种或者几种成分进行鉴别。常规化学分析如检测固形物、糖、酸、灰分等指标的色谱分析包括薄层、气相、高效液相等色谱方法。光谱及波谱分析包括紫外、红外、荧光原子吸收、核磁共振等方法，其中紫外原子吸收是食品理化成分分析中常用的技术。目前在国内的掺假检测中，气相色谱法是应用最为普遍的方法，也已制定了相关的国家标准。红外光谱法和拉曼光谱法易于操作，检测成本较低，有着良好的应用前景。但是，这些技术很大程度上会受到品种、产地、收获季节、原料环境、加工条件、贮运包装方式等很多因素的影响，或多或少具有一定的局限性。

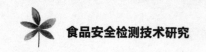

# 第二节 乳与乳制品掺假的检测

## 一、鲜牛乳质量优劣的感官鉴别

鲜牛乳是指从牛乳房挤出的乳汁，具有一定的芳香味，并且有甜、酸、咸的混合滋味。这些滋味来自乳汁中的各种成分，新鲜生乳的质量，是根据感官鉴别、理化指标和微生物指标三个方面来判定的。一般在购买生乳或消毒乳时，主要是依据感官进行鉴别。

### （一）优质鲜乳

色泽：呈乳白色或淡黄色。

气味及滋味：具有显现牛乳固有的香味，没有其他异味。

组织状态：呈均匀的胶态流体，无沉淀、无凝块、无杂质、无异物等。

### （二）次质鲜乳

色泽：较新鲜乳色泽差或灰暗。

气味及滋味：乳中固有的香味稍淡，或略有异味。

组织状态：均匀的胶态流体，无凝块，但带有颗粒状沉淀或少量脂肪析出。

### （三）不新鲜乳

色泽：白色凝块或明显黄绿色。

气味及滋味：有明显的异常味，比如酸败味、牛粪味、腥味等。

组织状态：呈稠样而不成胶体溶液，上层呈水样，下层呈蛋白沉淀。

## 二、鲜牛乳掺假的快速检测

### （一）牛乳中掺水的检测

#### 1. 乳清密度检查法

正常的鲜乳乳清相对密度介于 1.027 ~ 1.030。乳清密度超出此范围，证明其有掺假情况。

在锥形瓶中加入待测乳样和醋酸，保温，使酪蛋白凝固，过滤，滤液即为乳清，参照乳密度的测定方法测乳清密度。若乳中掺入 5% 以上的水、米汤或者豆浆，则乳清密度明显小于 1.027；若乳中掺入 5% 以上的电解质，乳清密度可超出 1.030。

### 2. 化学检查法

各种天然水（井水、河水等）一般均含有硝酸盐，而正常乳则完全不含有硝酸盐。原料乳是否掺水，可用二苯胺法测定微量硝酸根验证。在浓硫酸介质中，硝酸根可把二苯胺氧化成蓝色物质。如果试验显示蓝色，可判断为掺水；比如试验不显蓝色，由于某些水源不含硝酸盐（或掺入蒸馏水），也不能说明没掺水。可继续将氯化钙溶液加入待检乳样中，酒精灯上加热煮沸至蛋白质凝固，冷却后过滤。在白瓷皿中加入二苯胺溶液，用洁净的滴管加几滴滤液于二苯胺中，如果在液体的接界处有蓝色出现，说明有掺水。

### 3. 冰点测定法

正常新鲜乳的冰点应为 −0.53 ～ −0.59℃，掺假后将会使冰点发生明显的变化，低于或高于此值都说明可能有掺假或者是变质。样品的冰点明显高于 −0.53℃，说明可能是掺水，可计算掺水量；样品的冰点低于 −0.59℃，说明可能会掺有电解质或蔗糖、尿素以及牛尿等物质。

### 4. 干物质测定法

正常乳的干物质量为 11% ～ 15%，若干物质量明显低于此值则证明掺水。

### 5. 硝酸银－重铬酸钾法

正常乳中氯化物很低，掺水乳中氯化物的含量随掺水量增加而增加。利用硝酸银与氯化物反应检测。检测时先在被检乳样中加两滴重铬酸钾，硝酸银试剂与乳中氯化物反应完后，剩余的硝酸银便与重铬酸钾产生反应，据此确定是否掺水和掺水的程度。

## （二）牛乳中掺蔗糖的检测

正常乳中只含有乳糖，而蔗糖含有果糖，因此通过对酮糖的鉴定，检验出蔗糖的是否存在。取乳样品于试管中，加入间苯二酚溶液，摇匀后，置于沸水浴中加热。如果有红色呈现，说明掺有蔗糖。

此外，常见含葡萄糖的物质有葡萄糖粉、糖稀、糊精、脂肪粉、植脂末等。为了提高鲜奶的密度和脂肪、蛋白质等理化指标，常在鲜奶中掺入这类物质。取尿糖试纸，浸入乳样中 2s 后取出，对照标准板，观察现象。含有葡萄糖类物质时，试纸即有颜色变化。

## （三）牛乳中掺入无机盐的检测

### 1. 牛乳中掺食盐的检测

#### （1）银量法

新鲜乳中含氯离子一般为 0.09% ～ 0.12%。用莫尔法测氯离子时，如果其含量远超过 0.12% 可认为掺有食盐。在乳样中加入铬酸钾与硝酸银，新鲜乳由于乳中氯离子含量很低，硝酸银主要和铬酸钾反应生成红色铬酸银沉淀，如果掺有氯化钠，硝酸银则主要和氯离子反应生成氯化银沉淀，并且被铬酸钾染成黄色。

### （2）食盐检测试纸法

食盐检测试纸是利用铬酸银与氯化银的溶度积不同，使铬酸银沉淀转化为氯化银沉淀，从而使试纸变色达到检验效果。氯离子的检测浓度主要取决于铬酸根的浓度，选择适当的铬酸根浓度，以提高试纸的灵敏度。根据资料选择 0.1024mol/L 硝酸银与 0.02499mol/L 铬酸钾制成食盐试纸。

### 2. 牛乳中掺碳酸铵、硫酸铵和硝酸铵的检测

碳酸铵、硫酸铵和硝酸铵是常见的化肥，都含有铵离子，可通过铵离子的鉴定得到检验。铵离子的鉴定一般采用纳氏试剂法。纳氏试剂与氨可形成红棕色沉淀，其沉淀物多少与氨或铵离子的含量成正比。取滤纸（< 1cm²）滴上 2 滴纳氏试剂，沾在表面皿上，在另一块表面皿中加入 3 滴待检乳样和 3 滴 20% 的氢氧化钠溶液，将沾有滤纸的表面皿扣在上面，组成气室，将气室置于沸水浴中加热。如果沾有纳氏试剂的滤纸呈现橙色至红棕色，表示掺有各种铵盐；如滤纸不显色说明没有掺入铵盐。如进一步确定是哪一种化肥可再进行阴离子鉴定，如 $NO_3^-$、$SO_4^{2-}$、$CO_3^{2-}$ 等。

## （四）牛乳中尿素的检测

牛乳掺水后的相对密度会明显低于正常值，容易被发现，一些不法分子则用双假来欺骗消费者，即掺入水的同时又掺入农村易得到的化肥，比如尿素、硫酸铵等。这样既能增加牛乳的相对密度、牛乳中非脂固体的含量，又能增加采用凯氏定氮法（以测定蛋白质含量）所测到的含氮量。

### 1. 格里斯试剂定性法

尿素和亚硝酸钠在酸性溶液中生成 $CO_2$ 和 $NH_3$，当加入对氨基苯磺酸时，掺有尿素的牛乳呈黄色外观，正常牛乳为紫色。检验步骤如下：取牛乳样品 5mL，加入 1%NaNO₂ 溶液及浓硫酸各 1mL，摇匀放置 5min，待泡沫消失后，加格里斯试剂 0.5g，摇匀。如牛乳呈现黄色，说明有尿素，正常牛乳为紫色。

### 2. 速测盒法

速测盒中含试剂 A、B、C。

### （1）检测原理

尿素能够阻断萘胺试剂反应，不会生成紫红色物质。由此证明乳品中含有尿素成分。检出限：牛乳为 0.05mg，最低检出浓度 50mg/ kg；乳粉为 0.5mg，最低检出浓度 500mg/ kg。本方法适用于掺假乳品与饮用水中尿素的定性检测。

### （2）样品处理

取 1g 乳粉试样，用 10mL 温水溶解，从中取 1mL（如果是牛乳或饮用水，直接

取 1mL）于试管中，加入 2 滴 A 试液，沿管壁小心加入 20 滴 B 试液（每滴 1 滴后摇动两下使产生的气泡消失）后，放置 5min。为便于观察结果，同时取用已知不含尿素的样品作为对照进行操作。

**（3）测定**

将处理后的试液和对照液摇匀，分别轻轻倒入到两只含有 C 试剂的试管中，加盖后将试剂摇溶，5 ~ 20mm 内观察液体颜色变化。

**（4）判断**

样品管与对照管进行比对，不显色为强阳性结果，浅紫红色为弱阳性结果，紫红色为阴性结果。

**（5）注意**

B 试液为强酸溶液，小心操作，每次用后随手将瓶盖拧紧放好，一旦溅到皮肤上或者眼中，用大量清水冲洗。

## （五）牛乳中掺甲醛的检测

取硫酸试剂于试管中，沿管壁小心加入被检乳，勿使混合，静置于试管架上。约 10min 后观察两液接触面颜色变化。如有甲醛时，为紫色或深蓝色环。正常乳为淡黄色、橙黄色或褐色环。

## （六）牛乳中阿拉伯胶的检测

取适量待测牛乳，加醋酸使之凝固，过滤，滤液蒸发浓缩至原液体积的 1/5，加适量无水乙醇，如产生絮状白色沉淀，则可以认为被测牛乳中有阿拉伯胶。

## （七）牛乳中白陶土的检测

白陶土为水化硅酸铝，食后影响胃的消化。铝离子在中性或弱酸性下可与桑色素反应生成内络盐，在阳光下或紫外灯光下，呈现很绿的绿色荧光，利用此法鉴别效果准确。

取待测牛乳 5mL，加入过量氢氧化钾，滤除沉淀，取滤液 0.5mL，加适量醋酸使其酸化，再加 2 ~ 3 滴桑色素，在紫外灯下观察，如有强烈绿色荧光说明待测牛乳中掺有白陶土。

## （八）掺防腐剂的检测

### 1. 掺水杨酸的检测

取蒸馏液，加入三氯化铁溶液，若无紫色出现，证明无水杨酸及其盐的存在。如有紫色出现，再取蒸馏液，加入氢氧化钠溶液、醋酸溶液及硫酸铜溶液，混合均匀后加热煮沸半分钟，冷却，若有砖红色出现，可确证有水杨酸及其盐存在。

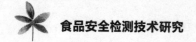

### 2. 掺过氧化氢的检测

取牛乳适量，加入硫酸和淀粉碘化钾溶液，放置几分钟后，如若出现蓝色则证明牛乳中掺有过氧化氢。

### 3. 掺焦亚硫酸钠的检测

乳样中滴加碘试剂振荡摇匀，再加淀粉溶液，振荡摇匀后观察。乳样呈蓝色，说明不含焦亚硫酸钠，为正常乳；若乳样呈白色，说明含焦亚硫酸钠，为掺假乳。

## 三、乳粉掺假的检测

乳粉中掺假物质有的来源于原料牛乳的掺假，有的则是向乳粉中直接掺假。乳粉的掺假物质主要有蔗糖、豆粉和面粉等，其检验方法是取样品适量溶解于水中，然后按照鲜乳中掺有蔗糖、豆粉和面粉等杂质的检验方法进行检验。在牛乳之中可能出现的掺假物质，在乳粉中都有可能出现。

## （一）乳粉中杂质度的快速检测

称取乳粉样品用温水充分调和至无乳粉粒，加温水加热，在棉质过滤板上过滤，用水冲洗黏附在过滤板上的牛乳。将滤板置烘箱中烘干，以滤板上的杂质与标准板比较即得乳粉杂质度。

## （二）真乳粉和假乳粉的感官鉴别

### 1. 手捏鉴别

真乳粉用手捏住袋装乳粉的包装来回摩擦，真乳粉质地细腻，发出"吱吱"声；假乳粉用手捏住袋装乳粉包装来回摩擦，因为掺有白糖、葡萄糖而颗粒较粗，发出"沙沙"的声响。

### 2. 色泽鉴别

真乳粉呈天然乳黄色；假乳粉颜色较白，细看呈结晶状，并有光泽，或呈漂白色。

### 3. 气味鉴别

真乳粉嗅之有牛乳特有的香味；假乳粉的乳香味甚微或没有乳香味。

### 4. 滋味鉴别

真乳粉细腻发黏，溶解速度慢，无糖的甜味；假乳粉溶解快，不黏牙，有甜味。

### 5. 溶解速度鉴别

真乳粉用冷开水冲时，需经搅拌才能溶解成乳白色混悬液；用热水冲之时，有悬漂物上浮现象，搅拌时黏住调羹。假乳粉用冷开水冲时，不经搅拌就会自动溶解或发生沉淀；用热水冲时，其溶解迅速，没有天然乳汁的香味和颜色。

# 第三节 肉及肉制品掺假的检测

## 一、蛋品新鲜度的检测方法

蛋品中以鸡蛋最为常见，鲜鸡蛋的密度平均为 1.0845g/mL，由于蛋内水分不断蒸发，气室逐日增大，密度也每天减少 0.0017 ~ 0.0018g/mL，因此测定鸡蛋的密度可以判断出鸡蛋的新陈，但此方法不适于储藏蛋。

### （一）相对密度测试法（市售测试液）

取 250mL 容器，将包装袋内的"鸡蛋新鲜度比重试剂"溶解在 200mL 洁净水中，（相对密度 1.05 ~ 1.06），将鸡蛋放入溶液之中，悬浮（不能下沉）的蛋为陈蛋或腐坏蛋。

注：经过检测的蛋不宜久藏。

### （二）感官与光照测试法

不同质量的鸡蛋的判定与处理（进行光照测试前先用厚纸卷成一个长 15cm，一端略细的纸筒，把蛋放在粗端对着阳光检测）。

#### 1. 良质鲜蛋

蛋壳上有白霜，完整清洁，光照透视气室小，看不见蛋黄或呈红色阴影无斑点。

#### 2. 血圈蛋（受精蛋）

由于受热开始生长，光照透视血管形成，蛋黄呈现小血环。血圈蛋应当在短期内及时食用。

#### 3. 霉变蛋

轻者壳下膜有小霉点，蛋白和蛋黄正常；严重者可见大块霉斑，蛋膜及蛋液内有霉点或斑，并有霉味，霉变蛋不能食用。

#### 4. 黑腐蛋

蛋壳多呈灰绿色或者暗黄色，有恶臭味。黑腐蛋不能食用。

## 二、肉品新鲜度的检测方法

### （一）萘斯勒试剂检验法

#### 1. 原理

在碱性溶液中氨和氨离子能与萘斯勒试剂相作用生成黄棕色的氨基碘化汞沉淀，可根据沉淀的生成和多少来测定样品中氨的大约含量。

#### 2. 试剂与材料

萘斯勒试剂（称取碘化汞 5.5g，碘化钾 4.4g，加无氨蒸馏水 20mL 使其溶解。称取氢氧化钠 15g 溶于 50mL 无氨蒸馏水中，冷却后将上述四碘络汞化钾溶液倒入其中，加水至 100mL，放置过夜，取上层清液于棕色滴瓶中，备用），无氨蒸馏水。

#### 3. 步骤

（1）肉样浸取液的制备

称取肉样 10g 加无氨蒸馏水 100mL，搅拌浸渍 15min，过滤并清液待检。

（2）测定

取肉样浸取液 1mL 于试管中，逐滴滴加萘斯勒试剂 1 ~ 5 滴，观察有无沉淀的生成，如无沉淀出现，再一滴滴添加萘斯勒试剂，加满 10 滴为止。

另取一支试管加无氨蒸馏水 1mL，并作对照实验。

#### 4. 结果判定

结果判定见表 7-1。

表 7-1　粗氮含量及肉的鲜度

| 试剂滴数 | 肉浸液的变化现象 | 氨含量 /（H 培 /100g） | 评定符号 | 肉的鲜度 |
|---|---|---|---|---|
| - | 淡黄色，透明 | ＜ 16 | - | 一级鲜度 |
| - | 黄色透明 | 16 ~ 20 | ± | 二级鲜度 |
| 10 | 淡黄色，浑浊 | 21 ~ 30 | + | 腐败初期 |
| - | 有少量悬浮物 | — | - | 迅速利用 |
| 6 ~ 9 | 明显黄色浑浊 | 31 ~ 45 | ++ | 经处理可食用 |
| 1 ~ 5 | 大量黄色或棕色沉淀 | ＞ 45 | +++ | 腐败变质肉 |

## （二）pH试纸检验法

### 1. 步骤

用清洁的不锈钢刀将瘦肉沿与肌纤维垂直的方向横断切割，但不能将肉块完全切断。撕下一条精密 pH 试纸，以其长度的 2/3 紧贴肉面，合拢剖面，夹住试纸 5min，或将 pH 试纸浸入被检肉的浸出液中数秒钟，然后取出试纸和标准比色板进行比较，直接读取数值。

### 2. 结果判定

新鲜肉 pH 5.8 ～ 6.2；劣质肉 pH 6.3 ～ 6.6；变质肉 pH6.7 以上。

本方法的精密度在 ±0.2，方法简便、快速，适合现场操作。

## （三）细菌毒素检验法

### 1. 原理

有病动物肉及变质肉中，大都有微生物及肉毒素的存在。这些肉毒素不管其结构如何不同，都能降低肉类浸出液的氧化还原势能，如果在除去蛋白质的肉浸液中加入硝酸银溶液，则形成毒素的氧化型，这种氧化型毒素具有阻止氧化还原指示剂的特性，当肉浸液中存在氧化型毒素时，将与高锰酸钾起反应，此时，浸出液呈现指示剂的颜色（蓝色），当肉浸液中无氧化型毒素存在时，指示剂被还原褪色呈现高锰酸钾的颜色（红色）。

### 2. 试剂与材料

无菌生理盐水，0.1mol/L 氢氧化钠，5% 草酸钾溶液，1% 次甲基蓝，0.5% 硝酸银溶液，1 ∶ 1.5 盐酸，1% 高锰酸钾。

### 3. 步骤

①毒素的抽提。以无菌操作称取被检肉 10g 置于无菌乳钵中，用无菌剪刀仔细剪碎，加入无菌生理盐水 10mL 和 0.1mol/L 氢氧化钠 10 滴，仔细研磨，然后将所得肉浆用玻璃棒移入 250mL 锥形瓶中，加塞在水浴上加热至沸，取出后置冷水中冷却并向其中加入 5% 的草酸钾溶液 5 滴，以中和内容物，最后用滤纸过滤备用。

②取灭菌小试管 4 只，加入检样抽提液 2mL，然后依次加入 1% 次甲基蓝（或 1% 甲酚蓝酒精溶液）1 滴，再加 0.5% 硝酸银溶液 3 滴，1 ∶ 1.5 的盐酸 1 滴，用力振摇后再加高锰酸钾 0.15mL，振摇后观察。同时另取一只试管，加生理盐水作对照。

③评价与判断。10 ～ 15min 观察结果，如反应管呈玫瑰红色或者红褐色，经 30 ～ 40min 变为无色，则为健康新鲜肉，反应管呈蓝色，则为有病动物肉。本方法简便、快速，可用作定性检测。

## （四）硫化氢检验法

### 1. 原理

肉类蛋白质中的含硫氨基酸在腐败分解过程中生成硫化氢，硫化氢也是腐败肉腐臭味的因子之一，因而肉中硫化氢的测定也是判断肉品新鲜度的一个指标。硫化氢的检验是根据硫化氢和可溶性的铅盐相作用生成黑色的硫化铅来进行判定。

### 2. 试剂与材料

10% 的醋酸铅溶液，10% 氢氧化钠溶液。

### 3. 步骤

①将待检肉样剪成黄豆粒大的碎块，放入 100mL 带磨口塞（或橡皮塞）并带挂钩的玻璃瓶内，至瓶容积的 1/3，并且尽量使其平铺于瓶底。

②瓶中悬一经醋酸铅碱溶液浸湿的滤纸条，使其下端紧贴于肉块表面，但不接触，上端固定于瓶塞的挂钩上。

③在室温下静置 15min 后，观察滤纸条的反应。

### 4. 结果判定

新鲜肉滤纸条无变化；可疑肉滤纸条的边缘变为淡黑色；腐败肉滤纸条的下部变为暗褐色或黑褐色。

本法简便、快速，可以用作定性检测，适合现场操作。

## （五）球蛋白沉淀检验法

### 1. 原理

蛋白质的溶解性受 pH 和溶剂中电解质的影响。肌肉中的球蛋白在碱性条件下呈可溶解状态，肉在腐败过程中由于有大量的有机碱形成，环境变碱，因而球蛋白能溶解在肉浸液中。根据蛋白质在酸性环境中不溶解且能与重金属离子结合形成蛋白质盐而沉淀的特性，用重金属离子使其沉淀，根据沉淀的有无和沉淀的数量判断肉品的新鲜度。

### 2. 试剂与材料

试管，移液管，10%$CuSO_4$溶液。

### 3. 步骤

取小试管两支，一支注入肉浸液 2mL，另一支注入蒸馏水 2mL 当作对照，用移液管吸取 10%$CuSO_4$溶液，向上述两支试管中各滴入几滴，充分振荡后观察并按下述条件进行判断。

4. 结果判定

新鲜肉的液体呈淡蓝色，透明；劣质肉的液体稍浑浊，有时有少量的混合物；变质肉的液体浑浊，有白色絮状或者胶冻样沉淀物。

# 三、肉制品质量掺假的检测

## （一）肉制品掺淀粉的检测

肉糜制品的淀粉用量视品种而不同，可在 5% ~ 50%，如午餐肉罐头中约加入 6% 淀粉，熏煮香肠类产品淀粉不可超过 10% 等。

### 1. 快速定性法

对可疑掺淀粉的肉制品，剖切后滴加碘酒，如呈紫蓝色则认为掺有淀粉。

### 2. 分光光度法

取样品加水搅匀，加醋酸锌液及 $K_4Fe(CN)_6$，混匀，离心，保留残渣，用 HCl 洗离心管，洗液并入残渣，置水浴中保温，不断搅拌，加 HCl；HCl 液中加 $Na_2WO_4$ 混匀后过滤；取滤液加入具塞试管中，加苯酸钠溶液，沸水浴中保持几分钟，取出冷却，定容；取适量溶液于波长 540nm 比色，根据吸光度进行定量。

醋酸锌、$K_4Fe(CN)_6$ 溶液沉淀样品中淀粉，使淀粉滤出；$Na_2WO_4$、HCl 液为蛋白沉淀剂，有除去蛋白作用；苯酸钠液为显色剂；脂肪含量高的样品应先除去脂肪；酸水解淀粉比淀粉酶更为简便，并便于保存，但对淀粉水解专一性不如淀粉酶，它可同时使半纤维素水解生成还原性物质，使结果偏高。

## （二）肉制品掺入奶粉或脱脂奶粉的检测

在肉制品中，加入奶粉、脱脂奶粉或乳清粉，可以根据检验乳糖存在的方法而确定。样品中加热水，经剧烈振摇及搅拌后过滤。取滤液加入盐酸甲胺溶液，煮沸半小时，停止加热。然后加入氢氧化钠溶液，振摇后观察，溶液立即变黄，并慢慢地变成胭脂红色，说明有乳糖即奶粉存在。

## （三）肉制品掺植物性蛋白的检测

肉制品中广泛应用的植物性蛋白质为大豆蛋白，如大豆粉、浓缩蛋白和分离蛋白，花生蛋白也开始应用于肉制品加工中。肉制品掺植物性蛋白，用聚丙烯酰胺凝胶电泳法检测。取磨碎样品加尿素 -2% 巯基乙醇液，混匀后，离心，取上液注于凝胶管上，成叠加层，每支玻管通入电流电泳，直至亚甲基的蓝色谱带达到距凝胶管下端 7mm 处停止电泳。从玻管中拔出凝胶于染色液中过夜，用醋酸脱去电泳谱带以外的颜色。按照图 7-1 肉、大豆、小麦圆盘电泳谱带比较，以判断加入何种蛋白。

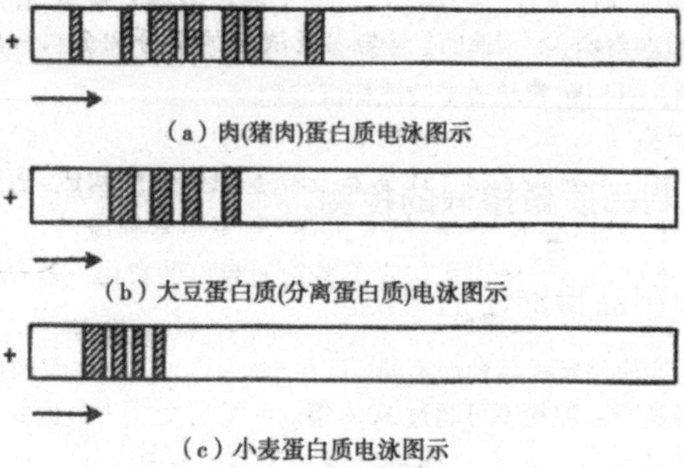

（a）肉(猪肉)蛋白质电泳图示

（b）大豆蛋白质(分离蛋白质)电泳图示

（c）小麦蛋白质电泳图示

图 7-1　肉、大豆、小麦蛋白质的圆盘电泳谱带示意图

## （四）肉制品掺入工合成色素的检测

胭脂红是一种人工合成的偶氮化合物类色素，具有致癌的作用。我国国家标准中规定，凡是肉类及其加工品都不能使用人工合成色素。

称取绞碎均匀的肉样，加入适量的海砂研磨均匀，加丙酮在研钵中一起研磨，丙酮处理液弃去。残留的沉淀研成细粉，让丙酮全部挥发。将处理好的样品全部移入漏斗中，加入乙醇—氨水溶液，使色素全部从样品中解吸下来，直至色素解吸完全、滤液不再呈色为止。收集滤液等，调酸后，再加入硫酸和钨酸钠溶液，搅动，使蛋白质凝聚沉淀，抽滤，收集滤液。滤液加热之后加入聚酰胺粉，搅拌，再用柠檬酸酸化，使色素全部为聚酰胺粉吸附。然后过滤（或抽滤），滤饼用酸化的水洗涤至洗涤水为无色；再用蒸馏水洗涤沉淀至洗涤水为中性。弃去所有滤液。用乙醇—氨水溶液从聚酰胺粉中解吸色素，直至滤液无色为止。收集滤液驱除氨，浓缩滤液，定容。用纸色谱法和薄层色谱法进行定性检验。再通过吸光度定量测定，进行计算。由于胭脂红是水溶性色素，也可用超声波水浴提取肉中的色素，然后再通过吸光度测定，根据胭脂红的标准曲线进行比色定量。

## （五）肉制品中掺入异源肉的检测

### 1. 中红外光谱检测法

肉类掺入异源肉，表现为加入同种或不同种动物的低成本部分、内脏等。Osama等用中红外光谱检测异源肉掺入，根据脂肪与瘦肉组织中蛋白质、脂肪、水分含量的不同，对肉类产品加以辨别；应用偏最小二乘法（PLS）/ 经典方差分析（CVA）联合技术形成的校正模型，可分辨不同部位的肉；运用多元非线性统计（SIMCA）法，用纯肉样品作为模型，在误差允许范围内，能鉴别出掺假肉。此方法能检测出低浓度的组分和多组分样品间的组成差异。

### 2. 电子鼻（electronic nose）技术

电子鼻由一系列电子化学传感器及标本识别系统构成，能够识别简单和复杂的气味，操作简单、快速，结果可靠，可用于监测肉品及油料的掺假。通过特征二维空间嗅觉图像可以定性鉴别油料中的掺假。通过样品的特征香气指纹，便可以迅速检测掺假。

### 3. 微分扫描热量测定技术

微分扫描热量测定技术通过测定样品热量的变化来监测其物理和化学性质的改变，因为样品的温谱图可以显示杂物的存在。此方法简单准确且需要的样品量少。

### 4. DNA 分析技术

DNA 在样品加工之后仍保持稳定，此技术用于掺假鉴定是一种非常好的技术。通过聚合酶链式反应（PCR）即可进行样品来源的鉴定，结果准确可靠。

### 5. 酶联反应（ELISA）技术

ELISA 用于测定样品中抗体水平，该方法专一性强并且操作简便因而非常实用。在肉品中使用 ELISA 可以检测出其中的异物。

# 第四节　粮食类食品掺假的检测

## 一、米类食品掺假检测

### （一）大米新鲜度的快速检测

一些不法厂商利用各种非法手段，把粮食储备更新替换下来的陈化粮、超过储存期限或因保管不善造成霉变的大米，掺加在新鲜大米中出售，甚至采用液体石蜡、矿物油进行加工后冒充新鲜大米出售，严重危害人民群众的健康。

#### 1. 速测范围

大米新鲜度快速现场检测；米制品新鲜度的快速检测。

#### 2. 试剂盒组成

大米新鲜度速测液，1瓶。

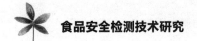

实验用品器具：3mL 塑料刻度吸管，管制瓶，色卡。

### 3. 速测步骤和结果判定

#### （1）大米新鲜度检测和新鲜度判断

称取 0.5g 样品加入管制瓶中。将试剂 A 摇匀后用塑料刻度吸管吸取 1mL 检测液 A 加入管制瓶中，充分振荡，静置 2 ~ 3min 观察溶液显色情况。新鲜大米样品溶液颜色由红色转为绿色，陈化米样品液颜色由红色转为黄色甚至橙色。与色卡对比即可判断是否为陈化米。

#### （2）米粉新鲜度的检测

在试管内放入半管米粉，滴入试剂到同样高度，摇晃几下，观察颜色，判断新鲜度；也可将米粉放在保鲜膜上，滴上试剂至米粉浸润，观察颜色。参照大米新鲜度检测方法进行判断。

#### （3）年糕、汤团等米制品的检测

将试剂直接滴在年糕、汤团上，观察颜色。参照大米新鲜度检测方法进行判断。

### 4. 说明

①试剂盒须在阴凉干燥处避光密封保存。试剂瓶底有沉淀，使用前需摇匀。

②10min 内要完成结果判断，不能放置时间太长，否则可能影响结果判断准确性。

③每次检测完毕后，塑料刻度吸管、管制瓶应清洗干净，晾干备用。

④新鲜度与储藏条件有关，本检测结果表示正常储存条件下大米和米制品的新鲜度。本法为现场快速检测，精确定量需在实验室中进行。

⑤本试剂无毒，如果有皮肤接触，冲洗干净即可。

## （二）好米掺霉变米的检测

### 1. 感官检验

市售粮曾发现有人将发霉米掺入好米中销售，也有将发霉米漂洗之后销售，进口粮中也曾发现霉变米。感官检验霉变米的方法是，看该米是否有霉斑、霉变臭味，米粒表面是否有黄、褐、黑、青斑点，胚芽部位是否有霉变变色，如若有上述现象，说明待检测米是霉变米。

### 2. 微生物检验

#### （1）试剂

生理盐水，改良蔡氏培养基。

#### （2）操作方法

取 10g 待测样品置于三角瓶中，加生理盐水 100mL，放数粒玻璃珠，于振荡器上振荡 20min，即成 1：10 的菌悬液。然后再用生理盐水以 1：100、1：1000 和 1：10000 稀释度进行稀释。取各稀释度的稀释液 1mL 注入无菌平皿中，各做两个

平行样。再将冷却至45℃左右的改良蔡氏培养基倒入平皿之中，轻轻转动，使菌液与培养基混合均匀。待凝固后翻转平皿，置于28℃恒温箱中培养3～5d，菌落长出后，选取每皿菌数20～100个的稀释度的平皿，计算菌落总数，并且观察鉴定各类真菌。

**（3）判断**

正常霉菌孢子计数＜1000个/g；1000～100000个/g之间为轻度霉变；若＞100000个/g为重度霉变。

**（4）说明**

经漂洗后的霉变米，用该法测定不能反映真实情况。

## 二、面粉掺假检测

面粉并不是越白越好。面粉白得过分，很可能是添加了面粉增白剂，如吊白块、亚硫酸盐、过氧化苯甲酰和溴酸钾等。

### （一）掺吊白块的检测方法

吊白块化学名称甲醛次硫酸钠，无色半透明的晶体，易溶于水，性能稳定，高温下有极强的还原性，遇酸易分解，其水溶液在60℃以上开始分解出有害物质，在120℃以上分解产生甲醛、二氧化碳和硫化氢。吊白块主要用于染织行业的工业漂白，一些不法分子用它来作食品漂白剂。食品中是否含有吊白块，主要检测是否含有甲醛。检测方法如下：

①用铬变酸（4，5-二羟基-2，7-萘二磺酸或1，8-二羟基萘-3，6-二磺酸）法测试面粉中是否含有甲醛。将面粉溶解于水中，加硫酸和铬变酸，在水浴上加热，若溶液呈紫色，则有甲醛。

②面粉与水混合放置，加磷酸，蒸馏，收集馏液。馏液加盐酸苯肼和$FeCl_3$溶液，再加HCl溶液使溶液呈酸性，若溶液呈红色，则含有甲醛。或馏液加入盐酸苯肼固体，加亚硝酸亚铁氰化钾溶液数滴，再加入NaOH溶液，溶液若呈蓝色或灰色，则有甲醛。

③目测嗅闻法：含吊白块的面制品可闻到与正常食品不同的气味，并且样品较鲜亮，呈亮黄色，光泽度好。

④水溶液提取法：面粉加水后在超声波下提取，加硫酸锌溶液及氢氧化钠溶液，混匀，静置后离心，取上清液于比色管中。另外取比色管加入甲醛标准溶液，蒸馏水混匀。在样品及标准管中加乙酰丙酮溶液，混匀后于沸水浴加热，冷却，进行分光光度测定，用标准曲线计算样品液中甲醛浓度和样品中吊白块含量。于超声波中用水溶液提取法快速检验吊白块，在腐竹、粮食等检验中发挥了重要作用。

⑤定性检测法：吊白块可分解生成亚硫酸盐，在酸性条件下，做醋酸铅试纸试验。如试纸由白色变成棕色—棕黑色，证明有亚硫酸盐。再利用甲醛与乙酰丙酮、氨离子反应生成黄色化合物，使样品与乙酰丙酮反应，如呈黄色，即可判定甲醛的存在。

两项试验结合，结果更为准确可靠，可证明样品中有吊白块。

⑥直接蒸馏 –AHMT 分光光度法：通过直接蒸馏、AHMT（4– 氨基 –3– 联氨 –5– 巯基三氮杂茂）分光光度法联合测定食品中吊白块含量。在判定样品中是否含有吊白块时，需考虑甲醛和二氧化硫的含量。若 $SO_2/HCHO$ 比值在 1.5 ~ 3.0 且甲醛含量超过 10mg/ kg，可判定样品中肯定含有吊白块。其对各种样品的加标回收率及精密度都较好，适用于各种食品中的吊白块含量的测定。

## （二）面粉中掺亚硫酸盐的检测方法

亚硫酸盐可用于面粉、制糖、果蔬加工、蜜饯、饮料等食品的漂白。但亚硫酸盐有一定毒性，表现在可诱发过敏性疾病和哮喘，破坏维生素 $B_1$。我国允许使用亚硫酸及亚硫酸盐，但严格控制其二氧化硫残留量。

### 1. 副玫瑰苯胺法

亚硫酸盐与四氯汞钠反应生成稳定的络合物，再与甲醛及盐酸副玫瑰苯胺作用生成紫红色的络合物，用分光光度计在波长 550nm 处测吸光度。该法可用于二氧化硫定性和定量测定，最低检出浓度为 1mg/ kg。

### 2. 蒸馏直接滴定法

面粉中的游离和结合 $SO_2$ 在碱液中被固定为亚硫酸盐，在硫酸作用下，又会游离出来，可以用碘标准溶液进行滴定。当达到滴定终点时，过量的碘与淀粉指示剂作用，生成蓝色的碘—淀粉复合物。由碘标准溶液的滴定量计算总 $SO_2$ 的含量。盐酸副玫瑰苯胺法使用了大量有毒物质，对人、环境都有一定危害。蒸馏直接滴定法操作简便，但是操作者的主观因素对实验结果影响较大。

### 3. 试纸条 – 光反射传感器检测法

三乙醇胺是一种普通试剂，可络合铁、锰等共存干扰离子，然而对亚硫酸盐有很好的吸收性，并且检测效果较好。用三乙醇胺吸收原理制得的亚硫酸盐试纸条，与小型的光反射传感器联用进行定量检测，试纸条与光反射传感器相结合，实现对食品中亚硫酸盐的定量检测。先将试纸条与亚硫酸盐反应显色，颜色深浅与亚硫酸盐浓度呈线性关系，然后将显色的试纸条放入光反射传感器的感应窗进行测定。

### 4. 碘酸钾 – 淀粉试纸法

取面粉加蒸馏水，振摇混合，放置，再加磷酸溶液，立刻在瓶口悬挂碘酸钾—淀粉试纸，加塞，在室温放置数分钟，观察试纸是否变蓝紫色。如变蓝紫色，说明样品中含有亚硫酸盐；如果不显色，则说明样品中不含亚硫酸盐。

## （三）面粉中掺过氧化苯甲酰的检测方法

过氧化苯甲酰（BPO）是一种白色粉末，无臭或略带苯甲醛气味，难溶于水，易溶于有机溶剂，它在面粉中具有增白增筋、加速面粉后熟、提高面粉出粉率和防止面粉霉变等作用，因而被用作面粉及面制品加工过程中的增白剂。国家标准规定，面粉增白剂在小麦粉中的最大用量为 0.06g/kg。过量添加过氧化苯甲酰，对面粉的气味、色泽、营养成分等产生不良影响。

测定 BPO 常用的有碘量法、紫外分光光度法、气相色谱法、高效液相色谱法、电化学分析法等等。

### 1. 分光光度法

面粉中的过氧化苯甲酰被无水乙醇提取后，将 $Fe^{2+}$ 氧化成 $Fe^{3+}$；酸性条件下 $Fe^{3+}$ 与邻菲罗啉发生褪色反应，反应与过氧化苯甲酰含量在一定范围内呈线性关系，与标准曲线比较定量。

### 2. 流动注射化学发光法

利用 BPO 可直接氧化鲁米诺产生化学发光的特点，建立了一种流动注射化学发光测定面粉中 BPO 含量的方法。如图 7-2 所示，把过氧化苯甲酰溶液和碱性鲁米诺分别由 a 和 b 通道泵入，经混合后在反应盘管中反应产生化学发光信号。由光电倍增管（PMT）检测，记录仪记录发光信号。

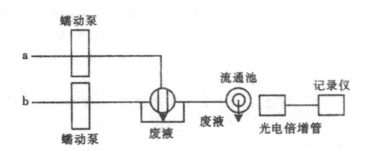

图 7-2　流动注射化学发光分析流程
a- 过氧化苯甲酰；b- 鲁米诺

## （四）面粉中掺溴酸钾的检测方法

溴酸钾有致突变性和致癌性，可导致中枢砷经系统麻痹。当前，世界上大多数发达及发展中国家都明确规定溴酸钾不得作为小麦粉处理剂。

### 1. 定性鉴别

#### （1）钾盐焰色反应

将沾有面粉的金属环放在酒精灯火焰上，只接触到火焰的中下部，若面粉中含有溴酸钾就会自下而上出现一条亮紫色的火焰。

#### （2）硝酸银法

取一定量的面粉溶解于蒸馏水中，再滴加硝酸银，如若有浅黄色沉淀出现，说明

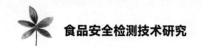

面粉中掺有溴酸钾。

### 2. 定量鉴别

#### （1）电极电位法

先测定标准溶液的电极电位，绘制标准曲线，然后测定试样电极电位值，根据标准曲线求出含量。

#### （2）离子色谱法

称取面粉及面制品，加水或淋洗液振摇均匀后，超声波浸提，静置后离心分离，合并离心液。溶液经微孔滤膜过滤后，离子色谱仪分析。

## （五）米面制品中掺硼砂的检测方法

硼砂作为食品添加剂早已被禁用，但是仍有人在制作米面制品时加入。

### 1. 感官检验

加入硼砂的食品，用手摸均有滑爽感觉，并能闻到轻微的碱性味。

### 2. pH 试纸法

用 pH 试纸贴在食品上，如 pH 试纸变蓝，说明该食品被硼砂或者其他碱性物质污染，如试纸无变化则表示正常。

### 3. 姜黄试纸检验法

将姜黄试纸放在食品表面并润湿，再将试纸在碱水中蘸一下，若试纸呈浅蓝色，说明食品掺硼砂，如试纸颜色为褐色，则属正常。

# 第五节　食用油脂掺假的检测

## 一、芝麻油真假的快速检测

芝麻油俗称香油，由胡麻科植物芝麻的种子压榨而成，油中的主要成分为油酸、亚油酸、软脂酸、硬脂酸等脂肪酸的甘油酯。另外，尚含芝麻素、芝麻酚、芝麻林素等。

## （一）芝麻油纯度的检测

下面用比色法检测芝麻油的纯度：

### 1. 检测原理

用石油醚溶解油样，取含油样的石油醚液与蔗糖盐酸液反应，不断轻摇使反应充分。加蒸馏水稀释溶液浓度，使反应停止，稳定溶液颜色。水层可在 520nm 处比色定量。

### 2. 试剂与材料

石油醚（沸点 60 ~ 90℃）；蔗糖盐酸液（取 1g 蔗糖溶解于 100mL 浓盐酸中，搅拌溶解，现用现配）；香油基础液（精密称取纯香油 2.5g，加石油醚溶解，并定容至 50mL，每 1mL 含香油 0.05g）。

### 3. 仪器

72 型或者 721 型分光光度计，10mL 具塞比色管。

### 4. 检测步骤

精密称取油样 0.25g 加石油醚溶解并定容至 5mL。取 1mL 置于 10mL 比色管中。另取香油基础液 0mL、0.2mL、0.4mL、0.6mL、0.8mL、1.0mL（相当香油 0g、0.01g、0.02g、0.03g、0.04g、0.05g），分别置于 10mL 比色管中。样品管与标准管内加石油醚至 3mL，加蔗糖盐酸液 3mL，缓缓摇动 15min，于各管加蒸馏水 2mL，弃去石油醚层，水层即可在 520nm 处测定吸光度值，同时以香油含量为横轴，以吸光度为纵轴绘制标准曲线。样品与标准进行比较，即可计算油样中香油含量：

$$油样中香油含量（\%）=\frac{标准曲线查得的香油含量}{比色测定所用油样的重量}\times 100\%$$

## （二）芝麻油纯度的快速检测

### 1. 速测原理

样品中的芝麻油酚与显色剂反应生成有色化合物，采用目视比色分析的方法，借助芝麻油速测色阶卡直接读出样品芝麻油含量。

### 2. 试剂与材料

芝麻油试剂 A、B 和 C。

### 3. 速测步骤

①用 0.2mL 塑料吸管取 3 滴待测芝麻油于样品显色管中。

②用移液器加芝麻油试剂 A 1mL，盖上显色管盖，摇动使样品溶解，再分别加入芝麻油试剂 B 2mL，一勺芝麻油试剂 C，摇动使样品溶解，盖上显色管盖，室温显色 10min。C 与芝麻油速测色阶卡比较，则可读出被测样品中芝麻油的含量。

### 4. 说明

芝麻油试剂 A 要始终保持密封。芝麻油试剂 B 为强酸性溶液，使用时必须戴好防护手套和眼镜，试剂要由专人保管。

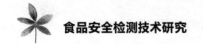

## 二、花生油掺假的定性检测

下面用伯利尔氏法检测芝麻油的纯度。

### （一）原理

花生油中含有花生酸等高分子饱和脂肪酸，可以利用其在某些溶剂（如乙醇）中的相对不溶性特点而加以检出。

### （二）试剂与材料

氢氧化钾乙醇溶液（称取 80g KOH 溶于 80mL 水中，用 95% 乙醇稀释至 1L），70% 乙醇液，相对密度为 1.16 的盐酸溶液。

### （三）检测步骤

准确吸取 1mL 油样于 100mL 三角瓶中，加入 5mL 氢氧化钾乙醇溶液，置热水浴内皂化 5min，冷却至 15℃，加入 50mL70% 的乙醇以及 0.8mL 盐酸，振荡。待澄清后浸入冷水中，继续振摇，记录浑浊时的温度。或浑浊太甚，再重新加温使澄清，重复振摇，但不在冷水中冷却。如在 16℃ 时不呈浑浊，则在此温度下振摇 5min，然后降低至 15.5℃。总之，凡发现浑浊便加温，待其澄清，再重复试验，以第二次浑浊温度为准。

### （四）结果判定

纯花生油的浑浊温度为 39 ~ 40℃，如在 13℃ 以前发生浑浊，就表示掺有其他油类。

几种油脂的浑浊温度如下：茶籽油 2.5 ~ 9.5℃、玉米油 7.5℃、橄榄油 9℃、棉籽油 13℃、豆油 13℃、米糠油 13℃、芝麻油 15℃、菜籽油 22.5℃、花生油 39.0 ~ 40.8℃。

注：本试验不适用于从菜籽油和芝麻油中检出花生油。

## 三、植物油中掺入棕榈油的检测

棕榈油产于热带，其精制油可食用，因为价格低，经常发生掺到其他食用植物油中销售的情况。

### （一）冷冻检验

取待测油样 5 ~ 10mL，置于 10mL 试管中，在于冰箱中（1 ~ 9℃）放置 12h 以上，棕榈油凝固，除花生油外的其他植物油不凝固（猪油及其他动物油会凝固，检验是否掺入猪油，可用下述的荧光光谱分析法）。

棕榈油与花生油的区别：将上述试管再置于 13 ~ 14℃恒温水浴中，放置 12h 以上，如果仍凝固，则为棕榈油，如溶化，则为花生油。

## （二）荧光光谱分析法

取被检样品 9g，加入 0.05mol/L 硫酸溶液 21mL，振荡提取，然后分出水层，并于 1500rpm 离心 6min，弃去带油花溶液，过滤，得到澄清滤液供荧光光谱测定。

取澄清液，用激发波长 300nm，扫描发射光谱，棕榈油有三个最大峰，即 608nm、420nm、304nm，依次结合冷冻试验可证明是否有棕榈油掺入。

## 四、食用植物油中掺入水或米汤的检测

### （一）食用植物油中掺入水的检测

植物油的水分含量如在 0.4% 以上，则浑浊不清，透明度差。并且把油放入铁锅内加热或者燃烧时，则会发出"啪啪"的爆炸声。

将食用植物油装入 1 个透明玻璃瓶内，观察其透明度。也可将油滴在干燥的报纸上，小心点燃。燃烧时是否有"啪啪"的爆炸声；或者将油放入铁锅内加热，是否有"啪啪"的爆炸声和油从锅内往外四溅的现象。

### （二）食用植物油中掺入米汤的检测

米汤中淀粉与碘酒反应，产物呈蓝黑色。

将筷子放入油内，然后将油滴在白纸上或玻璃上，再将碘酒滴于试样油之上。如果油立即变成蓝黑色，证明油中加入米汤。

# 第六节　调味品掺假的检测

## 一、食用盐的鉴别

### （一）碘盐的鉴别

碘盐的鉴别有以下方法。

### 1. 感官鉴别

（1）观色：假碘盐外观呈淡黄色或者杂色，容易受潮。

（2）手感：用手抓捏，假碘盐呈团状，不易分散。

（3）鼻闻：假碘盐有一股氨味。

（4）口尝：假碘盐咸中带苦涩味。

### 2. 理化检验

**（1）定性检验**

①原理：碘盐中的碘遇淀粉变成紫色。

②方法：将盐撒在淀粉或切开的土豆上，盐变成紫色的是碘盐，颜色越深表示含碘量越高；如果不变色，说明不含碘。

**（2）碘化钾的检验**

①原理：KI 与 $NaNO_2$ 反应生成碘，碘遇淀粉变成紫色。

②试剂：取 20mL 0.5% 淀粉溶液，滴入 8 滴 0.5% 亚硝酸钠和 4 滴硫酸（1+4），摇匀，应在临用前现配。

③检测方法：取 2g 待检盐放在白瓷板上，向盐上滴 2 ~ 3 滴检测试剂。如果不出现蓝紫色，说明不是碘盐。

## （二）食盐含碘量的快速检测

食盐含碘量的速测方法介绍如下：

### 1. 速测原理

快速检测液与食盐中的碘酸钾发生化学反应而显色，根据食盐中含碘量不同，呈现的颜色不同，颜色变化从淡黄到紫红（玫瑰红色），与标准色阶对照测得食盐中碘的含量。

原理与国标中直接滴定法类似，该法检测速度快、操作简单，可以用于现场快速检测。检测范围：0 ~ 40mg/kg。

### 2. 速测范围

适用于食用盐中含碘量的现场快速检测。

### 3. 速测步骤

取一小堆直径约 1.5cm 的盐样，在 0.5cm 高度处滴加试剂，5s 后和标准色阶对照。

### 4. 说明

此法为现场检测快速方法，当检测结果为不合格产品时，应复测以保证结果的准确性，必要时需送实验室采用仲裁方法进行复测。

## 二、味精掺假的快速检测

谷氨酸钠的含量与相应的级别标准。甲级：谷氨酸钠含量99%；乙级：谷氨酸钠含量80%；丙级：谷氨酸钠含量60%。目前市场上出售的多为甲级品，也有部分乙级品，丙级品很少见。

## （一）味精中掺入食盐的快速检测

甲级味精中谷氨酸钠含量99%以上，其食盐含量应<1%，可用快速检验氯化钠含量的方法来判断其纯度。

### 1. 简易鉴别法

取5mL浓度为5%的味精溶液于试管中，加入5%铬酸钾溶液1滴，再加0.73%硝酸银溶液1mL，摇匀，观察溶液变色情况。如溶液变成橘红色，则说明样品中氯化钠含量<1%，如溶液呈黄色则说明氯化钠含量>1%。

### 2. 氯化钠含量准确测定法

精确称取待测样品1.000g，加入20mL水溶解，滴加6mol/L硝酸几滴，使其呈酸性，加铬酸钾指示剂2mL，用0.1mol/L硝酸银标准溶液滴定至土黄色为止，同时可作空白对照试验，根据滴定时消耗的硝酸银的量，按下式计算出待测样品中氯化钠的含量。

$$食盐的量(\%) = \frac{(V_1 - V_2) \times c \times 0.0585}{m} \times 100\%$$

式中，$V_1$为滴定样品时消耗硝酸银溶液的量，mL；$V_2$为滴定空白时消耗硝酸银溶液的量，mL；m为味精样品的质量，g；c为硝酸银标准溶液的浓度，mol/L；0.0585为1mL的1mol/L硝酸银标准溶液相当于氯化钠的量，g。

## （二）味精中掺有磷酸盐的快速检测

### 1. 速测原理

在酸性溶液当中，磷酸盐和钼酸氨作用生成黄色的结晶性磷钼酸氨沉淀。

### 2. 试剂

浓硝酸，钼酸氨溶液（称取6.5g钼酸氨的粉末，加14mL水与14.5mL浓氨水混合溶解，冷却后缓慢加入32mL浓硝酸与40mL水，随加随摇，放置2d后用石棉过滤即可）。

### 3. 速测步骤

取样品0.5g，溶于入2～3mL水中，滴入几滴浓硝酸，加入5mL钼酸氨溶液，在60～70℃的水浴中加热数分钟，如生成黄色的结晶性沉淀，即表明有磷酸盐的存

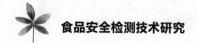

在。

## （三）味精中掺入碳酸盐或碳酸氢盐的快速检测

碳酸盐或碳酸氢盐与盐酸作用即生成大量的二氧化碳，形成很多气泡。

取样品少许，加少量水溶解之后，加数滴 10% 的盐酸，观察是否产生气体，如有气体产生，则说明有碳酸盐或碳酸氢盐掺入。

## （四）味精中掺入淀粉粒的快速检测

### 1. 速测原理

碘和淀粉作用生成蓝色物质。

### 2. 试剂

碘液（称取 1.3g 碘及 2g 碘化钾于 100mL 蒸馏水中研磨溶解）。

### 3. 速测步骤

称取待测样品 0.5g，以少量水加热溶解，冷却后加碘液 2 滴，观察颜色变化，如呈现蓝色、深蓝色或蓝紫色，即表明有淀粉粒存在。

## （五）味精中掺入蔗糖的快速检测

### 1. 速测原理

蔗糖和间苯二酚在浓盐酸环境下生成玫瑰红颜色。

### 2. 试剂

间苯二酚，浓盐酸。

### 3. 速测步骤

取待测样品 1g 置于小烧杯中，加入 0.1g 间苯二酚及 3 ~ 5 滴浓盐酸，煮沸 5min 后，如有蔗糖存在，则出现玫瑰红颜色。

## （六）味精中掺入铵盐的快速检测

### 1. pH 试纸法

#### （1）速测原理

样品中铵盐遇强碱时，微热，则游离出氨，挥发气体遇 pH 试纸呈碱性反应。

#### （2）速测步骤

取待测样品少许于试管中，用少量水溶解，加 5 滴 10% 氢氧化钠溶液，微热，同时试管口悬放一个被蒸馏水润湿的 pH 试纸，如若生成氨臭或试纸变红，则说明有铵盐存在。

### 2. 气室法

#### (1) 速测原理

铵盐与奈斯勒试剂作用，出现显著的橙黄色，或生成红棕色沉淀 nh3 浓度低时，没有沉淀生成，但溶液呈黄色或棕色。

#### (2) 试剂

奈斯勒试剂（溶解 10g 碘化钾于 10mL 热蒸馏水中，再加入热的升汞饱和溶液至出现红色沉淀，过滤，向滤液中加入 30g 氢氧化钾，并且加入 1.5mL 升汞饱和溶液。冷却后，加蒸馏水至 200mL，盛于棕色瓶中，贮于阴凉处）。

#### (3) 速测步骤

取样品少许溶解，在一个表面皿中加入样品溶液和氢氧化钠溶液混合，并用另一块同样的表面皿盖上，上面盖的这块表面皿中央应该预先贴一片浸过奈斯勒试剂的潮湿滤纸。把这样做成的气室放在水浴上加热数分钟，这时如果奈斯勒试纸有红棕色斑点出现，说明有 NHZ 的存在。

此法限量为 0.05μg，最低浓度为 1mg/kg。

## 三、食醋掺假的快速检测

### （一）酿造醋和人工合成醋的鉴别

现在已发现有的个体户与少数工厂用工业冰醋酸直接加水配制食醋，到市场上销售，这种危害人民身心健康的做法应坚决制止，下面介绍酿造醋和人工合成醋的鉴别方法：

#### 1. 试剂

#### (1) 3% 高锰酸钾 - 磷酸溶液

称取 3g 高锰酸钾，加 85% 磷酸 15mL 与 7mL 蒸馏水混合，待其溶解后加水稀释到 100mL。

#### (2) 草酸 - 硫酸溶液

5g 无水草酸或含 2 分子结晶水的草酸 7g，溶解于 50% 的硫酸中至 100mL。

#### (3) 亚硫酸品红溶液

取 0.1g 碱性品红，研细后加入 80℃蒸馏水 60mL，待其溶解后放入 100mL 的容量瓶中，冷却后加 10mL 10% 亚硫酸钠溶液和 1mL 盐酸，加水至刻度混匀，放置过夜，如有颜色可用活性炭脱色，若出现红色应重新配制。

## 2. 速测步骤

取 10mL 样品加入 25mL 纳氏比色管中，然后加入 2mL 的 3% 高锰酸钾 – 磷酸液，观察其颜色变化；5min 后加草酸 – 硫酸液 2mL，摇匀。最后再加亚硫酸品红溶液 5mL，20min 之后观察它的颜色变化。

## （二）食醋掺水的检测

### 1. 检测原理

凡以水为溶剂且重于水的溶质，其水溶液的比重通常是随溶质的量增大而递增，随溶质的量减少而递减，因此，通过比重的测定即可判断食醋是否掺水。一般一级食醋比重为 5.0 以上，二级食醋为 3.5 以上，根据测得的不同级别食醋的比重即可判断是否掺水。

### 2. 试剂和材料

①量筒。
②波美表。
③样品。
④食醋。

### 3. 测定步骤

①将待测食醋样品倒入 250mL（或 100mL）量筒中，平置于台上。
②将波美表轻轻放入食醋中心平衡点略低一些的位置，待其浮起至平衡水平而稳定不动时，注意液面无气泡及波美表不触及量筒壁。
③视线保持和液面水平进行观察，读取与液面接触处的弯月面下缘最低点处的刻度数值。

## （三）食醋中总酸检测

### 1. 检测原理

食醋中主要成分是醋酸，含有少量的其他有机酸，因而可利用氢氧化钠标准液滴定，以酚酞为指示剂，结果用醋酸表示。

### 2. 试剂和材料

① 0.1N 氢氧化钠标准液。
② 1% 酚酞指示剂。

### 3. 测定步骤

①准确吸取 1mL 待测醋样于 250mL 三角瓶中。
②加入 50mL 蒸馏水和 1% 酚酞指示剂 3 ~ 4 滴，用 0.1N 氢氧化钠标准液滴至

呈微红色，记下耗用的 0.1N 氢氧化钠标准液的体积（mL）。

### 4. 结果判断与分析

$$总酸（g/10mL，以醋酸计）= (V \cdot N \times 0.06) / L$$

式中，V 为耗用 0.1N 氢氧化钠标准液体积；N 为氢氧化钠标准液当量浓度；0.06 为醋酸的毫克当量数；L 为吸取样品体积。

## 四、酱油掺假的快速检测

### （一）酱油中固形物含量的快速检测

固形物的含量与折光率的大小成正比，因此可直接从折光仪的标尺上读出固形物的含量。

将折光仪用蒸馏水调零，然后蘸取试样 1 ~ 2 滴于折光仪的棱镜上，对准光源读数即可。注意测定温度应在 20℃左右。

### （二）酱油中掺入尿素的检测

酱油中不含有尿素，不法商贩为了掩盖劣质酱油蛋白质含量低的缺点，同时增加无机盐固形物的含量，有掺入尿素冒充优质酱油的现象。其检验方法是：尿素在强酸条件下与二乙酰肟共同加热反应生成红色复合物，以此可测出有尿素。

取 5mL 待测酱油于试管中，加 3 ~ 4 滴二乙酰肟溶液，混匀，再加入 1 ~ 2mL 磷酸混匀，置水浴中煮沸。观察颜色变化，如果呈红色，则说明有尿素。

### （三）配制酱油的检测

最近几年发现，有的小商贩用食盐水、酱色（焦糖）、水或味精水（主要是从味精厂购来的下脚料）兑制成"三合一"或"四合一"的伪劣酱油在农贸市场上销售，以假充真。因此，应提高消费者对配制酱油的识别能力。

#### 1. 配制酱油的感官鉴别

对于配制酱油，主要从色泽、香气、滋味、含杂质 4 个方面来鉴别。
①色泽：配制酱油无光泽，发暗发乌；从白瓷碗中倒出，碗壁没有油色黏附。
②香气：无有机物质生成的豉香、酱香和酯香气。
③滋味和口味：入口咸味重，有苦涩味，烹调出来的菜肴不上色。
④杂质：存放一段时间后，表面上有一层白皮漂浮。

#### 2. 配制酱油的快速检测

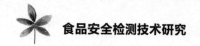

酱色能增加酱油的红色，从而掩盖掺水，或掩盖用酱色和盐水配制成的酱油。所以酱色的检测，可判别酱油是否掺假。

取被检验的酱油 10mL，加入 50mL 的蒸馏水呈红棕色的溶液，再从该溶液中取出 2mL 放在玻璃试管中，逐滴加入 2mol/L 氢氧化钠。如果产生红棕色产物，证明有糖存在，因为酱色是由麦芽糖焦化而成。

# 第七节　酒、茶、饮料类的掺假检测

## 一、酒类掺假的检测

### （一）白酒掺假的检测

#### 1. 白酒的感官鉴别

**（1）色泽鉴别**

将酒倒入酒杯中，放在白纸上，正视和俯视酒体有无色泽或者色泽深浅，然后振动，观察其透明度及有无悬浮物与沉淀物。

**（2）香气鉴别**

将盛有酒样的酒杯端起，用鼻子嗅闻其香气是否与本品的香气特征相同。

**（3）滋味鉴别**

将盛酒的酒杯端起，吸取少量酒样于口腔内，尝其味是否与本品滋味的特征相同。在品尝时要注意一次人口酒样要保持一致；将酒样布满舌面，仔细辨别其味道；酒样下咽后立即张口吸气，闭口呼气。

**（4）风格判定**

根据色、香、味的鉴别，判定受检酒样是否具有本品相同的典型风格，最后以典型风格的有无或不同程度作为判定伪劣酒的主要依据之一，如果有实物标准样品对鉴别伪劣酒更有帮助。

#### 2. 散装白酒掺水的鉴别

**（1）感官鉴别**

用肉眼观察酒液，浑浊，不透明；用嗅觉和味觉检验，其香味寡淡，尾味苦涩。

**（2）理化鉴别**

各种酒类有一定的酒度，常见的高度酒为 62°、60°，低度酒有 55°、53°、38° 等。

掺水后，其酒度必然下降，可以用酒精计直接测试。若酒样有颜色或杂质，取酒样蒸馏，将馏液倒入量筒中，然后测量酒精度，进行判断。

## （二）葡萄酒掺假的检测

现场快速检测法是一种识别假劣葡萄酒的快速目视比色方法，适用于葡萄酒样品中多酚含量的检测，可对劣质葡萄酒进行现场识别。本法最低检测限为 0.1g/L。

### 1. 检测原理

正常发酵生产的葡萄酒中富含多酚类化合物。试样中的多酚类化合物在碱性条件下，与 Folin-Ciocalteu（磷钨酸－磷钼酸）试剂形成蓝紫色物质，颜色深浅与多酚类化合物含量有关，由此可对葡萄酒中多酚类化合物进行半定量检测，多酚类化合物含量少的葡萄酒为劣质葡萄酒。

### 2. 试剂和材料

（1）12% 乙醇溶液（V/V）

取 12.6mL 95%（V/V）的分析纯乙醇，定容到 100mL。

（2）4.25%（W/V）碳酸钠溶液

称取 42.5g 无水碳酸钠（分析纯），用水溶解并且定容至 1000mL，有效期 6 个月。

（3）Folin-Ciocalteu（磷钨酸－磷钼酸）试剂

低温避光保存。

（4）配制 400mg/L 没食子酸标准溶液

称取 0.10g 没食子酸，用 12%（V/V）乙醇溶液溶解并定容至 250mL，移入棕色瓶中，避光、低温保存，有效期为 6 个月。

### 3. 测定步骤

分别移取 0.2mL 12% 乙醇（V/V）、0.2mL 葡萄酒样品和 0.2mL 的 400mg/L 没食子酸标准溶液于 3 个 25mL 容量瓶中，分取 3 个 1mL Folin-Ciocalteu 试剂，移入上述 3 个 25mL 容量瓶中，用 4.25%（W/V）的碳酸钠溶液分别稀释定容至 25mL，摇匀，放置 5min 后比色。

### 4. 结果判断与表述

①如果葡萄酒样品显色浅于 400mg/L 没食子酸标准溶液，则该样品可能是劣质葡萄酒。

②现场初步判定为劣质葡萄酒的样品还需抽样送相关机构检验确证。

### 5. 注意事项

①酒精度对显色影响较大，故要严格控制空白和没食子酸标准溶液的酒精度含量。

②溶液温度对显色有影响，应当注意保持样品和没食子酸标准溶液处于相同温度

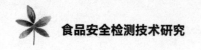

状态下进行比较。

## 二、茶叶掺假的检测

### （一）真茶与假茶的鉴别

#### 1. 外形鉴别

将浸泡后的茶叶平摊在盘子上，用肉眼或者放大镜观察。

真茶：有明显的网状脉，支脉与支脉间彼此相互联系、呈鱼背状而不呈放射状。有2/3的地方向上弯曲，连上一支叶脉，形成波浪形，叶内隆起。真茶叶边缘有明显的锯齿，接近于叶柄处逐渐平滑而无锯齿。

假茶：叶脉不明显，一般为羽状脉，叶脉呈放射状至叶片边缘，叶肉平滑，叶侧边缘有的有锯齿，锯齿一般粗大锐利或细小平钝；有的无锯齿，叶缘平滑。

#### 2. 色泽鉴别

真绿茶：色泽碧绿或深绿而油润。

假绿茶：一般都呈墨绿或者青色，油润。

真红茶：色泽呈乌黑或黑褐色而油润。

假红茶：墨黑无光，无油润感。

### （二）劣质茶叶掺入色素的检测

为了掩盖劣质茶叶浸出液的颜色，有的商贩人为地加入色素冒充优质茶叶，其检查方法如下。

取茶叶少许，加三氯甲烷振荡，三氯甲烷呈蓝色或绿色者可疑为靛蓝或姜黄存在。加入硝酸并加热，脱色者为锭蓝，生成黄色沉淀者为姜黄。又于三氯甲烷浸出液中加入氢氧化钾溶液振荡，呈褐色者为姜黄。加盐酸使成酸性，生成蓝色沉淀者为普鲁士蓝。

还可用下面的简易方法进行鉴别。

将干茶叶过筛，取筛下的碎末置白纸上摩擦，如有着色料存在，可以显示出各种颜色条痕，说明待测样品中有色素。

## 三、茶饮料中茶多酚的快速检测

下面用速测盒法检测茶饮料中的茶多酚。

### （一）样品处理

①如果样品比较透明（譬如果味茶饮料），可以将样品充分摇匀后备用。

②较浑浊的样液,譬如果汁茶饮料:称取充分混匀的样液25mL于59mL容量瓶中,加入95%乙醇15mL,充分摇匀后放置15min之后,用水定容至刻度。用慢速定量滤纸过滤,滤液备用。

③含碳酸气的样液:量取充分混匀的样液100mL于250mL烧杯中,称取其总质量,然后置于电炉上加热至沸腾,在微沸状态下加热10min,把二氧化碳排除。冷却之后,用水补足其原来的质量。摇匀后备用。

## （二）速测步骤及结果判定

取试液1mL于5mL比色管中,加入试剂1号1mL,混匀后用试剂2号定容至刻度。混匀静置10min,与比色卡比色,找到相应色阶,该色阶所对应的读数就是被测样品的茶多酚含量。

# 第八章 食品中有害加工物质的检测技术

## 第一节 加工过程中有害物质的检测

食品中有毒、有害污染物是影响食品安全问题的直接因素，是食品检验重要内容。

在食品加工、包装、运输和销售过程中由于食品添加剂的使用、采取不恰当的加工贮藏条件或者由于环境的污染使食品携带有毒有害的污染物质。如在肉类加工中亚硝酸盐和硝酸盐作为常用的食品添加剂，可以改善肉的色泽和风味，延迟脂肪的氧化和酸败，并且抑制肉毒梭状芽孢杆菌的繁殖，从而延长肉制品的货架期，但是亚硝酸盐可以和氨基酸等含氮化合物反应生成致癌物亚硝胺；食品在经烟熏，烧烤，油炸等高温处理，可受到苯并芘的污染；生产炭黑，炼油，炼焦，合成橡胶等行业的废水污染水源和饲料，用其饲喂后可在动物体内蓄积，也会造成肉品，乳品及禽蛋的苯并芘污染；在煎烤的鱼及牛肉等食品中发现有诱变物杂环胺生成，目前已鉴定了 20 种诱变性杂环胺，其前体主要是食品中的氨基酸及肌酸等；在酱油等调味品生产过程中，以脱脂大豆、花生粕与小麦蛋白或玉米蛋白为原料用盐酸水解的方法分解植物原料中的蛋白质，制成酸水解植物蛋白调味液，如果水解条件方式不恰当就会产生氯丙醇；不法商贩在加工食品（如水产及水发食品等）过程中，用禁用添加剂甲醛或者甲醛次硫酸钠来改善食品的外观与延长保存时间；人们在油炸及焙烤的薯条、土豆片、谷物以及面包食品中发现了具有神经毒性的潜在致癌物丙烯酰胺。随着科学技术的发展，食品中不断发现潜的新的有毒有害污染物，须建立高灵敏度的检测分析方法来监测食品中有毒有害物质的污染水平，采取各种控制措施来减少或消除食品中有毒、有害物质对人体的损害，确保食品的安全性。

在食品加工过程中形成的有害物质主要可分为三类：N-亚硝基化合物、多环芳烃和杂环胺。

# 一、食品中 N- 亚硝基化合物检测技术

## （一）N-亚硝基化合物的分类

N- 亚硝基化合物对动物是强致癌物，对 100 多种亚硝基类化合物研究中，80 多种有致癌作用。亚硝基化合物是在食物贮存加工过程中或在人体内生成的。依其化学结构可分为 N- 亚硝胺类与 N- 亚硝酰胺类。前者化学性质较后者稳定，研究最多的亚硝基化合物，它的一般结构为 R2(R1)N－N＝O。亚硝胺不易水解和氧化，化学性质相对稳定，在中性及碱性环境较稳定，但在酸性溶液及紫外线照射下可缓慢分解，在机体发生代谢时才具有致癌能力。亚硝酰胺性质活泼，在酸性及碱性溶液中均不稳定。

## （二）食品中挥发性N-亚硝胺的分光光度法检测技术

### 1. 适用范围

适用当中食品中挥发性 N- 亚硝基化合物的检测。

### 2. 方法目的

采用分光光度法测定挥发性 N- 亚硝胺。

### 3. 原理

利用夹层保温水蒸气蒸馏对食品中挥发性亚硝胺提取吸收，在紫外光的照射下，亚硝胺分解释放亚硝酸根，再通过强碱性离子交换树脂浓缩，于酸性条件下与对氨基苯磺酸形成重氮盐，和 N- 萘乙烯二胺二盐酸盐形成红色偶氮化合物，颜色的深浅与亚硝胺的含量成正比。

### 4. 试剂材料

①0.1mol/L 磷酸缓冲溶液（pH 7.0），0.5mol/L 氢氧化钠溶液，1.7mol/L 盐酸溶液，正丁醇饱和的 1.0mol/L 氢氧化钠溶液，1% 硫酸锌溶液。

②显色剂 A（0.1% 对氨基苯磺酸，30% 乙酸），显色剂 B（0.2%N-1- 萘乙烯二胺二盐酸盐，30% 乙酸）。

③100μg/mL 二乙基亚硝胺标准溶液，100μg/mL 亚硝酸钠标准溶液。

④强碱性离子交换树脂（交链度 8，粒度 150 目）。

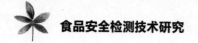

### 5. 仪器设备

分光光度计，紫外灯（10W）。

### 6. 分析步骤

**（1）亚硝胺标准曲线的绘制**

用微量取样器准确吸取 100.0μg 的亚硝胺标准溶液 0ml、0.02ml、0.04ml、0.06ml、0.08ml、0.10ml，并分别加入 pH 7.0 的磷酸缓冲液，使每份反应溶液的总体积达 2.0ml。按顺序加入 0.5ml 显色剂 A，然后再摇匀后加入 0.5ml 显色剂 B，待溶液呈玫瑰红色后，分别在 550nm 波长下测定光密度，绘制了标准曲线。

**（2）样品制备**

固体样品取经捣碎或研磨均匀的样品 20.0g，加入正丁醇饱和的 1mol/L 氢氧化钠溶液，移入 100ml 容量瓶中，定容，摇匀，浸泡过夜，离心后取上清液待测。

**（3）测定分析**

吸取样品上清 50ml，进行夹层保温水蒸气蒸馏，收集 25ml 馏出液，用 30% 醋酸调节至 pH 3～4。再移入蒸馏瓶内进行夹层保温水蒸气蒸馏，收集 25ml 馏出液，用 0.5mol/L 氢氧化钠调节至 pH 7～8。将馏出液在紫外光下照 15min，通过强碱性离子（氯离子型）交换柱（1cm×0.5cm）浓缩，经少量水洗后，用 1mol/L 氯化钠溶液洗脱亚硝酸根，分管收集洗脱液（每管 1mL）。各管中加入 1.0ml 的磷酸缓冲液（pH 7.0）和 0.5ml 显色剂 A，摇匀之后再加入 0.5ml 显色剂 B，其他操作同标准曲线的绘制。根据测得的光密度，从标准曲线中查得每管亚硝胺的含量，并且计算总含量。

### 7. 结果参考计算

$$挥发性 N\text{-} 亚硝胺（\mu g/kg）= c \times 1000/W$$

式中：c—相当于挥发性 N- 亚硝胺标准的量（μg）；灰—测定样品溶液相当质量（g）。

### 8. 方法分析及评价

由于二甲胺与亚硝酸盐在酸性条件下能结合产生亚硝胺。对于亚硝酸盐含量高的样品，为了消除样品中的亚硝酸盐的影响，可用同样方法先测出亚硝酸盐相当的挥发性 N- 亚硝胺含量（$X_o$），样品中实际挥发性 N- 亚硝胺含量为测定值减去 $X_o$。

## （三）食品中亚硝胺的薄层层析法检测技术

### 1. 适用范围

适用于粉类、腌制类食物、蔬菜类食品中亚硝胺类物质的检测。

### 2. 方法目的

了解掌握食品中亚硝胺类物质的薄层测定分析方法。

### 3. 原理

经提取纯化所得的亚硝胺类化合物在薄层板上展开后，利用其光解生成亚硝酸和仲胺，分别用二氯化钯二苯胺试剂、Griess 试剂（对亚硝酸）与茚三酮试剂（对仲胺）进行显色。对以上三种试剂的显色综合判定，计算出样品中亚硝胺含量。

### 4. 试剂材料

①无水碳酸钾，无水硫酸钠，氯化钠，正己烷，二氯甲烷，乙醇，吡啶，30% 乙酸溶液。

②阳离子交换树脂（强酸性，交联聚苯乙烯），层析用硅胶 G。

③磷酸盐缓冲液（混合 5ml 1.0mol/L 磷酸二氢钾溶液和 20ml 0.5mol/L 磷酸氢二钠溶液，用水稀释至 250ml，pH 为 7 ~ 7.5）。

④二氯化钯二苯胺试剂（1.5% 二苯胺乙醇溶液和含 0.1% 二氯化钯的 0.2% 氯化钠溶液，保存于 4℃，使用前以 4∶1 混合使用）。

⑤格林（Griess）试剂（含 1% 对氨基苯磺酸的 30% 乙醇溶液和含 0.1% α-萘胺的 30% 乙酸溶液，保存于 4℃，使用前以 1∶1 混合使用）。

⑥茚三酮试剂（含 0.3% 茚三酮的 2% 吡啶乙醇溶液）。

⑦无水无过氧化物的乙醚（乙醚中往往含有过氧化物而影响亚硝胺的测定。将 500ml 乙醚置于分液漏斗中，加入 10ml 硫酸亚铁溶液，不断摇动，20min 后弃去硫酸亚铁溶液，再加 10ml 硫酸亚铁重复处理一次，然后再用水洗两次。取出处理过的乙醚 5ml，放置于试管中，加入稀盐酸酸化的碘化钾溶液 2ml，振摇，在于 30min 后碘化钾溶液不变黄，乙醚处理为合格。

### 5. 仪器设备

薄层层析用仪器，高速组织捣碎器，电热恒温水浴锅，薄层板，具塞三角瓶，长颈圆底烧瓶，分液漏斗，微量注射器，40W、波长 253nm 紫外灯，索氏抽提器，滤纸。

### 6. 分析测定步骤

#### （1）亚硝胺标准溶液

制备的二甲基亚硝胺、二乙基亚硝胺、甲基苯基亚硝胺、甲基苄基亚硝胺，重蒸馏或减压蒸馏 1 ~ 2 次，制得纯品。精确称取各类亚硝胺纯品，用无水、无过氧化物的乙醚作溶剂。配制成 $10\mu g/\mu l$ 的乙醚溶液，再稀释成 $1\mu g/\mu l$ 和 $0.1\mu g/\mu l$ 的乙醚溶液，用黑纸或黑布包裹后置于冰箱中保存。

#### （2）样品处理

粉类食物（面粉、玉米粉、糠粉等）：取样 20.0g，用处理过的滤纸包好，放入 250ml 索氏抽提器内，加入已知去过氧化物的乙醚 100ml，在 40 ~ 45℃恒温水浴上回流提取 10h。将乙醚提取液移入圆底烧瓶中，并且加入 20ml 水，进行水蒸气蒸馏，收集水蒸馏液大约40ml,加5g碳酸钾,搅拌,溶解,并转入分液漏斗内。分出乙醚层,置于100ml带塞的三角瓶内。水层用无过氧化物的乙醚提取三次,每次用10ml,每次强烈振摇8~10min,收集乙醚于上述100ml带塞的三角瓶内,并加入5g无水硫酸钠,振摇30min后用处理过的滤纸过滤。用无水乙醚10ml洗涤滤纸上的硫酸钠;合并乙醚,与40~45℃恒温水浴上浓缩至体积为0.5ml,浓缩液置于冰箱内备用。上述操作要尽量避光,有些步骤需要用黑布或黑纸遮盖。

蔬菜类食品(腌菜、泡菜、菠菜、韭菜、芹菜等):取样20.0g,切碎,于组织捣碎机中加入二氯甲烷100ml和碳酸钠2.0g,捣碎5min,过滤于长颈圆底烧瓶中,再以二氯甲烷10ml洗涤残渣,洗液合并于滤液中。加入10ml磷酸缓冲液与50ml水于滤液中,在60℃水浴中除去二氯甲烷后,加热10~15min(二氯甲烷可回收)。然后用水蒸气蒸馏,收集馏出液80ml,蒸馏瓶需要用黑布包好。在馏出液中加入5.0g碳酸钾,在250ml分液漏斗中,以每次20ml二氯甲烷,重复三次提取。用无水硫酸钠吸收,过滤,并用二氯甲烷洗涤残渣,洗液合并于滤液中,浓缩至10ml,取定量置于具塞试管中再浓缩至0.5ml备用。上述操作要尽量避光,装浓缩液的试管需要用黑布或黑纸遮盖,置于冰箱内。

腌制肉类、鱼干、干酪等:取样20.0g,切成小块,移入组织捣碎机中加入二氯甲烷100ml和碳酸钠2.0g,捣碎5min,过滤在长颈圆底烧瓶中,再以二氯甲烷20ml洗涤残渣,洗液合并于滤液中。加10ml磷酸缓冲液和50ml水于滤液中,在60℃水浴中除去二氯甲烷后,加热10~15min(二氯甲烷可回收);然后用水蒸气蒸馏,收集馏出液80ml,蒸馏瓶需要用黑布包好。在馏出液中加入5%醋酸钠溶液(缓冲液)1mL,使pH为4.5,通过阳离子交换树脂(2.5cm×2.5cm),约用水10ml洗柱,合并流出物,加入5.0g碳酸钾碱化,以下用二氯甲烷提取,和蔬菜类食品的操作相同。

(3)薄层层析

制板活化:取硅胶G加双倍体积水调制到黏度适宜后涂板,于105℃活化1.5h。

点样:用微量注射器将亚硝胺标准溶液按0.5μg和1.0μg的量点于薄板两侧,再用微量注射器或毛细管将样品溶液0.1mL点于薄板中间一点上,共点三块板。

展开:第一次用正己烷展开至10cm,取出吹干。第二次用正己烷-乙醚-二氯甲烷(4:3:2)展开至10cm,取出吹干。展开缸用黑纸或黑布遮盖。

光介和显色:薄板层喷二氯化钯二苯胺试剂,湿润状态放置在紫外灯下照射3砧5min,亚硝胺化合物呈蓝色或紫色斑点;薄层板在紫外灯下照射5~10min后,喷GHess试剂,亚硝胺化合物呈玫瑰红斑点;薄层板先喷30%乙酸,然后紫外灯下照射5~10min后,用热吹风机吹5~10min,使乙酸挥发,再喷茚三酮试剂,并将板放在80℃烤箱内烤10~15min,亚硝胺化合物呈橘红色斑点。如果三种试剂均为阳性,则可以认为食物中存在亚硝胺;若样品中出现与标准品Rf值相同的斑点,可初步认为样品中存在的亚硝胺与已知亚硝胺相同。样品中亚硝胺的量,需要做样品的限量实验,并与标准亚硝胺的灵敏度实验相比较,以计算出样品中亚硝胺的大概含量。

### 7. 结果参考计算

$$亚硝胺 = c \times V_2 \times 1000 / (W \times V_1)$$

式中：c—相当于亚硝胺标准的量（μg）；W—样品重量（g）；$V_1$—样品经纯化浓缩后的点样量（ml）；$V_2$—样品经纯化浓缩后的容积（ml）。

### 8. 注意事项

操作时注意避光，避免氧化，回收率可达到 80% 左右。薄层板活性较好时灵敏度约为 0.5 ~ 1.0μg。为避免假阳性，应该对三种试剂的显色综合判定。

## （四）食品中挥发性亚硝胺的气相色谱-质谱法检测技术

### 1. 适用范围

本法适用于酒类、肉及肉制品、蔬菜、豆制品、调味品等食品中 N- 亚硝基二甲胺、N- 亚硝基二乙胺、亚硝基二丙胺及 N- 亚硝基吡咯烷含量的测定。

### 2. 方法目的

掌握气相色谱 – 质谱法确证食品中挥发性亚硝胺方法原理以及特点。

### 3. 原理

样品中的挥发性亚硝胺用水蒸气蒸馏分离和有机溶剂萃取后，浓缩至一定量，采用气相色谱 – 质谱联用仪的高分辨峰匹配法进行确证和定量。

### 4. 试剂材料

①重蒸二氯甲烷，重蒸正戊烷，重蒸乙醚，硫酸，无水硫酸钠。

②亚硝胺标准贮备溶液：每一种亚硝胺标准品（二甲、二乙、二丙基亚硝胺）用正己烷配制成 0.5mg/mL；再用正戊烷配制成 0.5μg/mL 亚硝胺工作液；用二氯甲烷配制 5μg/mL 亚硝胺质谱测定工作液；采用重蒸水配制成回收试验的亚硝胺标准液 0.5mg/mL。

③耐火砖颗粒（将耐火砖破碎，采取直径 1 ~ 2mm 的颗粒，分别用乙醇、二氯甲烷清洗，用作助沸石）。

### 5. 仪器设备

气相色谱仪（火焰热离子检测器），色谱 – 质谱联机（色谱仪与质谱仪接口为玻璃嘴分离器并有溶剂快门），水蒸气装置，K-D 蒸发浓缩器，微型的 Snyder 蒸发浓缩柱，层析柱（1.5cm × 20cm，带玻璃活塞）。

### 6. 分析条件

#### （1）色谱条件

汽化室温度 190℃；色谱柱温：对亚硝基二甲胺、亚硝基二乙胺、亚硝基二丙胺及亚硝基吡咯烷分别为130℃、145℃、130℃和160℃；玻璃色谱柱内径1.8 ~ 3.0mm，长2m，内装涂以15%（质量分数）PEG20M固定液和1%氢氧化钾溶液的80 ~ 100目Chromosorb WAW DWCS；载气为氦气；流速40ml/min。

（2）质谱条件

分辨率＞7000，离子化电压70V，离子化电流300μA，离子源温度180℃，离子源真空度$1.33 \times 10^{-4}$Pa，界面温度180℃。

### 7. 分析测定步骤

（1）水蒸气蒸馏

称取200g切碎后的试样，置于水蒸气蒸溜装置的蒸馏瓶中，加入100ml水摇匀。在蒸馏瓶中加入120g氯化钠，充分摇动，使氯化钠溶解。将蒸馏瓶与水蒸气发生器及冷凝器连接好，并在锥形接收瓶中加入40ml二氯甲烷及少量冰块，收集400ml馏出液。

（2）萃取纯化

在锥形接收瓶中加入80g氯化钠和3ml硫酸－水（1∶3），搅拌溶解。然后转移到500ml分液漏斗中，振荡5min，静置分层，将二氯甲烷层移至另一个锥形瓶中，再用120ml二氯甲烷分3次萃取水层，合并4次萃取液，总体积是160ml。

（3）浓缩

有机层用10g无水硫酸钠脱水，转移至K-D浓缩器中，加入耐火砖颗粒，于50℃水浴浓缩至1mL备用。

（4）样品的测定

测定采用电子轰击源高分辨峰匹配法，用（PFK）碎片分子（它们的 m/z 为68.99527、99.9936，130.9920，99.9936）监视 N- 亚硝基二甲胺、N- 亚硝基二乙胺、N- 亚硝基二丙胺和 N- 亚硝基吡咯烷的分子及离子（m/z 为74.0480.102.0793.130.1106，100.0630）碎片，结合它们的保留时间定性，以该分子、离子的峰定量。

### 8. 计算

$$X = h_1 \times c \times V \times 1000/(h_2 \times m)$$

式中：X—试样中某一 N- 亚硝胺化合物的含量，μg/kg 或者 μg/L；$h_1$—浓缩液中该亚硝胺化合物的峰高，mm，$h_2$—标准工作液中该 N- 亚硝胺化合物的峰高，mm，c—标准工作液中该 N- 亚硝胺化合物的浓度，μg/mL；V—试样浓缩液的体积，ml；m—试样质量（体积）g 或 mL。

### 9. 注意事项

对于含较高浓度乙醇的试样如蒸馏酒、配制酒等，需用50ml的12%氢氧化钠溶液洗有机层2次，以除去乙醇的干扰。

## （五）N-亚硝基化合物的危害评价

### 1. 通过食物和水直接摄入 N- 亚硝基化合物

食品加工和贮藏过程中形成的亚硝基化合物，比如鱼肉制品或蔬菜的加工中，常添加硝酸盐作为防腐剂和护色剂，而这些食物如香肠、腊肉、火腿和热狗等，直接加热（如油炸、煎烤等）会引起亚硝胺的合成；麦芽在干燥过程中也会形成亚硝胺，其他食品如果采用明火直接干燥也会形成亚硝胺；蔬菜在贮藏过程中，其所含有的硝酸盐和亚硝酸盐也会在适宜的条件下与食品中蛋白质分解的胺反应生成亚硝胺类化合物；食品与食品容器或包装材料的直接接触，可以使挥发性亚硝胺进入食品；某些食品添加剂和中间处理过程可能含有挥发性亚硝胺。

### 2. 摄入前体物在胃肠道中合成亚硝胺

研究发现人体内能够内源性合成 N- 亚硝基化合物。当人体摄入的食品中含有硝酸盐和亚硝基化的胺类时，常常以相当大的量进入胃中，胃中有适合亚硝基化反应的有利条件，如酸性、卤素离子等可以明显地加快体内 N- 亚硝基化合物的形成，可合成 N- 亚硝基化合物的前体物包括 N- 亚硝化剂和可亚硝化含氮化合物，N- 亚硝化剂有硝酸盐、亚硝酸盐和其他氮氧化物。亚硝酸盐和硝酸盐广泛存在于人类环境中，硝酸盐在生化系统的作用下，常伴随亚硝酸盐的存在。蔬菜植物体吸收的硝酸盐由于植物酶作用在植物体内还原为氮，经过光合作用合成的有机酸生成氨基酸和核酸而构成植物体，当光合作用不充分时，植物体内就积蓄多余的硝酸盐，如莴苣与生菜可以积蓄硝酸盐最高达 5800mg/ kg、菠菜最高在 7000mg/ kg、甜菜可在 6500mg/ kg。

### 3. 体内合成前体物后再在体内合成亚硝胺

人体口腔中合成的硝酸盐进入胃肠道后，在适宜的条件下可以合成亚硝胺，唾液中的硝酸盐可以转化为亚硝酸盐，而且亚硝酸盐含量很高。因为唾液腺可以浓缩富集硝酸盐并分泌到口腔中，唾液中的硝酸盐水平是血液的 20 倍，而唾液中的硝酸盐可以还原为亚硝酸盐。尽管不同个体唾液中的硝酸盐和亚硝酸盐含量的波动水平差别较大，但 24h 内唾液腺分泌的硝酸盐累积量占硝酸盐摄入量的 28% 左右，而唾液中产生的亚硝酸盐可以占硝酸盐摄入量的 5% ~ 8%。此外，如在胃酸不足的情况下，造成细菌生长，还可以将硝酸盐还原为亚硝酸盐，让胃液中亚硝酸盐含量升高 6 倍。

# 二、食品中苯并（a）芘的检测技术

## （一）苯并（a）芘的特征及危害评价

### 1. 苯并（a）芘的理化性质

苯并（a）苗，又称 3，4- 苯并（a）苯［3，4-benzo（a）pyrene， B（a）P］，

主要是一类由 5 个苯环构成的多环芳烃类污染物苯并（a）芘能被带正电荷的吸附剂如活性炭、木炭或氢氧化铁所吸附，并失去荧光性，但是不被带负电荷的吸附剂所吸附。

### 2. 苯并（a）芘的危害性评价

致癌性：苯并（a）芘是目前世界上公认的强致癌物质之一。实验证明，经口饲喂苯并（a）芘对鼠及多种实验动物有致癌作用。随着剂量的增加，癌症发生率可明显提高，并且潜伏期可明显缩短。给小白鼠注射苯并（a）芘，引起致癌的剂量为 4 ～ 12 $\mu$g，半数致癌量为 80 $\mu$g。早在 1933 年已得到证实，苯并（a）芘对人体的主要危害是致癌作用。通过人群调查及流行病学调查资料证明，苯并芘等多环芳烃类化合物通过呼吸道、消化道、皮肤等均可被人体吸收，严重危害人体健康。苯并（a）芘对人引起癌症的潜伏期很长，一般要 20 ～ 25 年。1954 年有人调查了 3753 例工业性皮肤癌中，有 2229 人是接触沥青与煤焦油，20 ～ 25 年的潜伏期，发病年龄在 40 ～ 45 岁。德国有报道大气中的苯并（a）芘浓度达到 10 ～ 12.5 $\mu$g/100m$^3$ 时，居民肺癌死亡率为 25 人 /10 万人，当苯并（a）芘浓度达到 17 ～ 19 $\mu$gA00m$^3$ 时，居民肺癌死亡率为 35 ～ 38 人 /10 万人。

致畸性和致突变性：苯并（a)芘对兔、豚鼠、大鼠、鸭、猴等多种动物均能引起胃癌，并可经胎盘使子代发生肿瘤，造成胚胎死亡或畸形以及仔鼠免疫功能下降。苯并（a）芘是许多短期致突变实验的阳性物，在 Ames 实验及其他细菌突变、细菌 DNA 修复、姊妹染色单体交换、染色体畸变、哺乳类细胞培养及哺乳类动物精子畸变等实验中均呈阳性反应。

长期性和隐匿性：苯并（a）芘如果在食品中有残留，即使人当时食用后无任何反应，也会在人体内形成长期性与隐匿性的潜伏，在表现出明显的症状之前有一个漫长的潜伏过程，甚至它可以影响到下一代。

人体每日进食苯并（a）芘的量不能超过 10 $\mu$g。假设每人每日进食物为 1 kg，则食物中苯并（a）芘应在 6 $\mu$g/ kg 以下。卫生部在 1988 年颁布国家标准有关食品植物油中苯并（a）芘的允许量为 $10 \times 10^{-9}$g/ kg。我国食品安全标准中规定，熏烤肉制品中苯并（a）芘含量为 $5 \times 10^{-9}$g/ kg。

目前常用的苯并芘的检测方法主要有荧光分光光度法、液相色谱法、气相色谱以及气 – 质联用法等。荧光分光光度法可准确用于苯并（a）芘的定量分析，是我国食品卫生检验标准的首选方法，也是公认的方法之一。

## （二）食品中苯并（a）芘的荧光分光光度法检测技术

### 1. 方法目的
了解掌握荧光光度法检测食品中的苯并（a）芘的原理方法。

### 2. 原理

样品先用有机溶剂提取，或经皂化后提取，再将提取液经液－液分配或色谱柱净化，然后在乙酰化滤纸上分离苯并（a）芘，因苯并（a）芘在紫外光照下呈蓝紫荧光斑点，将分离后有苯并（a）芘的滤纸部分剪下，用溶剂浸出后，用荧光分光光度计测荧光强度，与标准比较定量。

### 3. 试剂材料

①苯（重蒸馏），环己烷（或石油醚，沸程：30℃～60℃，重蒸馏或者经氧化铝柱处理至无荧光），二甲基甲酰胺或二甲基亚砜，无水乙醇，95% 乙醇，无水硫酸钠，氢氧化钾，丙酮（重蒸馏），95% 乙醇－二氯甲烷（2：1），乙酸酐，硫酸。

②硅镁型吸附剂。将60～100目筛孔的硅美吸附剂经水洗4次，每次用水量为吸附剂质量的4倍，于古氏漏斗上抽滤干后，再以等量的甲醇洗，甲醇与吸附剂克数相等，抽滤干后，吸附剂铺于干净瓷盘上，在130℃干燥5h后，装瓶贮存于干燥器内，临用前加5%水减活，混匀并平衡4h以上，放置过夜。

③层析用氧化铝（中性，120℃活化4h）。

④乙酰化滤纸。将中速层析用滤纸裁成30cmX40cm的条状，逐条放入盛有乙酰化混合液（180ml苯、130ml乙酸酐、0.1ml硫酸）的500ml烧杯当中，使滤纸条充分接触溶液，保持溶液温度在21℃以上，连续搅拌反应6h，再放置过夜。取出滤纸条，在通风柜内吹干，再放入无水乙醇中浸泡4h，取出后放在垫有滤纸的干净白瓷盘上，在室温内风干压平备用。一次处理滤纸15～18条。

⑤苯并（a）芘标准溶液。精密称取10.0mg苯并（a）芘，用苯溶解后移入100ml棕色容量瓶中，并稀释至刻度，此溶液浓度为100Mg/mL，放置冰箱中保存；使用时用苯稀释浓度为1.0μg/mL及0.1μg/mL苯并芘两种标准使用溶液，放置冰箱中保存。

### 4. 仪器设备

荣光分光光度计，脂肪提取器，层析柱（内径10mm，长350mm，上端有内径25mm，长80～100mm漏斗，下端具活塞），层析缸，K-D浓缩器，紫外灯（波长365nm、254nm），回流皂化装置，组织捣碎机。

### 5. 分析测定步骤

#### （1）样品提取

粮食或水分少的食品：称取20～30g粉碎过筛的样品，装到滤纸筒内，用35ml环己烷润湿样品，接收瓶内装入3～4g氢氧化钾，50ml 95% 乙醇及30～40ml环己烷，然后将脂肪提取器接好，于90℃水浴上回流提取6～8h，将皂化液趁热倒入250ml分液漏斗中，并将滤纸筒中的环己烷倒入分液漏斗，用25ml 95% 乙醇分两次洗涤接收瓶，将洗液合并于分液漏斗。并加入50ml水，振摇提取3min，静置分层，下层液放入第二分液漏斗中，再用35ml环己烷振摇提取1次，待分层后弃去下层液，将环己烷合并于第一分液漏斗中，用6～8ml环己烷洗第二分液漏斗，洗液合并。用水洗涤合并后的环己烷提取液3次，每次50ml，三次水洗液合并于第二分液漏斗中，用环己烷提取 2 次，每次 30ml，振摇 30s，分层后弃去水层液，收集环己烷液并入第一分液漏斗中。再于 50℃ ~ 60℃ 水浴上减压浓缩至 20ml，加入适量无水硫酸钠脱水。

植物油：称取 10 ~ 20g 的混合均匀的油料，用 50ml 环己烷分次洗入 250ml 分液漏斗中，以环己烷饱和过的二甲基甲酰胺提取 3 次，每次 20ml，振摇 1min，合并二甲基甲酰胺提取液，用 40ml 经二甲基甲酰胺饱和过的环己烷提取 1 次，弃去环己烷液层。二甲基甲酰胺提取液合并于预先装有 120ml 2% 硫酸钠溶液的 250ml 分液漏斗中，摇匀，静置数分钟后，用环己烷提取 2 次，每次 50ml，振荡 3min，环己烷提取液合并于第一分液漏斗。也可以用二甲基亚砜代替二甲基甲酰胺。用 40℃ ~ 50℃ 温水洗涤环己烷提取液 2 次，每次 50ml，振摇 30s，分层后弃去水层液，收集环己烷层，于 50℃ ~ 60℃ 水浴上减压浓缩至 20ml，加适量无水硫酸钠脱水。

鱼、肉及其制品：称取 25 ~ 30g 切碎混匀的样品，再用无水硫酸钠搅拌（样品与无水硫酸钠的比例为 1：1 或 1：2，如水分过多则需在 60℃ 左右先将样品烘干），装入滤纸筒内，然后将脂肪提取器接好，加入 50ml 环己烷，于 90℃ 水浴上回流提取 6 ~ 8h，然后将提取液倒入 250ml 分液漏斗中，再用 6 ~ 8ml 环己烷淋洗滤纸筒，洗液合并于 250ml 分液漏斗中。

蔬菜：称取 100g 洗净、晾干的可食部分的蔬菜，切碎放入组织捣碎机内，加 150ml 丙酮，捣碎 2min。在小漏斗上加少许脱脂棉过滤，滤液移入 500ml 分液漏斗中，残渣用 50ml 丙酮分数次洗涤，洗液与滤液合并，加 100ml 水与 100ml 环己烷，振摇提取 2min，静置分层，环己烷层转入另一 500ml 分液漏斗，水层再用 100ml 环己烷分 2 次提取，环己烷提取液合并于第一分液漏斗中，再用 250ml 水分二次振摇，洗涤，收集的环己烷于 50℃ ~ 60℃ 水浴上减压浓缩至 20ml，加适量无水硫酸钠脱水。

饮料（如含二氧化碳，先在温水浴上加温除去）：吸取 50 ~ 100ml 样品于 500ml 分液漏斗中，加 2g 氯化钠溶解，加 50ml 环己烷振摇 1min，静置分层，水层分于第二分液漏斗中，再用 50ml 环己烷提取 1 次，合并环己烷提取液，每次用 100ml 水振摇、洗涤二次。收集的环己烷于 50℃ ~ 60℃ 水浴上减压浓缩至 20ml，加适量无水硫酸钠脱水。

提取可用石油醚代替环己烷，但是需将石油醚提取液蒸发至近干，残渣用 20ml 环己烷溶解。

（2）净化

层析柱下端填少许玻璃棉，先装入 5 ~ 6cm 的氧化铝，轻轻敲管壁使氧化铝层填实，顶面平齐，再装入 5 ~ 6cm 的硅镁型吸附剂，上面再装入 5 ~ 6cm 无水硫酸钠，用 30ml 环己烷淋洗装好层吸柱，待环己烷液面流下至无水硫酸钠层时关闭活塞。将样品提取液倒入层吸柱中，打开活塞，调节流速为 1mL/min，必要时可用适当方法加压，待环己烷液面下降至无水硫酸钠层时，用 30ml 苯洗脱，此时应当在紫外光灯下观察，以紫蓝色荧光物质完全从氧化铝层洗下为止，如 30ml 苯不够时，可是适量增加苯量。收集苯液于 50℃ ~ 60℃ 水浴上减压浓缩至 0.1 ~ 0.5ml（可根据样品中苯并芘含量而定，应注意不可蒸干）。

### （3）分离

在乙酰化滤纸条上的一端 5cm 处，用铅笔画一横线为起始线，吸取一定量净化后的浓缩液，点于滤纸条上，用电吹风从纸条背面吹冷风，使溶剂挥散，同时点 20 止苯并芘标准液（1μg/mL），点样时，斑点的直径不超过 3mm，层吸缸内盛有展开剂，滤纸条下端浸入展开剂约 1cm，待溶剂前沿至约 20cm 时，取出并阴干。在 365nm 或 254nm 紫外光下观察展开后的标准及其同一位置样品的蓝色斑点，剪下此斑点分别放入小比色管中，各加 4ml 苯加盖，插入 50℃ ~ 60℃ 水浴中，不时振摇，浸泡 15min。

### 6. 结果参考计算

将样品及标准斑点的苯浸出液于激发波长 365nm 下，在 365 ~ 460nm 波长区间进行荧光扫描，所得荧光光谱与标准苯并芘的荧光光谱比较定性。分析的同时做试剂空白，分别读取样品、标样、试剂空白在 406nm、411nm、401nm 处的荧光强度，按基线法计算荧光强度：

$$F = F_{406} - (F_{401} + F_{411})/2$$

$$X = S \times (F_1 - F_2) \times V_1 \times 100 // (m \times V_2 \times F)$$

式中：$X$—样品中苯并芘的含量，μg/kg；$S$—苯并芘标准斑点的含量，μg；$F_1$—标准的斑点浸出液荧光强度；$F_2$—样品斑点浸出液荧光强度；$V_1$—试剂空白浸出液荧光强度；$V_1$—样品浓缩体积，ml；$V_2$—点样体积，ml；m—样品的质量，g。

### 7. 误差分析以及注意事项

本法相对相差 < 20%，样品量为 50g，点样量为 1g，最低检出限为 1ng/g。

## （三）食品中液苯并芘的相色谱法检测技术

### 1. 方法目的

掌握液相色谱法分析食品中 3，4- 苯并芘的测定原理方法。

### 2. 原理

样品中脂肪用皂化液处理，多环芳烃以环己烷抽提，再用 0.6% 的硫酸净化，经 SephadexLH-20 色谱柱富集样品中的多环芳烃，用高效液相色谱仪检测。

### 3. 试剂材料

①苯、环己烷、甲醇、异丙醇、硫酸、氢氧化钾、无水硫酸钠。
②硅胶（100 ~ 200 目）：120℃（fC 烘 4h，加水 10% 振荡 1h 之后使用。
③ SephadexLH-20（25 ~ 100 目）：使用前用异丙醇平衡 24h。
④多环芳烃（PAH）标准液。

### 4. 仪器设备

高效液相色谱仪、旋转蒸发仪、玻沙漏斗。

## 5. 分析条件

ODS 柱 4.6mm×250mm，柱温 30℃，流动相 75% 甲醇，流速 1.5mL/min，紫外检测器 287nm，进样量 20/μL。

## 6. 分析步骤

### （1）样品处理
取待测样品用热水洗去表面黏附的杂质，把可食部分粉碎后备用。

### （2）样品的提取、净化和富集方法
提取：准确称取样品 50g 于 250ml 圆底烧瓶中，加入含 2mol/L 氢氧化钾的甲醇 – 水（9∶1）溶液 100ml，回流加热 3h。

净化：将皂化液移入 250ml 分液漏斗中，用 100ml 环己烷分两次洗涤回流瓶，倾人分液漏斗中，振摇 1min，静置分层，下层水溶液放至另一 250ml 分液漏斗中。用 50ml 环己烷重复提取 2 次，合并环己烧。先用 100ml 甲醇 – 水（1∶1）提取 1min，弃去甲醇 – 水层，再用 100ml 水提 2 次，弃水层。在旋转蒸发仪上浓缩环己烷至 40ml，移入 125ml 分液漏斗中，以少量环己烷洗蒸发瓶 2 次，合并环己烷。用硫酸 50ml 提取 2 次，每次摇 1min，弃去硫酸，水洗环己烷层至中性。将环己烷层通过 40 ~ 60 目玻沙漏斗，加 6g 硅胶，以 10ml 环己烷湿润，上面加少量无水硫酸钠将环己烷层过滤，另用 50ml 环己烷洗涤，在旋转蒸发仪上浓缩环己烷到 2ml。

收集：将环己烷浓缩液转移至 10g SephadexLH–20 柱内，用异丙醇 100ml 洗脱，收集馏分洗脱液。在旋转蒸发仪上蒸发至干，以甲醇溶解残渣，转移至 2.0ml 刻度试管中，甲醇定容至 1.0mL。

### （3）样品的测定
在进行样品测定的同时做 8 种 PAH 的、化合物的标准曲线，以 PAH 含量（ng）为横坐标，以峰面积为纵坐标，绘制标准曲线。

$$X = m_1 \times V_1 \times 1000 // (m_2 \times V_2)$$

式中：$X$—品中 PAH 的含量，μg/ kg；$m_1$—由峰面积查得的相当 PAH 化合物的含量 μg，$m_2$—样品质量，g,$V_1$—样品浓缩体积，ml,$V_2$—进样体积 ml。

## 7. 方法分析与评价

### （1）紫外波长选择
由于 PAH 化合物在不同波长处的摩尔吸光系数不同，灵敏度也不同。波长在 287nm 时，PAH 化合物间的干扰较小。

### （2）硫酸浓度对 PAH 化合物的影响
硫酸能很好地净化样品中的脂肪和其他微量杂质。硫酸浓度高，净化效果好，而硫酸浓度过高则会引起多环芳烃化合物回收率降低。

## 三、食品中杂环胺类的检测技术

### （一）杂环胺类的特征及危害评价

杂环胺是在食品加工、烹调过程中由于蛋白质、氨基酸热解产生的一类化合物。在化学结构上，它可分为氨基咪唑氮杂芳烃（AIA）和氨基咔啉（ACC）。AIA又包括喹啉类（IQ）、喹喔类（IQx）、吡啶类和苯并噁嗪类，陆续鉴定出新的化合物大多数为这类化合物。ACC包括$\alpha^-$咔啉（AaC）、$\delta^-$咔啉和咔啉。

杂环胺的诱变性：烹调食品中形成的杂环胺是一类间接诱变剂。此研究证明杂环胺主要经细胞色素P450IA2催化$N-$氧化，以后再经乙酰转移酶、硫酸转移酶或氨酰转移酶催化$O-$酯化，活化成为诱变性衍生物。这些杂环胺绝大多数都是沙门氏菌的诱变剂。在有ArOc10r1254预处理的啮齿类动物肝$S_p$活化系统中，对移码突变型菌株（TA1538、TA98和TA97）的诱变性较强。各种杂环胺对鼠伤寒沙门氏菌的诱变强度相差约5个数量级。杂环胺对沙门氏菌的高度诱变性与下列因素有关：杂环胺是可诱导的细胞色素P450IA2的良好底物；杂环结构使近诱变剂的稳定性增加，使其易于渗透进入细菌细胞。细菌富含乙酰转移酶，可将$N-OH$转变为$N-$乙酰衍生物。在细菌基因组附近，脱乙酰作用产生亲电子硝镉离子，最终诱变剂与DNA富含GC的亲核部位具有高度亲和性而形成共价结合，杂环的平面结构有助于嵌入碱基对之间，在缺乏DNA修复机理易误修复系统的菌株可产生诱变。

杂环胺的助诱变性：H和NH是已知的助诱变剂，NH的助诱变性强于助诱变作用发生机理可能是通过影响代谢活化或DNA解螺旋，以使诱变剂易攻击DNA，导致诱变率增加。除两种$\beta-$牙咔唑之外，氨基$-\alpha-$咔啉（AaC，MeAaC）和氨基$-\gamma-$咔啉（Trp-P-l，Trp-P-2）之间，BaP和2AAF与Trp-P-2或AaC之间，诱变性也有协同作用。De Meester等发现IQ，MeIQ和MeIQx混合物的诱变性无协同作用或拮抗作用，加入H后这些杂环胺对TA98的诱变性降低。

杂环胺的致癌性：由烹调食品中发现诱变性杂环胺后所进行的啮齿类动物致癌试验得到阳性结果以来，该实验作为遗传毒理学预测致癌物针对性强，经试验大部分杂环胺致癌性具有多种靶器官。各杂环胺致癌靶器官在不同种属间的差别可能是因为不同种属各器官对杂环胺的代谢活化或灭活作用不同，或致癌物DNA加合物的转归不同所致。

食品中杂环胺的测定主要有高效液相色谱法的二极管阵列、荧光、电化学或质谱的分析手段，以液-液萃取和固相萃取为净化方式，可以采用固相萃取柱、硅藻土柱、硅胶柱、$C_{18}$硅胶柱和阳离子交换柱净化处理。

### （二）食品中杂环胺的固相萃取-高效液相色谱法检测技术

#### 1. 方法目的

利用高效液相色谱法分析食品中杂环胺类物质。

## 2. 原理

样品先用甲醇提取，再经固相萃取柱萃取，然后经过洗脱、浓缩等处理，最后用高效液相色谱仪检测杂环胺的含量。

## 3. 试剂材料

二氯甲烷，己烷，甲醇，三乙胺，乙腈，磷酸，氢氧化钠，标准杂环胺。

## 4. 仪器设备

高效液相色谱仪－二极管阵列检测器、固相萃取柱、pH 计。

## 5. 分析条件

反相苯基柱（orbas SBPheny 15μm，46mm×250mm）或者反相 C₁₈ 柱（Chrospher RP18e 5μm，4mm×125mm）；流动相：0.01mol/L 三乙胺（磷酸调节 pH3）－乙腈，梯度洗脱，在 30min 内梯度由 95∶5 到 65∶35（若为 C₁₈ 柱，在 20min 内梯度由 95∶5 到 70∶30）；检测器：采用 HPLC–Z 极管阵列检测器检测；扫描波长为 220～400nm，检测波长为 265nm，检测温度则为室温。

## 6. 分析步骤

①称取样品 0.5g，用 0.7ml 1mol/L 氢氧化钠与 0.3ml 甲醇溶液提取，离心，取上清液上 LiChrolutEN 的固相萃取柱（固相萃取柱用 3ml 0.1mol/L 氢氧化钠预平衡）。

②洗脱：用甲醇－氢氧化钠（55∶45）3ml 洗脱，除去亲水性杂质；用己烷 0.7ml 洗脱 2 次；用乙醇－己烷（20∶80）0.7ml 洗脱 2 次，除去疏水性杂质；用甲醇－氢氧化钠（55∶45）3ml 溶液洗脱；再用己烷 0.7ml 洗脱 2 次；最后用乙醇－二氯甲烷（10∶90）0.5ml 洗脱 3 次。

③洗脱液用 N₂ 浓缩至近干，用三乙胺（用磷酸调节 pH 为 3）－乙腈（50∶50）100μl 定容。

## 7. 方法分析及评价

本法以肉提取液为基质，变异系数是 3%～5%，极性杂环胺 IQ、MeIQ、MeIQx、IQx 的回收率为 62%～95%，检出限为 3ng/g；非极性杂环胺 PhIP、MeAaC 的回收率为 79%，检出限为 9ng/g。

# 四、食品中氯丙醇的检测技术

## （一）氯丙醇的特征及危害评价

人们关注氯丙醇是因为 3-氯-1.2-丙二醇（3-MCPD）和 1.3-二氯-2-丙醇（1.3-DCP）具有潜在致癌性，其中 1.3-DCP 属于遗传毒性致癌物。由于氯丙醇的潜在致癌、抑制男子精子形成和肾脏毒性，国际社会纷纷采取措施限制食品当中氯丙醇的含量。

氯丙醇是甘油（丙三醇）上的羟基被氯取代 1～2 个所产生的一类化合物的总称。氯丙醇化合物均比水重，沸点高于 100℃，常温下为液体，一般溶于水、丙酮、苯、甘油乙醇、乙醚、四氯化碳或互溶。因其取代数和位置的不同形成 4 种氯丙醇化合物：单氯取代的氯代丙二醇，有 3- 氯 -1，2- 丙二醇（3-MCPD）和 2- 氯 -1，3- 丙二醇（2-MCPD）；双氯取代的二氯丙醇，有 1.3- 二氯 -2- 丙醇（1.3-DCP 或 DC2P）和 2，3- 二氯 -1- 丙醇。

天然食物中几乎不含氯丙醇，但随着盐酸水解蛋白质的应用，就产生了氯丙醇。它易溶于水，特别是在水相中的 3-MCPD 很难用溶剂或者液 - 液分配的方法提取，一般是用液 - 固柱层析的方法提取。有报道表明水相样品用乙酸乙酯洗脱比用乙醚洗脱其洗脱液中含水量低，有利于后续的操作。此外还有一个关键点是由于氯丙醇易挥发，在浓缩溶剂时，注意不能蒸干。采用衍生化的方法（衍生试剂有七氟丁酰咪唑（HFBI）、苯硼酸钠等），反应一般在 70℃进行。

氯丙醇的化学结构简单，允许的限量较低，必须低于 $10\mu g/kg$，这对分析方法要求很高。3-MCPD 分子缺少发色团，沸点高。所以用液相色谱紫外检测不理想，而直接用气相色谱测定比较困难。最初采用二氯荧光黄喷雾的薄层层析法测定 HVP 中的 mg/kg 级的 3-MCPD 酯，但是该法只能半定量。目前国际公认的 AOAC 2001.01 方法检测限可达到 $10\mu g/kg$，基本可以满足对 3-MCPD 的控制要求。

## （二）食品中氯丙醇的气相色谱-质谱法检测技术

### 1. 方法目的

学习气相色谱 - 质谱法分析食品中 3-MCPD 原理方法。

### 2. 原理

利用同位素稀释技术，以氘代 -3- 氯 -1.2- 丙二醇（$d_5$-3-MCPD）为内标定量。样品中加入内标溶液，以 Extrelut3RRNT 为吸附剂采用柱色谱分离，正己烷 - 乙醚（9：1）洗脱样品中非极性的脂质组分，乙醚洗脱样品中的 3-MCPD，用七氟丁酰咪唑( HFBI )溶液为衍生化试剂，采用 SIM 的质谱扫描模式进行定量分析，内标法定量。

### 3. 适用范围

本法适用于水解植物蛋白液、调味品、淀粉、谷物等等食品中的 3-MCPD 的含量测定。

### 4. 试剂材料

$d_5$-3-MCPD 标准品，氯化钠，正己烷，乙醚，无水硫酸钠。

### 5. 仪器设备

液相色谱 - 质谱仪，离心机，旋转蒸发仪，DB-5MS 色谱柱

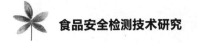
（30m×0.25mm×0.25μm），ExtrelutRRNT柱。

### 6. 分析条件

DB-5MS色谱柱（30m×0.25mm×0.25μm）；进样口温度230℃；传输线温度250℃；程序温度50℃保持1min，以2℃/min速度上升到90℃，再以40℃/min上升至250℃，并保持5min；载气为氦气，柱前压为41.36kPa；不分流进样，进样体积1μl。

质谱条件：能量70eV，离子源温度200℃，分析器（电子倍增器）电压450V，溶剂延迟10min，质谱采集时间12～18min，扫描方式SIM。

### 7. 分析步骤

**（1）样品制备**

液体样品固体与半固体植物水解蛋白：称取样品4.0～10.0g，置于100ml烧杯中，加3-MCPD内标溶液（10mg/L）50μl。加饱和氯化钠溶液6g，超声处理15min。

香肠或奶酪：称取样品10.0g，置于100ml烧杯之中，加$d_5$-3-MCPD内标溶液（10mg/L＞50μl，加饱和氯化钠溶液30.0g，混匀，离心（3500r/min）20min，取上清10.0g。

面粉或淀粉或谷物或面包，称取样品5.0g，置于100ml烧杯中，加$d_5$-3-MCPD内标溶液（10mg/L）50μl，加饱和氯化钠溶液15.0g，放置过夜。

**（2）样品萃取**

将10.0g Extrelut NT柱填料分成两份，取其中一份加到样品溶液中，混匀，将另一份柱填料装入层析柱中（层析柱下端填以玻璃棉）。将样品与吸附剂的混合物装入层析柱中，上层加1cm高度的无水硫酸钠15.0g，放置15min，用正己烷-乙醚80ml洗脱非极性成分，并弃去。用乙醚250ml洗脱3-MCPD（流速约为8mL/min）。在收集的乙醚中加入无水硫酸钠15.0g，放置10min后过滤。滤液于35℃温度下旋转蒸发至约2ml，定量转移至5ml具塞试管中，用乙醚稀释至4ml。在乙醚中加入少量无水硫酸钠，振摇，放置15min以上。

**（3）衍生化**

移取样品溶液1ml，置于5ml具塞试管中，并且在室温下用氮气蒸发器吹至近干，立即加入2，2，4-三甲基戊烷1mU用气密针或微量注射器加入HFBI 0.05ml，立即密塞。旋涡混匀后，于70℃保温20min。取出后放置室温，加饱和氯化钠溶液3ml，旋涡混合30s，使两相分离。取有机相加无水硫酸钠约为0.3g干燥。将溶液转移至自动进样的样品瓶中，供GC-MS测定。

**（4）空白样品制备**

称取饱和氯化钠溶液10ml，放置于100ml烧杯中，加$d_5$-3-MCPD内标溶液（10mg/L）50μl，超声15min，以下步骤于样品萃取以及衍生化方法相同。

**（5）标准系列溶液的制备**

吸取标准系列溶液各 0.1ml，加 $d_5$-3-MCPD 内标溶液（10mg/L）10Ml，加入 2, 2, 4-三甲基戊烷 0.9ml，用气密针加入 HFBI 0.5ml，立即密塞。以下步骤与样品的衍生化方法相同。

（6）GC-MS 测定

采集 3-MCPD 的特征离子 m/z 253、257、289、291、453 和 $d_5$-3-MCPD 的特征离子 m/z 257、294、296 和 m/z 456。选择不同的离子通道，以 m/z 253 作为 3-MCPD 的定量离子，m/z 257 作为 d5-3-MCPD 的定量离子，以 m/z 253、257、289、291 和 m/z 453 作为 3-MCPD 的鉴别离子，参考个碎片离子与 m/z 453 离子的强度比，要求四个离子（zn/z 253、257、289、291）中至少两个离子的强度比不超过标准溶液的相同离子强度比的 ±20%。

样品溶液 1μ1 进样。3-MCPD 和 $d_5$-3-MCPD 的保留时间约为 16min。记录 3-MCPD 和（$d_5$-3-MCPD 的峰面积。计算 3-MCPD（w/z 253）与 $d_5$-3-MCPD（m/z 257）的峰面积比，以各系列标准溶液的进样量（ng）与对应的 3-MCPD（m/z 253）和 $d_5$-3-MCPDdm/z 257）的峰面积比绘制标准曲线。

### 8. 结果参考计算

内标法计算样品中 3-MCPD 的含量的公式如下：

$$X = Af / m$$

式中：$X$—样品中 3-MCPD 的含量，$\mu g$ /kg 或 $\mu g$ /L；$A$—试样色谱峰与内标色谱峰的峰面积比值对应的中 3-MCPD 质量，$ng$，$f$—样品稀释倍数；$m$—样品的取样量，g 或 ml。

### 9. 误差分析及注意事项

计算结果保留 3 位有效数字，于重复性条件下获得的两次独立测定结果的绝对差值不得超过算术平均值的 20%。

# 五、食品中丙烯酰胺的检测技术分析

## （一）丙烯酰胺的特征及危害分析

它为结构简单的小分子化合物，相对分子质量 71.09，分子式为 $CH_2CHCONH_2$，沸点 125℃，熔点 87.5℃。丙烯酰胺是制造塑料的化工原料，为已知的致癌物，并可引起神经损伤。

## （二）食品中丙烯酰胺的高效液相色谱-串联质谱法分析

### 1. 方法目的

掌握高效液相色谱－串联质谱分析食品中丙烯酰胺的方法原理。

### 2. 原理

通过正己烷脱脂、氯化钠提取、乙酸乙酯萃取以及 Oasis HLB 固相萃取柱净化与样品的分离等操作，以内标法定量，检测食品中丙烯酰胺的残留量。

### 3. 适用范围

本法适用于高温加热食品中丙烯酰胺的痕量分析。

### 4. 试剂材料

丙烯酰胺标准品（纯度＞99.8%）、[$^{13}C_3$]－丙烯酰胺、甲醇（色谱纯）、甲酸。

### 5. 仪器设备

高效液相色谱－串联质谱仪、高速冷冻离心机、旋转蒸发仪及氮吹浓缩仪。

### 6. 分析条件

色谱条件：ACQUITY UPLC HSS T3 色谱柱（2.1mm×150mm，粒径1.8μm）；色谱柱温度30℃；样品温度25℃；流动相0.1%甲酸－甲醇（90：10）；流速0.15mL/min；进样量10μl。

质谱条件：电喷雾电离（ESI－模式），离子源温度120℃，脱溶剂化温度350℃，毛细管电压3.50kV，锥孔电压50V，碰撞能量均为13eV，测定方式MRM方式。

### 7. 分析步骤

（1）样品前处理

称取2.0g经研磨粉碎后的样品（精确至1mg）置于50ml带盖聚丙烯离心管中，加入0.4ml 1μg/mL的[$^{13}C_3$]－丙烯酰胺内标标准液，静置20min。对于不同基质的样品前处理过程有所不同，样品分为高脂和低脂两类，对于含油脂高的样品需要先经过脱脂过程，在提取前加入脱脂溶剂，充分混匀并超声处理10min，取出后弃去脱脂溶剂层，重复上述脱脂过程1次，然后进行后续提取过程。对于低脂含量的样品可直接向样品中加入一定比例的提取溶剂，即氯化钠溶液，充分混匀并超声20min，取出后离心，将上层清液转移至分液漏斗中，重复上述提取过程，并将离心后的上清液与前次样液合并，混匀备用。

样品提取液中加入乙酸乙酯充分萃取3次，将乙酸乙酯层合并到圆底烧瓶中，置于旋转蒸发仪上，在50℃水浴中减压浓缩至约1ml，将浓缩液转移至10ml试管中，在圆底烧瓶中加入少量乙酸乙酯充分洗涤3次，将洗涤液合并至试管中，50℃氮气吹干，再加入1.5ml蒸馏水重溶并涡流混合。重溶液过0.22μm微孔滤膜过滤器，再进行固相萃取（固相萃取柱事先用5ml甲醇活化和5ml蒸馏水平衡），2ml水洗脱，收集洗脱液上机测定。

（2）样品的测定

定性分析：在相同试验条件下，样品中待测物与同时检测的标准物质具有相同的保留时间，并且非定量离子对与定量离子对色谱峰面积的比值相对偏差小于20%，则可判定为样品中存在该残留。

定量分析：按照上述超高效液相色谱－串联质谱条件测定样品与标准工作溶液，以色谱峰面积按内标法定量，以 [$^{13}C_3$]－丙烯酰胺为内标物计算丙烯酰胺残留量。结果按内标法计算，也可按下式计算。

$$X = c \times c_i \times A \times A_{si} \times V_1 / (c_{si} \times A_i \times A_s \times W)$$

式中：$X$—样品中丙烯酰胺的含量（mg/kg）；$c$—丙烯酰胺标准工作液的浓度（mg/L）；$c_{si}$—标准工作液中内标物的浓度（mg/L）；$c_1$—样品中内标物的浓度（mg/L）；$A$—样液中丙烯酰胺的峰面积；$A_s$—丙烯酰胺标准工作液的峰面积；$A_{si}$—标准工作液中内标物的峰面积；$A_i$—样液中内标物的峰面积；$V$—样品定容体积（ml）；$W$—称样量（g）。

### 8. 误差分析注意事项

高温加热食品中的丙烯酰胺，在 10 ~ 1000μg/kg 范围内具有较好的线性相关性，该法的定性最小检出限为 5μg/kg，定量最小检出限是 10μg/kg，相对标准偏差＜10%，该方法灵敏度高，适合痕量分析。需要注意的是样品过柱时最好使其自然下滴，采用加压或者抽真空的方式都可能影响其回收率。

## 六、食品中甲醛的检测技术分析

### （一）甲醛的特征及危害评价

它为无色、具有强烈气味的刺激性气体，它的化学式为 $CH_2O$，相对分子质量为30.03，常温下为无色、有辛辣刺鼻气味的气体。沸点 -19.5℃，熔点为 -92℃。甲醛35% ~ 40% 的水溶液称为福尔马林。近几年来，个别不法商贩在加工食品过程中，非法添加甲醛来改善食品的外观和延长保存时间。例如在米粉、腐竹等食品的加工过程中加入甲醛次硫酸钠来漂白，水发食品中加入甲醛，可使水发食品较久保存，且色泽美观。但甲醛进入人体会严重影响人们的身体健康，所以，必须加强对食品中甲醛的检测。

### （二）食品中甲醛的高效液相色谱法分析

#### 1. 方法目的
采用液相色谱法分析食品中甲醛残留物。

#### 2. 原理
对样品进行提取、用氯仿抽提等操作，最后把滤液经液相色谱测定其含量。

#### 3. 试剂材料

甲醇，氯仿，2，4-二硝基苯肼，甲醛标准品，无水硫酸钠、硫代硫酸钠，氢氧化钠，硫酸，淀粉以及碘标准溶液。

## 4. 仪器设备

液相色谱仪；色谱柱：分析柱 Micropak MCH-5 N-Cap；保护柱 MC-5；紫外检测器；水蒸气蒸馏装置。

## 5. 分析条件

流动相为甲醇 - 水（57 ∶ 43）；流速 0.5mL/min；柱温 30℃；压力 138 kg/cm$^2$；波长 348nm；灵敏度 0.05AUFS。

## 6. 分析步骤

取 50ml 样品于蒸馏瓶中加水 50ml，另分别吸取甲醛标准应用液（10g/mL）0.0ml、0.5ml、L 0ml、2.0ml、3.0ml，4.0ml 于蒸馏瓶中，加水到 100ml。样品及标准均加磷酸 2ml，分别进行水蒸气蒸馏，将冷凝管口插入吸收液下端，收集馏出液 100ml 移入 125ml 分液漏斗中，振摇 2min，静置分层，收集氯仿液，再用氯仿提取两次，每次 10ml；合并氯仿液，用盐酸酸化（pH5）的水 30ml 洗涤氯仿液，氯仿通过无水硫酸钠过滤于蒸发器中，挥干，用氯仿处理定容各至 2ml 混匀，取 0.4μm 滤膜过滤，滤液作进样用，同时做空白实验。取上述处理好的空白、标准、样品分别进样 20μl，根据保留时间定性，记录其峰高，外标法定量。根据样品，空白的峰高在工作曲线上查出相当于甲醛的量并按下式计算出每升样品中所含甲醛的毫克数。

## 7. 结果参考计算

$$甲醛 (mg/L) = (A_x - A_o) \times V_2 \times 1000 / (V_x \times V_3 \times 1000)$$

式中，$A_x$—测定用样液中甲醛的含量，μg；$A_o$—试剂空白液中甲醛的含量，μg；$A_x$—取样体积，ml；$V_2$—样品处理后定容体积，ml；$V_3$—进样量，ml。

## 8. 方法分析及评价

本法具有精密度好，回收率高，性能稳定，快速分析，结果准确等特点，甲醛衍生与提取步骤简便、易操作，样品中被测组分保留时间短，节省大量的分析时间，用于检测食品中的甲醛含量有着较高使用价值。

# 第二节　包装材料有害物质的检测

## 一、食品包装材料及容器的评价

食品包装是指采用适当的包装材料、容器与包装技术，把食品包裹起来，以使食品在运输和贮藏过程中保持其价值和原有的状态。食品包装可将食品与外界隔绝，防止微生物以及有害物质的污染，避免虫害的侵袭。同时，良好的包装还可起到延缓脂肪的氧化，避免营养成分的分解、阻止水分、香味的蒸发散逸，保持食品固有的风味、颜色和外观等作用。

食品包装材料及容器很多，最常用的是玻璃、塑料、纸、金属及陶瓷等。

### （一）玻璃

玻璃种类很多，主要组成是二氧化硅、氧化钾、三氧化二铝、氧化钙、氧化锰等。张力为 $3.5 \sim 8.8 \, kg/mm^2$，抗压力为 $60 \sim 125 \, kg/mm^2$。玻璃传热性较差，比热较大，是铁的 1.5 倍，具有良好的化学稳定性，盛放食品时重金属的溶出性一般为 $0.13 \sim 0.04 mg/L$，比陶瓷溶出量（$2.72 \sim 0.08 mg/L$）低，安全性高。因为玻璃的弹性和韧性差，属于脆性材料，所以抗冲击能力较弱。

### （二）塑料

目前我国规定，可用于接触食品的塑料是聚乙烯、聚丙烯、聚苯乙烯和三聚氰胺等，这些食品用塑料包装后，具有以下特点：不透气及水蒸气；内容物几乎不发生化学作用，能较长期保持内容物质量；封口简便牢固；透明，可直观地看到内容物；开启方便，包装美观，并具有质量轻、不生锈、耐腐蚀、易成型、易着色、不导电的特点。

塑料作为包装材料的主要缺点是：强度不如钢铁；耐热性不及金属和玻璃；部分塑料含有有毒助剂或单体，如聚氯乙烯的氯乙烯单体，聚苯乙烯的乙苯、乙烯；此外塑料产品中也会残留一些有害物质，如印刷油墨中的合成染料、重金属和有机溶剂等。食品包装用塑料一般禁止使用铅、氯化镉等稳定剂，相关标准指标中的重金属即与此有关；另外塑料易带静电；废弃物处理困难，易造成公害等等。

### （三）纸

纸是食品行业使用最广泛的包装材料，大致可分为内包装和外包装两种，内包装有原纸、脱蜡纸、玻璃纸、锡纸等。外包装主要是纸板、印刷纸等。纸包装简便易行，

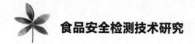

表面可印刷各种图案和文字，形成食品特有标识。包装废弃纸易回收，再生产其他用途纸。

纸包装的以上优点使其受到广泛的青睐，但是它也有不足之处，如刚性不足、密封性、抗湿性较差；涂胶或者涂蜡处理包装用纸的蜡纯净度还有一些不能达到标准要求，经过荧光增白剂处理的包装纸及原料中都含有一定量易使食品受到污染的化学物。只有不断改进纸的性能，开发新的产品才能适应新产品日新月异的包装要求。

## （四）金属

在食品领域，金属容器大量地被用来盛装食品罐头、饮料、糖果、饼干、茶叶等等。金属容器的材料基本上可分为钢系和铝系两大类。金属以各种形式以及规格的罐包装，主要采用全封闭包装，包装避光、避气、避微生物，产品保质期长，易储藏运输，有的金属罐表面还能彩印，外形美观。这种包装形式，从保藏食品角度看，是最好的包装形式之一。金属容器较纸和塑料重，成本相对也较高。由于金属材料的化学稳定性较差，耐酸、碱能力较弱，特别易受酸性食品的腐蚀。因此，常需内涂层来保护，但内涂层在出现缝隙、弯曲、折叠时也可能有溶出物迁移到食品内，这是金属材料的缺点。

## （五）陶瓷

陶瓷是我国使用历史最悠久的一类包装容器材料，其具有耐火、耐热、隔热、耐酸、透气性低等优点，可制成形状各异的瓶、罐、坛等。因为陶瓷原料丰富，废弃物不污染环境，与其他材料相比，更能保持食品的风味，包装更具民族特色，因而颇受消费者欢迎。然而，陶瓷容器易破碎，且通常质量较大，携带不便，同时不透明，无法对包装在内的食品进行观察，生产率低且一般不能重复使用，所以成本较高；另外，从安全角度而言，陶瓷制品在制作过程中必须上釉，而所使用釉彩含有较高浓度的铅（Pb）、镉（Cd）等重金属，与食品接触时表层釉可能会有铅、镉的溶出，造成食品污染，对人体健康造成危害。陶瓷的这些缺点，在一定程度上限制了其在食品包装中的应用。

# 二、食品包装材料检测技术

食品包装材料和容器的检测是保证食品包装安全的技术基础，是贯彻执行相关包装标准的保证。为了这个目的，各国制定的食品接触材料和容器的包装标准都具有可操作性，并制定与之配套的相应的检测方法。

## （一）食品包装材料蒸发残渣分析

### 1. 方法目的

模拟检测水、酸、酒、油等食品接触包装材料后的溶出情况。

### 2. 原理

蒸发残渣是指样品经用各种浸泡液浸泡后，包装材料在不同浸泡液中的溶出量。用水，4% 乙酸，65% 乙醇，正己烷 4 种溶液模拟水、酸、酒、油四类不同性质的食品接触包装材料后包装材料的溶出情况。

### 3. 适用范围

聚乙烯、聚苯乙烯、聚丙烯为原料制作的各种食具、容器以及食品包装薄膜或其他各种食品用工具、管道等制品。

### 4. 试剂材料

水，4% 乙酸，65% 乙醇，正己烷，移液管等。

### 5. 仪器设备

烘箱，干燥器，水浴锅，天平等。

### 6. 分析步骤

（1）取样

每批按 1%。取样品，小批时取样数不少于 10 只（以 500mL/ 只计：小于 500mL/ 只时，样品应相应加倍取量），样品洗净备用。用 4 种浸泡液分别浸泡 2h。按每平方厘米接触面积加入 2ml 浸泡液；或在容器中加入浸泡液到 2/3 ~ 4/5 容积。浸泡条件：60℃水，保温 2h；60℃的 4% 乙酸，保温 2h；65% 乙醇室温下浸泡 2h；正己烷室温下浸泡 2h。

（2）测定

取各浸泡液 200ml，分次置于预先在 100℃ ±5℃干燥到恒重的 50ml 玻璃蒸发皿或恒重过的小瓶浓缩器中，在水浴上蒸干，于 100℃ ±5℃干燥 2h，在干燥器中冷却 0.5h 后称量，再于 100℃ ±5℃干燥 1h，取出，干燥器中冷却 0.5h，称量。

### 7. 结果参考计算

$$X = (m_1 - m_2) \times 1000 / 200$$

式中：$X$—样品浸泡液蒸发残渣，mg/L；$m_1$—样品浸泡液蒸发残渣质量，mg；$m_2$—空白浸泡液的质量，mg。计算结果保留 3 位有效数字。

### 8. 方法分析与评价

①浸泡实验实质上是对塑料制品的迁移性和浸出性的评价。当直接接触时包装材料中所含成分（塑料制品中残存的未反应单体以及添加剂等）向食品中迁移，浸泡试验对上述迁移进行定量的评价，因了解在不同介质下，塑料制品所含成分的迁移

量的多少。

②蒸发残渣代表向食品中迁移的总可溶性及不溶性物质的量，它反映食品包装袋在使用过程中接触到液体时析出残渣、重金属、荧光性物质、残留毒素的可能性。

③因加热等操作，一些低沸点物质（如乙烯、丙烯、苯乙烯、苯及苯的同系物）将挥发散逸，沸点较高的物质（二聚物、三聚物，以及塑料成形加工时的各种助剂等）以蒸发残渣的形式滞留下来。应当指出，实际工作中蒸发残渣往往难以衡量。因此，仅要求在 2 次烘干后进行称量。

④在重复条件下获得的两次独立测定结果的绝对差值不可超过算术平均值的 10%。

## （二）食品包装材料脱色试验分析

### 1. 适用范围

适用于聚乙烯、聚氯乙烯、聚苯乙烯、聚丙烯树脂以及这些物质为原料制造的各种食具、容器及食品包装薄膜或其他各种食品用工具、用器等制品。

### 2. 方法目的

以感官检验，了解着色剂向浸泡液迁移的情况。

### 3. 原理

食品接触材料中的着色剂溶于乙醇、油脂或者浸泡液，形成肉眼可见的颜色，表明着色剂溶出。

### 4. 试剂材料

冷餐油，65% 乙醇，棉花，四种浸泡液（水、4% 乙酸、65% 乙醇、正己烷）。

### 5. 分析步骤

取洗净待测食具一个，用沾有冷餐油、乙醇（65%）的棉花，在接触食品部位的小面积内，用力往返擦拭 100 次。用四种浸泡液进行浸泡，浸泡条件：60℃水，保温 2h；60℃的 4% 乙酸，保温 2h；65% 乙醇室温下浸泡 2h；正己烷室温下浸泡 2h。

### 6. 结果判断

棉花上不得染有颜色，否则判为不合格。四种浸泡液（水、4% 乙酸、65% 乙醇、正己烷）也不得染有颜色。

### 7. 方法分析与评价

塑料着色剂多为脂溶性，但是也有溶于 4% 乙酸及水的，这些溶出物往往是着色剂中有色不纯物。着色剂迁移至浸泡液或擦拭试验有颜色脱落，均视为不符合规定。日本脱色试验是将四种浸泡液（水、4% 乙酸、20% 乙酸、正庚烷）置于 50ml 比色管中，在白色背景下，观察其颜色，以判断着色剂是否从聚合物迁移到食品中。

## （三）食品包装材料重金属分析

### 1. 适用范围

适用于以聚乙烯、聚氯乙烯、聚丙烯、聚苯乙烯树脂及这些物质为原料制造的各种食具、容器及食品用包装薄膜或其他各种食用工具、用器等制品中的重金属溶出量检测。

### 2. 方法目的

模拟检测酸性物质接触包装材料后重金属的溶出情况。

### 3. 原理

浸泡液中重金属（以铅计）与硫化钠作用，在酸性溶液中形成黄棕色硫化铅，与标准比较不得更深，即表示重金属含量符合要求。

### 4. 试剂

①硫化钠溶液：称取 5.0g 硫化钠，溶于 10ml 水和 30ml 甘油的混合液之中，或将 30ml 水和 90ml 甘油混合后分成二等份，一份加 5.0g 氢氧化钠溶解后通入硫化氢气体（硫化铁加稀盐酸）使溶液饱和后，将另一份水和甘油混合液倒入，混合均匀后装入瓶中，密塞保存。

②铅标准溶液：准确称取 0.0799g 硝酸铅，溶于 5ml 的 0% 硝酸中，移入 500ml 容量瓶内，加水稀释至刻度。此溶液相当于 100μg/mL 铅。

③铅标准使用液：吸取 10ml 铅标准溶液，置于 100ml 容量瓶中，加水稀释到刻度。此溶液相当于 10μg/mL 铅。

### 5. 仪器设备

天平、容量瓶、比色管等。

### 6. 分析步骤

吸取 20ml 的 4% 乙酸浸泡液于 50ml 比色管中，加水至刻度；另取 2ml 铅标准使用液加入另一 50ml 比色管中，加 20ml 的 4% 乙酸溶液，加水到刻度混匀。两比色管中各加硫化钠溶液 2 滴，混匀后，放 5min，以白色为背景，从上方或侧面观察，样品呈色不能比标准溶液更深。

### 7. 结果参考计算

若样品管呈色大于标准管样品，重金属（以 Pb 计）报告值＞1。

### 8. 方法分析与评价

①从聚合物中迁移至浸泡液的铅、铜、汞、锑、锡、砷、锡等重金属的总量，在

本试验条件下，能和硫化钠生成金属硫化物（呈现褐色或者褐色）的上述重金属，均以铅计。

②对铅而言本法灵敏度为 $10 \sim 20 \mu g/50ml$。

③食品包装用塑料材料的重金属来源有两方面，首先，塑料添加剂（如稳定剂、填充剂、抗氧化剂等）使用不当。如硬脂酸铅、镉化合物，用于食品包装树脂；含重金属的化合物作为颜料或着色剂，都将使聚合物重金属增量。其次，聚合物生产过程中的污染，也能使聚合物含有较高的重金属，如管道、机械、器具的污染。

④食品包装材料中重金属其他分析技术可参考原子吸收光谱法与原子荧光光谱法等技术。

## （四）食品包装材料中丙烯腈残留气相色谱法检测技术

食品包装材料（塑料、树脂等聚合物）中的未聚合的单体、中间体或残留物进入食品，往往造成食品的污染。丙烯腈聚合物中的丙烯腈单体，由于具有致癌作用，关于以丙烯腈（AN）为基础原料的塑料包装材料对食品包装的污染问题已受到广泛关注。有研究曾对此类包装材料中的奶酪、奶油、椰子乳、果酱等进行了分析，证明丙烯腈能从容器进入食品，并证明在这些食品中丙烯腈的分布是不均匀的。我国食品用橡胶制品安全标准中规定了接触食品的片、垫圈、管以及奶嘴制品中残留丙烯腈单体的限量。以下介绍顶空气相色谱法（HP-GC）测定丙烯腈-苯乙烯共聚物（AS）和丙烯腈-丁二烯-苯乙烯共聚物（ABS）中残留丙烯腈，分别采用氮-磷检测器法（NPD）与氢火焰检测器法（FID）。

### 1. 适用范围

适用于丙烯腈-苯乙烯以及丙烯腈-丁二烯-苯乙烯树脂及其成型品中残留丙烯腈单体的测定，也适用于橡胶改性的丙烯腈-丁二烯—苯乙烯树脂及成型品中残留丙烯腈单体的测定。

### 2. 方法目的

了解气相色谱检测食品包装材料的片、垫圈、管及奶嘴制品中残留丙烯腈单体的方法。

### 3. 原理

将试样置于顶空瓶中，加入含有已知量内标物丙腈（PN）的溶剂，立即密封，待充分溶解后将顶空瓶加热使气液平衡后，定量吸取顶空气进行气相色谱（NPD）测定，根据内标物响应值定量。

### 4. 试剂材料

①溶剂 $N, N-$ 二甲基甲酰胺（DMF）或者 $N, N-$ 二甲基乙酰胺（DMA），要求溶剂顶空色谱测定时，在丙烯腈（AN）和丙腈（PN）的保留时间处不得出现干扰峰。

②丙腈、丙烯腈均为色谱级。丙烯腈标准贮备液：称取丙烯腈 $0.05g$，加 $N, N-$

二甲基甲酰胺稀释定容至50ml，此储备液每毫升相当于丙烯腈1.0mg，贮于冰箱中。丙烯腈标准浓度：吸取储备液0.2ml、0.4ml、0.6ml、0.8ml、1.6mL。分别移入10ml容量瓶中，各加$N,N$- 二甲基甲酰胺稀释至刻度后混匀（丙烯腈浓度20μg，40μg，60μg，80μg，160μg）。

③溶液A。准备一个含有已知量内标物（PN）聚合物溶剂。用100ml容量瓶，事先注入适量的溶剂DMF或DMA稀释至刻度，摇匀，即得溶液A。计算出溶液A中PN的浓度（mg/mL）。

④溶液B。准确移取15ml溶液A置于250ml容量瓶中，用溶剂DMF或DMA稀释到体积刻度，摇匀，即得溶液B。此液每月配制一次，如下列计算溶液B中PN的浓度：

$$c_B = c_A \times 15 / 250$$

式中：$c_A$—溶液B中PN浓度，mg/mL；$c_B$—溶液A中PN浓度，mg/mL。

⑤溶液C。在事先置有适量溶剂DMF或DMA的50ml容量瓶中，准确称入约150mg丙烯腈（AN），用溶剂DMF或DMA稀释至体积刻度，摇匀，即得溶液C。计算溶液C中AN的浓度（mg/mL）。此溶液每月配制1次。

### 5. 仪器设备

气相色谱仪，配有氮－磷检测器的。最好使用具有自动采集分析顶空气的装置，如人工采集和分析，应拥有恒温浴，能保持90℃±1℃；采集和注射顶空气的气密性好的注射器；顶空瓶瓶口密封器；5.0ml顶空采样瓶；内表面覆盖有聚四氟乙烯膜的气密性优良的丁基橡胶或者硅橡胶。

### 6. 气相色谱条件

色谱柱：3mm×4m不锈钢质柱，填装涂有159%聚乙二醇–20M的101白色酸性担体（60～80目）；柱温：130℃；汽化温度：180℃；检测器温度：200℃；氮气纯度：99.999%，载气氮气（$N_2$）流速：25～30mL/min；氢气经干燥、纯化；空气经干燥、纯化。

### 7. 分析步骤

#### （1）试样处理

称取充分混合试样0.5g于顶空瓶中，向顶空瓶中加5ml溶液B，盖上垫片、铝帽密封后，充分振摇，使瓶中的聚合物完全溶解或充分分散。

#### （2）内标法校准

于3只顶空气瓶中各移入5ml溶液B，用垫片与铝帽封口；用一支经过校准的注射器，通过垫片向每个瓶中准确注入10μl溶液C，摇匀，即得工作标准液，计算标准液中AN的含量$m_i$和PN的含量$m_s$。

$$m_i = V_c \times c_{AN}$$

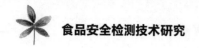

式中：$m_i$—工作标准液中 AN 的含量，单位为 mg;$V_c$—溶液 C 的体积，单位为 ml;$c_{AN}$—溶液 C 中 AN 的浓度，单位为 mg/mL。

$$m_s = V_B \times c_{PN}$$

式中：$m_s$—工作标准液中 PN 的含量，单位为 mg;$V_B$—溶液 B 的体积，单位为 ml;$c_{PN}$—溶液 B 中 PN 的浓度，单位为 mg/mL。

取 2.0ml 标准工作液置顶空瓶进样，由 AN 的峰面积 $A_i$ 和 PN 的峰面积 $A_s$ 及它们的已知量确定校正因子 $A_s$：

$$R_f = m_i \times A_s / \left( m_s \times A_i \right)$$

式中：$R_i$—校正因子；$m_i$—工作标准液中 AN 的含量，单位为 mg;$A_s$—PN 的峰面积；$m_s$—工作标准液中 PN 的含量，单位为 mg;$A_i$—AN 的峰面积。

例如：丙烯腈的质量 0.030mg，峰面积为 21633；丙腈的质量 0.030mg，峰面积为 22282。

$$R_f = 0.030 \times 22282 / (0.030 \times 21633) = 1.03$$

（3）测定

把顶空瓶置于 90℃的浴槽里热平衡 50mino 用一支加过热的气体注射器，从瓶中抽取 2ml 已达气液平衡的顶空气体，即由气相色谱进行分析。

### 8. 结果参考计算

$$c = m_s' \times A_i' \times R_f \times 1000 / \left( A_s' \times m \right)$$

式中：c—试样含量，单位为 mg/kg;$A_i'$—试样溶液中 AN 的峰面积或者积分计数；$A_s'$—试样溶液中 PN 的峰面积或积分计数；$m_s'$—试样溶液中 PN 的量，单位为 mg;$R_f$—校正因子；m—试样的质量，单位为 g。

### 9. 方法分析与评价

①在重复性条件下获得的两次独立测定结果的绝对差值不得超过其算术平均值的 15%。本法检出限为 0.5mg/ kg。

②取来的试样应全部保存在密封瓶中。制成的试样溶液应在 24h 内分析完毕，如超过 24h 则报告溶液的存放时间。

③气相色谱氢火焰检测器法（FID）分析丙烯腈可参考此方法。色谱条件为 4mm × 2m 玻璃柱，填充 GDX–102（60 ~ 80 目）；柱温 170℃；汽化温度 180℃；检测器温度 220℃；载气氮气（$N_2$）流速 40mL/min；氢气流速 44mL/min；空气流速：500mL/min；仪器灵敏度：$10^1$；衰减：1。

# 第三节 接触材料有害物质的检测

## 一、食品接触材料评价

食品直接或间接接触的材料必须足够稳定，以避免有害成分向食品迁移的含量过高而威胁人类健康，或导致食品成分不可接受的变化，或引起食品感官特性的劣变。活性和智能食品接触材料和制品不应改变食品组成、感官特性，或者提供有可能误导消费者的食品品质信息。评估食品接触材料的安全性，需要毒理学数据和人体暴露后潜在风险的数据。但是人体暴露数据不易获得。因此，多数情况参考迁移到食品或食品类似物的数据，假定每人每天摄入含有此种食品包装材料的食品的最大量不超过 1 kg，迁移到食品中的食品包装材料越多，需要的毒理学资料越多。当食品包装材料中迁移量 5 ~ 60mg/ kg 为高迁移量，介于 0.05 ~ 5mg/ kg 的食品包装材料为普通迁移量，迁移量小于 0.05mg/ kg 食品包装材料是低迁移量。高迁移量食品包装材料通常需进行毒理学方面的安全性评价。

由于食品接触材料中物质的迁移往往是一个漫长的过程，在真实环境下进行分析难度较大，并且也不可能总是利用真实食品来进行食品接触材料的检测，因此，国际上测定食品包装材料中化学物迁移的方法通常是根据被包装食品的特性，选用不同的模拟溶媒（也称食品模拟物），在规定的特定条件下进行试验，以物质的溶出量表示迁移量。

## 二、食品接触材料的总迁移量分析

总迁移量（全面迁移量）是指可能从食品接触材料迁移到食品中的所有物质总和。

总迁移限制（OML）是指可能从食品接触材料迁移到食品中的所有物质的限制的最大数值，是衡量全面迁移量的一个指标。我国则规定了总迁移试验时食品用包装材料及其制品的浸泡试验方法通则，该通则详细规定了食品种类、所采用的溶媒、迁移检测条件等。

### （一）适用范围

适用于塑料、陶瓷、搪瓷、铝、不锈钢、橡胶等为材质制成的各种食品用具、容器、食品用包装材料，以及管道、样片、树脂粒料、板材等理化检验样品的预处理。

### （二）方法目的

了解掌握检测食品接触材料接触不同种类食品时的总迁移量分析方法。

## （三）原理

根据食品种类选用不同的溶媒浸泡接触材料，其蒸发残渣则反映了食品接触材料及其制品在包裹食品时迁移物质的总量。对中性食品选用水作溶媒，对酸性食品采用 4% 醋酸作溶媒，对油脂食品采用正己烷作溶媒，对酒类食品采用 20% 或 65% 乙醇水溶液作溶媒。

## （四）试剂材料

蒸馏水，4% 醋酸，正己烷，20% 或者 65% 乙醇溶液。

## （五）仪器设备

电炉、移液管、量筒、天平、烘箱等。

## （六）分析步骤

### 1. 采样

采样时要记录产品名称、生产日期、批号、生产厂商。所采样品应完整、平稳、无变形、画面无残缺，容量一致，没有影响检验结果的疵点。采样数量应能反映该产品的质量和满足检验项目对试样量的需要。一式 3 份供检验、复验和备查或仲裁之用。

### 2. 试样的准备

空心制品的体积测定：将空心制品置于水平桌上，用量筒注入水至离上边缘（溢面）5mm 处，记录其体积，精确至 ±2%。易拉罐内壁涂料同空心制品测定其体积。

扁平制品参考面积的测定：将扁平制品反扣于有平方毫米的标准计算纸上，沿制品边缘画下轮廓，记下此参考面积，用平方厘米（$cm^2$）表示。对于圆形的扁平制品可以量取其直径，以厘米表示，参考面积计算为

$$S = [(D/2) - 0.5]^2 \times \pi$$

式中：S—面积，$cm^2$；D—直径，cm；0.5—浸泡液至边缘距离，cm。

不能盛放液体的制品，即盛放液体时无法留出液面至上边缘 5mm 距离的扁平制品，其面积测定同上述扁平制品。

不同形状的制品面积测定方法举例如下。

匙碗全部浸泡入溶剂。其面积为 1 个椭圆面积加 2 个梯形面积再加 1 个梯形面积总和的 2 倍。如图 8-1 所示。计算公式为：

$$S = \{(Dd\pi/4) + [2 \times (A+B) \times h_1/2] + [h_2 \times (E+F)/2]\} \times 2$$

式中：A—匙上边半圆长；B—下边半圆长；$D, h_2$—匙碗、匙把长度；F, E—匙把头、尾宽度；$h_1$—匙碗底宽；d—匙内圆宽。

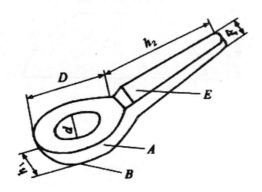

图 8-1 匙图示

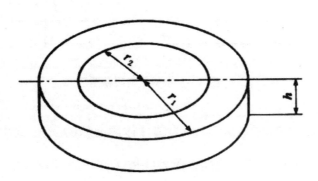

图 8-2 奶瓶盖图示

奶瓶盖：全部浸泡。它的面积为环面积加圆周面积之和的 2 倍。公式中字母含义见图 8-2。

$$S = 2\left[\pi\left(r_1^2 - r_2^2\right) + 2\pi r_1 h\right]$$

碗边缘：边缘有花饰者倒扣于溶剂，浸入 2cm 深。其面积为被浸泡的圆台侧面积 2 倍。公式中各字母含义见图 8-3。

$$S = 2\left[\pi l\left(r_1 + r_2\right)\right] \times 2 = 4\pi\left(r_1 + r_2\right)$$

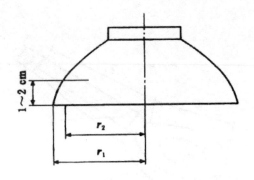

图 8-3　碗边缘图示

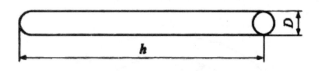

图 8-4　塑料饮料吸管图示

塑料饮料吸管：全部浸泡。其面积为圆柱体侧面积的 2 倍。式中字母含义见图 8-4。

$$S = \pi Dh \times 2$$

### 3. 试样的清洗

试样用自来水冲洗后，用洗涤剂清洗，再用自来水反复冲洗后，然后使用纯水冲 2～3 次，置烘箱中烘干。塑料、橡胶等不宜烘烤的制品，应晾干，必要时可用洁净的滤纸将制品表面水分揩吸干净，但纸纤维不得存留器具表面。清洗过样品应防止灰尘污染，清洁的表面也不应再直接用手触摸。

### 4. 浸泡方法

空心制品：按上法测得的试样体积准确量取溶剂加入空心制品之中，按该制品规定的试验条件（温度、时间）浸泡，大于 1.1L 的塑料容器也可裁成试片进行测定。可盛放溶剂的塑料薄膜袋应浸泡无文字图案的内壁部分，可将袋口张开置于适当大小的烧杯中，加入适量溶剂依法浸泡。复合食品包装袋则按每平方厘米 2ml 计，注入溶剂依法浸泡。

扁平制品测得其面积后，按每平方厘米 2ml 的量注入规定的溶剂依法浸泡。或可采用全部浸泡的方法，其面积应以二面计算。

板材、薄膜和试片同扁平制品浸泡。

橡胶制品按接触面积每平方厘米加 2ml 浸泡液，无法计算接触面积的，按每克样品加入 20ml 浸泡液。

塑制垫片能整片剥落的按每平方厘米 2ml 加浸泡液。不能整片剥落的取边缘较厚的部分剪成宽 0.3 ~ 0.5cm，长 1.5 ~ 2.5cm 的条状称重。按每克样品加 60ml 浸泡液。

## （七）结果参考计算

### 1. 空心制品

以测定所得 mg/L 表示即可。

### 2. 扁平制品

如果浸泡液用量正好是每平方厘米 2ml，则测得值即试样迁移物析出量 mg/L。

如果浸泡液用量多于或少于每平方厘米 2ml，则以测得值 mg/L 计算：

$$a = c \times V / (2 \times S)$$

式中：$a$—迁移物析出量，单位 mg/L；$c$—测得值，单位 mg/L；$V$—浸泡液体积，单位 ml；$S$—扁平制品参考面积，单位 $cm^2$；2—每平方厘米面积所需要的溶剂毫升数。

当扁平制品的试样析出物量用 $mg/dm^2$ 表示时，按下式进行计算：

$$a = c \times V / A$$

式中：$a$—迁移物析出量，单位 $mg/dm^2$；$c$—测得值，单位 mg/L；$V$—浸泡液体积，单位 L；$A$—试样参考面积，单位 $dm^2$。

板材、薄膜、复合食品包装袋和试片与扁平制品计算为实测面积。

## （八）方法分析与评价

①浸泡液总量应能满足各测定项目的需要。例如，大多数情况下，蒸发残渣的测定每份浸泡液应不少于 200ml；高锰酸钾消耗量的测定每份浸泡液应不少于 100ml。

②用 4% 乙酸浸泡时，应先将需要量的水加热到所需温度，再加入 36% 乙酸，使其浓度达到 4%。

③浸泡时应注意观察，必要时应适当搅动，并清除可能附于样品表面上的气泡。

④浸泡结束后，应观察溶剂是否有蒸发损失，否则应加入新鲜溶剂补足至原体积。

⑤食品用具：指用于食品加工的炒菜勺、切菜砧板以及餐具，比如匙、筷、刀、叉等。食品容器：指盛放食品的器具，包括烹饪容器、贮存器等。空心制品：指置于水平位置时，从其内部最低点至盛满液体时的溢流面的深度大于 25mm 的制品，如碗、锅、瓶。空心制品按其容量可分为大空心制品：容量大于等于 1.1L，小于 3L 者；小空心制品：容量小于 1.1L。扁平制品：置于水平位置时，从其内部最低点至盛满液体时的溢流面的深度小于或等于 25mm 的制品，如盘、碟。贮存容器：容量大于等于 3L 的制品。

# 三、食品接触材料中镉、铬（Ⅵ）迁移量检测技术

在对衡量食品接触材料的化学物迁移进行评价时，除了考虑总迁移量，之外在塑料、陶瓷、不锈钢、铝等食品接触材料中还有一些特定物质对食品安全构成威胁，该类具体物质的迁移称为特定迁移。特定迁移限制（SML）是有关的一种物质或一组物质的特殊迁移限制，特定迁移限制往往是基于毒理学评价而确定的。譬如多个国家对不锈钢食具容器卫生标准中都规定了镉、铬（Ⅵ）的迁移溶出限制。

## （一）食品接触材料中镉的迁移量原子吸收光谱法检测技术

镉是一种毒性很大的重金属，其化合物也大都属毒性物质，其在肾脏与骨骼中会取代骨中钙，使骨骼严重软化；镉还会引起胃脏功能失调，干扰人体和生物体内锌的酶系统，使锌镉比降低，而导致高血压症上升。镉毒性是潜在性的，潜伏期可长达 10 ~ 30 年，且早期不易觉察。因此．多种食品接触材料都有镉含量限制。

### 1. 方法目的

测定食品接触材料中镉的迁移量。

### 2. 原理

把 4% 乙酸浸泡液中镉离子导入原子吸收仪中被原子化之后，吸收 228.8nm 共振线，其吸收量与测试液中的含镉量成比例关系，与标准系列比较定量。

### 3. 适用范围

适用于不锈钢、铝、陶瓷为原料制成的各种炊具、餐具、食具及其他接触食品的容器、工具、设备等。

### 4. 试剂材料

① 4% 乙酸

②镉标准溶液：准确称取 0.1142g 氧化镉，加 4ml 冰乙酸，缓缓加热溶解后，冷却，移入 100ml 容量瓶中，加水稀释至刻度。此种溶液每毫升相当于 1.00mg 镉。应用时将镉标准稀释至 10.0μg/mL。

### 5. 仪器设备

原子吸收分光光度计。

### 6. 测定条件

波长 228.8nm，灯电流 7.5mA，狭缝 0.2nm，空气流量 7.5L/min，乙炔气流量 1.0L/min，氘灯背景校正。

### 7. 分析步骤

①取样方法同铅。

② 标准曲线制备。吸取 0ml、0.50ml、1.00ml、3.00ml、5.00ml、7.00ml、10.00ml。镉标准

使用液，分别置于 100ml 容量瓶中，用 4% 乙酸稀释至刻度，每毫升各相当于 0μg、0.05μg、0.10μg、0.30μg、0.50μg、0.70μg、1.00μg 镉，根据对应浓度的峰高，绘制标准曲线。

③样品浸泡液或其稀释液，直接导入火焰中进行测定，和标准曲线比较定量。

### 8. 结果参考计算

$$X = A \times 1000V \times 1000$$

式中：$X$—样品浸泡液中镉的含量，mg/L；$A$—测定时所取样品浸泡液中镉的质量，μg；$V$—测定时所取样品浸泡液体积（如取稀释液应再乘以稀释倍数），ml。

### 9. 误差分析及评价

在重复性条件下获得的两次独立测定结果的绝对值不得超过算术平均值的15%。

## （二）食品接触材料中铬（Ⅵ）的迁移量分光光度法检测技术

铬有二价、三价和六价化合物，其中三价和六价化合物较常见。所有铬的化合物都有毒性，六价铬的毒性最大。六价铬为吞入性毒物 / 吸入性极毒物，皮肤接触可能导致敏感；更可能造成遗传性基因缺陷，对环境有持久危险性。

### 1. 适用范围

适用于不锈钢、铝、陶瓷为原料制成的各种炊具、餐具、食具以及其他接触食品的容器、工具、设备等。

### 2. 方法目的

学会分光光度法测定食品接触材料中六价铬的迁移量分析原理以及方法。

### 3. 原理

以高锰酸钾氧化低价铬为高价铬（Ⅵ），加氢氧化钠沉淀铁，加焦磷酸钠隐蔽剩余铁等，利用二苯碳酰二肼与铬生成红色络合物，与标准系列比较定量。

### 4. 试剂材料

① 2.5mol/L 硫酸：取 70ml 优级纯硫酸边搅拌边加入水中，放冷后加水至 500ml。

② 0.3% 高锰酸钾溶液，20% 尿素溶液，10% 亚硝酸钠溶液，5% 焦磷酸钠溶液，饱和氢氧化钠溶液。

③二苯碳酸二肼溶液：称取 0.5g 二苯碳酸二肼溶于 50ml 丙酮中，加水 50ml，临用时配制，保存于棕色瓶中，如溶液颜色变深则不能使用。

④铬标准溶液，称取一定量铬标准，采用 4% 乙酸配制浓度为 10μg/mL 铬。

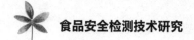

**5. 仪器设备**

分光光度计，25ml 具塞比色管。

**6. 分析步骤**

①取样方法同铅测定时前处理方法，前已述及。

②标准曲线的绘制。取铬标准使用液 0ml、0.25ml、0.50ml、1.00ml、1.50ml、2.00ml、2.50ml、3.00ml，分别移入 100ml 烧杯中，加 4% 乙酸到 50ml，以下同样品操作。以吸光度为纵坐标，标准浓度为横坐标，绘制标准曲线。

③测定。取样品浸泡液 50ml 放入 100ml 烧杯中，加玻璃珠 2 粒，2.5mol/L 硫酸 2ml，0.3% 高锰酸钾溶液数滴，混匀，加热煮沸至约 30ml（微红色消失时，再加 0.3% 高锰酸钾液呈

微红色），放冷，加 25ml 20% 尿素溶液，混匀，滴加 10% 亚硝酸钠溶液至微红色消失，加饱和氢氧化钠溶液呈碱性（pH9），放置 2h 后过滤，滤液加水至 100ml，混匀，取此液 20ml 于 25ml 比色管中，加 1mL 2.5mol/L 硫酸，1mL 5% 焦磷酸钠溶液，混匀，加 2ml 0.5% 二苯碳酸二肼溶液，加水至 25ml，混匀，放置 5min，待测。另取 4% 乙酸溶液 100ml 同上操作，为试剂空白，于 540ml 处测定吸光度。

**7. 结果参考计算**

$$X = m \times F \times 100 / 50 \times 20$$

$$F = V / (2S)$$

式中：$X$—试样浸泡液中铬含量，mg/L；$m$—测定时试样中相当于铬的质量，$\mu g$；$F$—折算成每平方厘米 2ml 浸泡液的校正系数；$V$—样品浸泡液总体积，ml；$S$—与浸泡液接触的样品面积，$cm^2$；2—每平方厘米 2ml 浸泡液，$mL/cm^2$。

**8. 方法分析与评价**

本方法能比较明确的确定被分析样品中元素的形态。本方法检测灵敏度略低，为 0.1mg/L。

# 四、食品中接触材料聚丙烯检测技术

聚丙烯（PP）为丙烯的聚合物，可用于周转箱、食品容器、食品与饮料软包装、输水管道等。我国对聚丙烯树脂材料及其成型品的检测项目包括正己烷提取物、蒸发残渣、高锰酸钾消耗量、重金属和脱色试验，对重金属仅要求测定浸泡液中（4% 乙酸）含量，日本、美国等国家通常还需要测定材料中的含量。对于聚丙烯成型品的指标检测方法同聚乙烯成型品；对聚丙烯树脂材料仅要求检测正己烷提取物。

# 五、食品中接触材料聚酯检测技术

聚酯是指由多元醇和多元酸缩聚而得的聚合物总称，以聚对苯二甲酸乙二酯（PET）为代表的热塑性饱和聚酯的总称，习惯上也包括聚对苯二甲酸丁二酯（PBT）和聚 2，6- 萘甲酸乙二酯（PEN）、聚对苯二甲酸 1.4- 环己二甲醇酯（PCT）及其共聚物等线型热塑性树脂。由于聚酯在醇类溶液中存在一定量的对苯二甲酸和乙二醇迁出，故用聚酯盛装酒类产品应慎重。聚酯树脂及其成型品中锗、锑含量经常作为一个卫生指标进行测定；我国对聚酯类高聚物只特别规定了 PET 的理化和卫生指标，包括蒸发残渣、高锰酸钾消耗量、重金属（以 Pb 计）、锑（以 Sb 计）、脱色试验等等。以下主要讲述锑、锗的检测分析方法：

## （一）食品聚酯（树脂）材料中锑的石墨炉原子吸收光谱法检测技术

酯交换法合成 PET 的工艺过程分酯交换、预缩聚和高真空缩聚三个阶段，其中使用到 $Sb_2O_2$ 作催化剂，由于 Sb 可引起内脏损害，所以 PET 树脂及其制品要测锑残留量。

### 1. 适用范围

树脂材料及其成型品。

### 2. 方法目的

对树脂材料及其成型品中的锑进行分析。

### 3. 原理

在盐酸介质中，经碘化钾还原后的三价锑与吡啶烷二硫代甲酸铵（APDC）络合，以 4- 甲基戊酮 -2（甲基异丁基酮，MIBK）萃取后，用石墨炉原子吸收分光光度计测定。

### 4. 试剂材料

①4% 乙酸，6mol/L 盐酸，10% 碘化溶液（1 临用前配），4- 甲基戊酮 -2（MIBK）。

②0.5% 吡啶烷二硫代甲酸铵（APDC）：称取 APDC 0.5g 置 250ml 具塞锥形瓶内，加水 10ml，振摇 1min，过滤，滤液备用（临用前配置）。

③锑标准储备液：称取 0.2500g 锑粉（99.99%），加 25ml 浓硫酸，缓缓加热使其溶解，将此液定量转移至盛有约 100ml 水的 500ml 容量瓶中，以水稀释至刻此中间液 1ml 相当于 5Mg 锑。取储备液 1.00ml，以水稀释至 100ml。此中间液 1mL 相当于 5μg 锑。

④锑标准使用液：取中间液 10ml，以水稀释到 100ml。此液 1ml 相当于 0.5μg 锑。

### 5. 仪器设备

原子分光光度计；石墨炉原子化器。

### 6. 分析步骤

（1）试样处理

树脂（材质粒料）：称取 4.00g（精确至 0.01g）试样到 250ml 具回流装置的烧瓶中，加入 4% 乙酸 90ml 接好冷凝管，在沸水浴上加热回流 2h，立即用快速滤纸过滤，并用少量 4% 乙酸洗涤滤渣，合并滤液后定容至 100ml，备用。

成型品：按成型品表面积 1cm² 加入 2ml 的比例，以 4% 乙酸于 60℃浸泡 30min（受热容器则 95℃，30min），取浸泡液作为试样溶液备用。

（2）标准曲线制作

取锑标准使用液 0.0ml、1.0ml、2.0ml、3.0ml、4.0ml、5.0ml（相当于 0.0μg、0.5μg、1.0μg、1.5μg、2.0μg、2.5μg 锑），分别置于预先加有 4% 乙酸 20ml 的 125ml 分液漏斗中，以 4% 乙酸补足体积至 50ml。分别依次加入碘化钾溶液 2ml，6mol/L 盐酸 3ml 混匀后放置 2min 然后分别加入 AP-DC 溶液 10ml，混匀，各加 MIBK 10ml。剧烈振摇 1min 静置分层，弃除水相，以少许脱脂棉塞入分液漏斗下颈部，将 MIBK 层经脱脂棉滤至 10ml 具塞试管中，取有机相 20ml 按仪器工作条件（表 9-1. 萃取后 4h 内完成测定），作吸收度 – 锑含量标准曲线。

（3）试样测定

取试样溶液 50ml，置 125ml 分液漏斗中，另取 4% 乙酸 50ml 作试剂空白，分别依次加入碘化钾溶液 2ml，6mol/L 盐酸 3ml，混匀之后放置 2min，然后分别加入 APDC 溶液 10ml，混匀，各加棉塞入分液漏斗下颈部，将 MIBK 层经脱脂棉滤至 10ml 具塞试管中，取有机相 20ml 按仪器工作条件测定，在标准曲线上查得样品溶液的 Sb 的含量。

### 7. 结果参考计算

$$X = (A - A_0) \times F / V$$

式中：$X$—浸泡液或回流液中锑的含量，μg/mL;$A$—所取样液中锑测得量，μg;$A_0$—试剂空白液中锑测得量，μg;$V$—所取试样溶液的体积，ml;$F$—浸泡液或者回流液稀释倍数。

### 8. 方法评价与分析

①本方法是检测锑的通用方法，对陶瓷、玻璃等其他材料及成型品中的锑同样适用。$Ca^{2+}$、$Mg^{2+}$、$Cl^-$、$SO_4^{2+}$、$NO_3^-$ 等 在 250mg/L、400mg/L、150mg/L、100mg/L、300mg/L 的质量浓度下对锑的测定均无干扰。

②除了原子吸收法，树脂中锑含量的检测还可以采用孔雀绿分光光度法，其原理是用 4% 乙酸将样品中浸提出来，酸性条件下先将锑离子全部还原三价，然后再氧化为五价锑离子后者能与孔雀绿生成有色络合物，在一定 pH 值介质中能被乙酸异戊酯萃取，分光分析定量。

## （二）食品中聚酯树脂中锗分光光度法检测技术

## 1. 适用范围

食品包装用聚酯树脂及其成型品。

## 2. 方法目的

掌握食品包装用聚酯树脂及其成型品中锗的分光光度法测定。

## 3. 原理

聚酯树脂的乙酸浸泡液，在酸性介质中经四氯化碳萃取，然后和苯芴酮络合，在510nm下分光光度测定。

## 4. 试剂材料

①盐酸，硫酸，乙醇，四氯化碳，过氧化氢。

②盐酸－水（1：1），硫酸－水（1：6），4%乙酸溶液，40%氢氧化钠溶液。

③8mol/L盐酸溶液。量取400ml盐酸，加水稀释至600ml。

④0.04%苯芴酮溶液。称取0.04g苯芴酮，加75ml乙醇溶解，加5ml硫酸－水（1：6），微微加热使充分溶解，冷却后，加乙醇至总体积为100ml。

⑤锗的储备液。在小烧杯中称取0.050g锗，加2ml浓硫酸，加0.2ml过氧化氢，小心加热煮沸，再补加3ml浓硫酸，加热至冒白烟。冷却后，加40%氢氧化钠溶液3ml。锗全部溶解后，小心滴加2ml浓硫酸，使溶液变成酸性，定量转移至100ml容量瓶中，并加水稀释至刻度，此溶液含锗0.5mg/mL；取用液1.0ml置于100ml容量瓶中，加2ml盐酸－水（1：1），用水定容，此液含锗5μg/mL。

## 5. 仪器

分光光度计。

## 6. 分析步骤

### （1）样品前处理

树脂（材质粒料）：精密称取约4g样品于250ml回流装置的烧瓶中，加入4%乙酸90ml，接好冷凝管，在沸水浴上加热回流2h，立即用快速滤纸过滤，并用少量4%乙酸洗涤滤渣，合并滤液后定容至100ml，备用。

成型品：以2ml/cm²比例将成型品浸泡在4%乙酸溶液中，在60℃下浸泡30min，取浸泡液作为试样溶液备用。

### （2）标准曲线制作

取标准使用液0ml、0.5ml、1.0ml、1.5ml、2.0ml（相当于锗含量0μg、2.5μg、5.0μg、7.5μg、10.0μg）。分别置于预先已有8mol/L盐酸溶液90ml的6只分液漏斗中，加入10ml四氯化碳，充分振摇1min，静置分层。取有机相5ml，置于10ml具塞比色管中，加入0.04%苯芴酮溶液1ml，然后加乙醇至刻度，充分混匀之后，在510nm波长下测定吸光度，以锗浓度为横坐标，吸光度为纵坐标绘制标准曲线。

### （3）样品测定

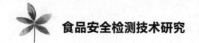

取处理好的试样溶液 50ml 置 100ml 瓷蒸发皿，加热蒸发到近干，用 8mol/L 盐酸溶液 50ml，分次洗残渣至分液漏斗中，然后加入 10ml 四氯化碳，充分振荡 1min，取有机相 5ml，置于 10ml 具塞比色管中，加入 0.04% 苯芴酮溶液 1ml，然后加乙醇至刻度，充分混匀后，测定吸光度，从标准曲线查出相应的锗含量。

### 7. 结果参考计算

（1）成型品

$$X = A \times F / V$$

式中：$X$—成型品中锗含量，$mg/L$；$A$—测定时所取样品浸泡液中锗的含量，$\mu g$；$V$—测定时所取样品浸泡液体积，$ml$；$F$—换算成 $2mL/cm^2$ 的系数。

（2）树脂

$$X = A \times V_1 / (m \times V_2)$$

式中：$X$—树脂中锗的含量，$mg/kg$；$m$—树脂质量，$g$；$V_1$—定容体积，$ml$；$V_2$—测定时所取试样体积，$ml$。

### 8. 方法分析与评价

①本方法的最低检出限为 $0.020\mu g/mL$，但是苯芴酮显色剂的选择性、稳定性较差，有时选用表面活性剂进行增溶、增敏、增稳。

②除了本法，锗的分析还可以采用原子吸收法，极谱法，荧光法等其他方法。

## 六、食品中接触材料聚酰胺检测技术

聚酰胺俗称尼龙，尼龙中的主要品种是尼龙 6 与尼龙 66，占绝对主导地位。尼龙树脂大都无毒，但树脂中的单体–己内酰胺含量过高时不宜长期与皮肤或食物接触，对于 50 kg 体重成人，安全摄入量为 50mg/d，食品中的允许浓度为 50mg/ kg。我国允许作为食品包装的尼龙是尼龙 6，颁布了多项与尼龙 6 树脂及制品相关的标准，成型品要求进行己内酰胺单体、蒸发残渣、高锰酸钾消耗量、重金属（以 Pb 计）、脱色试验等检测项目，下面主要介绍己内酰胺单体监测方法：

### （一）方法目的

掌握尼龙 6 树脂或成型品中己内酰胺单体含量的检测方法。

### （二）原理

尼龙 6 树脂或成型品经沸水浴浸泡提取后，试样中己内酰胺溶解在浸泡液中，直接用液相色谱分离测定，以保留时间定性、峰高或者峰面积定量。

## （三）适用范围

尼龙 6 树脂或成型品。

## （四）试剂材料

①己内酰胺标准储备液：准确称取 0.100g 己内酰胺，用水溶解后稀释定容至 100ml，此溶液 1mL 含 1.0mg 己内酰胺（在冰箱内可以保存 6 个月）。

②乙腈，色谱纯。

## （五）仪器

液相色谱仪，配紫外检测器。

## （六）色谱分析条件

色谱柱：$\Phi 4.6mm \times 150mm \times 10\mu m$，$C_{18}$ 反相柱；UV 检测器波长 210nm；灵敏度 0.5AUFS；流动相为 11% 乙腈水溶液；流速 1.0ml/min 或者 2.0mlAnin；进样体积 $10\mu l$。

## （七）分析步骤

### 1. 采样和样品前处理

按照聚乙烯采样和前处理方法进行。

### 2. 己内酰胺标准曲线

取 1.0mg/mL 己内酰胺标准储备液，用蒸馏水稀释成 $1.0\mu g/mL$、$5.0\mu g/mL$、$10.0\mu g/mL$、$50.0\mu g/mL$、$100.0\mu g/mL$、$200.0\mu g/mL$，取 $10\mu l$ 注入色谱仪，以标准浓度为横坐标，以色谱峰面积或峰高为纵坐标绘制标准曲线。

### 3. 测定

树脂：称取树脂试样 5.0g，按 1g 试样加蒸馏水 20ml 计，加入蒸馏水 100ml 于沸水浴中浸泡 1h 后，放冷至室温，然后过滤于 100ml 容量瓶中定容至刻度，浸泡液经 $0.45\mu m$ 滤膜过滤，按标准曲线色谱条件进行分析，根据峰高或者峰面积，从标准曲线上查出对应含量。

成型品：丝状等成型品试样处理同树脂。其他成型品按 $1cm^2$ 加入 2ml 蒸馏水计，试样处理同树脂。

## （八）结果参考计算

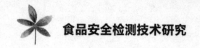

1. 树脂的己内酰胺含量

$$X = A \times V_2 \times 1000 / (m_1 \times V_1 \times 1000)$$

式中：$X$—树脂样品己内酰胺含量，$mg/kg$；$A$—试样相当标准含量，$\mu g$；$m$—树脂质量，$g$；$V_1$—进样体积，$ml$；$V_2$—浸泡液定容体积 $ml$。

2. 成型品的己内酰胺含量。

$$X = A \times 1000 / V \times 1000$$

式中：$X$—样品的己内酰胺含量，$mg/L$；$A$—试样相当标准含量，$pg$；$m$—树脂质量，$g$；$V$—进样体积，$ml$。

$V$—进样体积，$ml$。

## （九）方法分析与评价

①该法最低检测浓度可达 $0.5g/L$。

②己内酰胺的测定也可以采用羟肟酸铁比色法，该方法操作烦琐，分析时间长，形成的铁络合物颜色稳定性差，灵敏度只能达到 $2g/L$。

# 第九章　食品安全及检测新技术

## 第一节　食品安全溯源体系

食品安全溯源是指在食品链的各个环节中，食品以及其相关信息能够被追踪（生产源头—消费终端）或者回溯（消费终端—生产源头），从而使食品的整个生产经营活动处于有效监控之中。

食品安全溯源体系是一个能够连接生产、检验、监管和消费各个环节，让消费者了解符合卫生安全的生产和流通过程，提高消费者放心程度的信息管理系统。系统提供了"从农田到餐桌"的追溯模式，建立了食品安全信息数据库，一旦发现问题，能够根据溯源进行有效的控制和召回，所以，这就能从源头上保障消费者的合法权益。

### 一、食品安全溯源的意义

随着经济全球化和人们生活水平的提高，食物来源越来越广泛，导致食品安全事故频频发生。禽流感、口蹄疫、染色馒头、地沟油、三聚氰胺奶粉等事件造成的恶果，严重影响了人们的正常生活。因此，建立食品安全溯源体系具有重要的意义。

#### （一）适应食品国际贸易的要求

通过建立食品溯源体系，可以使我国食品生产管理尽快与国际接轨，符合国际食品安全追踪与溯源的要求，保证了我国食品质量安全水平，突破技术壁垒，提高了

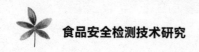

国际竞争力。

## （二）维护消费者的知情权

食品安全溯源体系能够提高生产过程的透明度，建立了一条连接生产和消费的渠道，让消费者能够方便地了解食品的生产和流通过程，放心消费。食品溯源体系的建立，将食品供应链中有价值的信息保存下来，以备消费者查询。

## （三）提高食品安全监控水平

通过对有关食品安全信息的记录、归类和整理，促进改进工艺，提高食品安全水平。同时，通过食品溯源，可以有效地监督和管理食品生产、流通等环节，确保食品安全。

## （四）提高食品安全突发事件的应急处理能力

在食源性疾病暴发时，利用食品溯源系统，可以快速的追溯，及时有效地控制病源食品的扩散，实施缺陷食品的召回，减少危害造成的损失。

## （五）提高生产企业的诚信意识

食品生产企业构建食品溯源体系，可以赢得消费者的信任。

总之，食品溯源体系是一种旨在加强食品安全信息传递、控制食源性疾病危害、保护消费者利益的食品安全信息管理体系。食品溯源体系的建立，是确保食品安全的关键，对于完善我国食品安全管理体系具有重大的作用。

# 二、我国食品安全溯源体系存在的问题

目前，在我国要全面实施食品安全溯源体系还有一定难度，如全面对猪、牛、羊、水果、蔬菜等实施食品安全溯源体系要增加产品的成本，涉及了众多的行业管理部门，且需要建立相应的法律法规。我国食品安全溯源体系主要存在以下几方面的问题：

## （一）食品溯源相关法规制度不够完善

目前，我国食品安全相关法律20多部、行政法规40余部、部门行政规章150余个，已初步形成一个由国家、部门、行业和地方制定的食品安全法规体系，但只有《食品安全法》《动物防疫法》《国务院关于加强食品等产品安全监督管理的特别规定》等少数法律法规对食品溯源的部分内容做出了要求，而且这些规定又比较笼统，缺乏操作性。由于法律法规支撑不够，阻碍了食品溯源体系建设的推进速度。

## （二）食品企业普遍规模小、信息化程度低

受经济发展水平的制约，许多中小型企业为了生存降低成本，以提高市场竞争力。这些企业考虑到成本问题，还没有涉及食品可追溯系统建设。而且我国食品的流通方式相对落后，传统的流通渠道，如集贸市场和批发市场还占有相当比例；现代流通渠道，如仓储超市、连锁超市和便利店等还不够普及，影响了食品的可追溯性。

## （三）溯源信息未能实现资源共享和交换

我国食品溯源系统大部分是以单个企业或地区为基础开发的，系统开发目标和原则不同，系统软件不兼容，溯源的信息不能资源共享与彼此交换，难以实现互相溯源。

## （四）分段管理难以做到全程有效监管

我国食品安全主要实行分段监管，在这种体制下，任何一个单独的职能部门都不可能实现全程的追溯管理。

# 三、我国食品安全溯源体系的发展方向

食品安全溯源体系建设是管理和控制食品质量安全的重要手段之一，在我国越来越受到关注与重视。因此，建立食品安全溯源体系，就要以强化行政职能部门监管为基础，实现对食品质量安全的可追溯管理。

## （一）完善食品安全溯源规章制度

我国关于食品质量、卫生等方面的标准很多，但是关于溯源的标准或法规很少。当食品出现问题时，很难进行质量问题的溯源。我国应参照发达国家相关法规，结合我国的具体情况，完善我国食品安全溯源规章制度。地方立法时，应以《食品安全法》为基础，在不相抵触的前提下，进一步明晰食品安全溯源体系的具体内容。

## （二）建立全程覆盖的数据库

建立一个从初级产品到最终消费品，覆盖食品生产各个阶段资料的信息库，有利于控制食品质量，及时、有效地处理质量问题，提高了食品安全水平。

## （三）提倡大企业建设食品溯源体系

在食品溯源技术和标准的支撑下，具有产业优势的大企业开始建设食品溯源体系，并逐步扩大到整个食品供应链，从而使食品溯源体系的规模效应进一步提高。

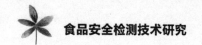

## （四）在大型超市中率先实现溯源

大型超市具有成熟的食品供应链网络，具备先进的物流信息管理系统，在超市采用信息技术对食品安全工作进行监督具有独特的优势。

## （五）建立和完善多级互联互通的可追溯网络

建立国家、省、市、县、企业（包括生产企业、销售企业）、消费者多级共享、互联互通的可追溯网络，一旦出现食品安全的问题，就能通过可追溯网络进行追踪，从而保证了食品的安全。

## （六）实行强制性食品溯源

"疯牛病"事件发生以后，许多国家开始实行强制性食品溯源制度。欧盟对成员国所有的食品实行强制性溯源管理，美国也对国内食品企业实施注册管理，要求进口食品必须事先告知。

## （七）给予扶持政策

对自愿加入食品安全溯源体系的企业给予扶持政策，引导消费者选用具有食品安全溯源体系的产品。

总之，食品安全溯源体系是一项涉及多部门、多学科知识的复杂的系统工程，需要相应的科学体系作为支撑。所以，我们应借鉴国内外各学科的知识，探索建立与完善食品安全溯源体系的有效方法。

# 第二节　食品安全预警体系

预警即"预先警告"，具有两层含义：一是监测预防，即对目标事件进行常规监测，对事件的状态及其变动进行风险评估和判断，监测事件并防止事态的非正常运行；二是控制和消除危机，即目标事件因风险积累或放大，或突发事件而引发危机或有害影响，需要对危机进行调控，以消除危机、稳定局面与恢复正常运作。

## 一、食品安全预警的作用

食品安全预警的作用如下所示：

## （一）在进出口贸易方面，对提高我国进出口食品安全水平有着积极的作用

我国食品的检验监管模式是：进口食品的卫生项目必须检验合格后方可进入市场销售，出口食品的卫生项目必须检验合格后才可以放行通关。开展食品安全预警研究，在风险信息收集、危害因素识别和确定等方面建立一套科学的规则和评定程序，提高食品的检测效率，因此，在进出口贸易方面，对提高我国食品安全水平有着积极的作用。

## （二）有利于防止食品安全问题的出现、扩散和传播，避免重大食物中毒和食源性疾病的发生

近年来，新的食品危害因素不断出现，继暴发"疯牛病""禽流感"以后，"红心鸭蛋事件""塑化剂事件""染色馒头事件""地沟油事件"等频频见诸报端，新资源食品、转基因食品的开发也给人类食品安全带来新的隐患。所以，开展食品安全预警工作，有利于防止食品安全问题的出现、扩散和传播。

## （三）有利于保障消费者的身心健康，提高人民群众的身体素质和健康水平

加强食品安全预警，可以对不断出现的各种食品危害作出快速反应，采取相应有效的措施，保护我国人民生命健康安全。

此外，食品安全预警对完善我国食品安全监管机制，提高了我国食品安全监管水平具有重要的意义。

# 二、我国食品安全预警体系存在的问题

我国食品安全预警体系主要存在以下几方面的问题：

## （一）责任主体不够明确

我国食品质量安全管理权限分属不同部门，随之相伴的预警管理也由分属的不同部门实行多头管理，在一定程度上存在管理职能错位、缺位、越位和交叉分散现象，难以形成协调配合、运转高效的管理体制。

## （二）技术标准落后

我国食品安全管理技术标准落后。一些标准时间跨度较长，缺乏可操作性，在技术内容方面与 CAC 的有关协定存在较大差距。而我国的国家标准只采用或等效采用

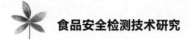

了国际标准，与发达国家及国际相关组织的标准相衔接的程度不够，从而导致标准的可信度在国际上不高。

## （三）监测检验技术比较落后

目前，我国食品安全预警管理监测检验技术水平有限，从监测机构、监测人员、监测设备到监测方法，与发达国家差距很大。一些地方的食品安全检测检验机构仪器陈旧，设备简陋，功能不全，有的缺乏必备的检测设施，不利于查处违法行为与应付突发性食品安全事件。

## （四）配套的法律法规保障体系还不够完善

我国现行有效的相关法律法规有几十部，但是条款相对分散，这些法律法规尚不能完全涵盖"从农田到餐桌"的各个环节，不能满足食品安全预警体系建设的实际要求，因此，制定一部完整统一的食品质量安全预警管理法迫在眉睫。

## （五）信息交流体系不完善，缺乏统一的预警技术信息平台

由于目前我国食品安全多个管理部门之间缺乏有效的信息和资源共享、沟通和协调机制，食品质量安全预警的信息资源严重短缺，使食品安全预警体系出现了风险信息搜集渠道单一、预警及快速反应措施单一、控制效果单一的现象，难以满足食品安全预警的时效性要求。

## （六）数据收集不够准确

经常由于没有收集到关键性的数据或收集的数据存在偏差，不符合预警的总体要求，导致预警体系运行后无法达到预期效果。

## （七）食品安全的基础研究水平低

目前，我国在食品安全问题上主要集中在研究允许添加使用物质的检测方法之上，对于非法添加物质的预防检测手段的研究较少。

## （八）投入不足

投入不足制约食品安全预警水平的提高，使得我国食品安全管理的宏观预警与风险评估的微观预警体系建设滞后。

## 三、我国食品安全预警体系的发展方向

我国食品安全预警体系的发展方向如下所示：

### （一）构建合理的食品质量安全预警管理机制

建立系统完整的食品质量安全预警机制是现阶段我国构建政府食品安全管理机制的前提和基础，也是预防食品安全事件的发生、维护社会稳定、构建和谐社会的重要机制之一。食品安全预警机制的建设，应遵循全面、及时、创新和高效的原则，形成完善的预警机制。

### （二）加强食品安全预警科研技术力量

组织科研力量全面分析研究食品安全风险预警及快速反应体系保障措施，为建立质检系统各部门之间的长效工作机制提供保障。同时，加强食品质量安全预警管理的职业队伍建设，培养食品安全的专门人才，向食品安全职能管理部门提供食品质量安全预警管理业务知识的培训。

### （三）提高消费者食品质量安全意识

应加强全民食品质量安全教育。伴随着我国市场经济秩序的不断完善，急需加强对食品质量安全知识的宣传，分析食品质量安全形势，提高消费者的自我保护意识，开展多种形式的法制宣传，组织专项宣传活动，提高消费者依法维护自身合法权益的能力。

### （四）完善以预警机制为基础的食品安全法律法规体系

完善法律法规与标准体系，为食品质量安全预警提供支撑。我国有关食品安全预警的立法与执法，正处于初步建立阶段，所以急需在此基础上加大对法律体系的建设。

### （五）加强食品预警信息交流和发布机制建设

管理部门应建立和完善覆盖面宽、时效性强的食品安全预警信息收集、管理、发布制度和监测抽检预警网络系统，向消费者和有关部门快速通报食品安全预警信息。

### （六）加大国家财政投入力度

目前，我国对食品质量安全预警管理的人力、物力、财力的投入和发达国家相比，还有很多差距。因此，加大国家对食品质量预警管理的投入很有必要。

# 第三节　酶联免疫吸附技术

## 一、酶联免疫吸附技术概述

酶联免疫吸附分析法（Enzyme Linked ImmunoSorbent Assay，ELISA）是荷兰学者 Weeman 和 Schurrs 与瑞典学者 Engvall 和 Perlman 在 20 世纪 70 年代初期几乎同时提出的。ELISA 最初主要用于病毒、细菌的检测，后期广泛应用于抗原、抗体的测定，以及一些药物、激素、毒素等半抗原分子的定性、定量分析。

酶联免疫吸附分析法具有灵敏度高、特异性强、分析容量大、操作简单、成本低等优点，不涉及昂贵仪器，前处理简单，适合复杂基质中痕量组分的分析，且易实现商业化。目前，ELISA 成为世界各国学术研究的热点，美国化学会也将酶联免疫分析法、色谱分析技术共同列为农药、兽药残留分析的主要技术，检测结果的法律效力也得到认可。

ELISA 的基础是抗原或抗体的固相化及抗原或抗体的酶标记。在进行分析测定时，待测样品中的抗体或抗原和固相载体表面的抗原或者抗体起反应；将固相载体上形成的抗原抗体复合物从未反应的其他物质中洗涤下来；再加入酶标记的抗原或抗体，通过反应结合在固体载体上。待测样品和固相上的酶呈一定的比例关系，因此，加入酶反应的底物后，酶将底物催化为有色产物，产物和样品中待测物质的量相关。据此可根据其颜色的深浅对待测物质进行定性或定量分析。

食品中小分子残留物、污染物、有毒有害物质的免疫分析方法主要包括待测物质的选择、半抗原的设计和合成、人工抗原的合成、抗体制备、测定方法建立、样品前处理方法的优化及方法的评价等步骤。

## 二、酶联免疫吸附分析的形式

### （一）固相酶联免疫吸附分析方法

固相酶联免疫吸附分析方法即是在固体载体上进行抗原抗体的反应，最常用的固体物质是聚苯乙烯。固相载体的形状主要有试管、微孔板与磁珠。而最常用的载体为微孔板，专用于 ELISA 测定的微孔板又被称为酶标板，国际通用的标准板形为 8 × 12 孔的 96 孔式。

吸附性能好、孔底透明度高、空白值低、各孔性能相近的微孔板才是良好的

ELISA 板。配料和制作工艺的改变会明显地改变产品的质量。所以，每一批号的 ELISA 板在使用之前必须检查其性能，比较不同载体在实际测定中的优劣。可将同一个阴性和阳性血清梯度稀释，在不同的载体上按照设定的 ELISA 操作步骤进行测定并比较结果，差别最大的载体就是最合适的固体载体。ELISA 板可实现大量样品的同时测定，并可在酶标仪上快速读数。目前，板式 ELISA 检测已被应用于多种自动化仪器中，易于实现操作的标准化。

## （二）试纸条免疫吸附分析方法

试纸条技术和试剂盒相比，更方便携带，检测更为快速，尤其适用于现场快速检测。试纸条技术以微孔膜（硝酸纤维素膜、尼龙膜）为固相载体，采用酶或各种有色微粒子（胶体金、彩色乳胶、胶体硒）为标记物。根据标记物的不同，可以将试纸条技术分为酶标记免疫检测技术和胶体金标记免疫检测技术。

### 1. 酶标记免疫检测试纸条技术

酶标记免疫检测试纸条技术包括渗滤式和浸蘸式两种形式，而胶体金标记检测技术包括渗滤式和层析式两种形式。试纸条的制备步骤如下：

①包被。用双蒸水润湿滤纸，将多余水分甩掉，将滤纸和塑料板紧贴使之间无气泡，再将浸泡后的膜放在润湿的滤纸上，保证之间无气泡（每次加样都做同样的准备）；再用微量移液器在膜上包被抗体的区域加样，先在室温下固定 15 min，再在 37℃下固定 30 min。

②封闭。在 37℃，1%BSA–PBS 溶液中恒温浸泡 30 min。

③洗涤。用 PBST 洗涤三次，将多余水分去掉后在 37℃放置于 30 min 干燥。这类试纸条使用前需要加样竞争，操作较为烦琐。

### 2. 胶体金标记免疫检测试纸条技术

胶体金是由氯金酸在白磷、抗坏血酸和鞣酸等还原剂的作用下聚合成特定大小的金颗粒。柠檬酸三钠还原法是应用普遍的方法，还原剂的量由少变多，胶体金的颜色由蓝色变为红色。

胶体金标记抗体蛋白就是将抗体蛋白等生物大分子吸附到胶体金颗粒的包被过程。吸附的机理可能是胶体金和蛋白质分子间的范德华力，其结合过程主要是物理吸附，不会对蛋白质的生物活性产生影响。pH 很大程度上影响着胶体金对蛋白的吸附作用，在蛋白质的等电点或略偏碱性的 pH 时，二者容易形成牢固的结合物。目前，国内外已有商品化的胶体金试纸条应用于医学快检行业，但是其应用在小分子检测，检测精确度和稳定性都不太好，还需要进一步改进。

胶体金标记检测试纸条有两种检测形式。

①渗滤式胶体金标记免疫吸附分析试纸条技术。渗滤式胶体金标记试纸条分析装置如图 9-1 所示，用超纯水润湿滤纸，甩掉多余水分，将滤纸和塑料板紧贴，挤去气泡，将膜放在滤纸上，挤去气泡（气泡将影响液体垂直通过膜的速度）。将标样和金标

记的待测物抗体按比例混合，竞争反应适当时间后，再将混合物滴加在反应区域，液体流过后与参照进行对比，检测线颜色越浅待测物的浓度越高，如果质控线无颜色，则实验无效。

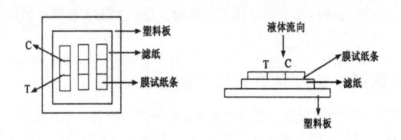

图 9-1　渗滤式胶体标记试纸分析装置

②层析式胶体金标记免疫吸附分析试纸条技术。将有光滑底衬的硝酸纤维素膜用胶贴在塑料板上。玻璃纤维棉上放上金标抗体，干燥后，一端和固定有完全抗原和二抗的膜连接，另一端与样品垫连接，其装置如图 9-2 所示。待测样品加入后，金标抗体重新水化后与样品反应，如样品中没有待测物，至检测线时，金标抗体和完全抗原反应后被部分截获，会出现明显的红色条带；而到质控线，金标抗体和二抗的反应也会出现红色条带。但如样品中含有待测物，金标抗体和待测物的反应会占据抗体上的有限位点，就不会和检测线上的完全抗原发生反应而越过检测线，红色条带就不会产生；在质控线会和二抗反应，金颗粒富集，红色条带产生。检测线颜色越浅，待测物浓度越高。质控线显色代表实验有效，无颜色出现，则实验无效。

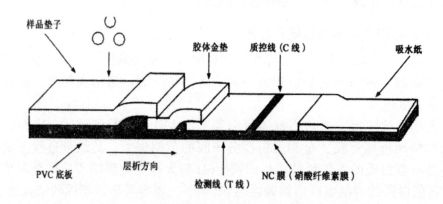

图 9-2　胶体金免疫层析装置

### 3. 管式酶联免疫吸附分析方法

采用试管作为固相载体，其吸附表面比较大，所以样品反应量也会很大。一般板式 ELISA 的样品量为 100 ~ 200 μL。管式 ELISA 可根据实际需要而增大反应体积，这会提高试验的敏感性。同时，试管还可作为比色杯，直接放入到分光光度计中进行比色而进行定量分析。

## 三、仿生抗体酶联免疫吸附分析方法

仿生抗体酶联免疫吸附分析方法利用分子印迹聚合物对目标分子的高选择识别性，然后将其作为人工抗体来取代生物抗体建立起来的酶联免疫分析法，这也是分子印迹技术和免疫分析领域的重要发展方向。这项技术被广泛地应用于食品中激素、抗生素、兽药残留等的检测。

# 第四节 生物传感器技术

## 一、生物传感器技术概述

传感器是指能感受规定的被测量并按照一定的规律（数学函数法则）转换成可用信号的器件或装置。

生物传感器是利用生物反应特异性的一种传感器，更具体地说，是一种利用生物活性物质选择性地识别和测定相对应的生物物质的传感器。生物传感器技术作为一种新型的检测方法，与传统的检测方法相比较，具有以下几个主要特点：①专一性强、灵敏度高。②样品用量小，响应速度快。③操作系统比较简单，容易实现自动分析。④便于连续在线监测和现场检测。⑤稳定性与重复性尚有待加强。

按分子识别系统中生物活性物质的种类，生物传感器主要可分为酶传感器、微生物传感器和免疫传感器等。以下就 DNA 生物传感器作详细介绍。

近年来，基于 DNA 双链碱基互补原理发展起来的 DNA 生物传感器受到了广泛的重视，目前已开发出无须标记、能给出实时基因结合信息的多种 DNA 传感器。这是一种利用 DNA 分子作为敏感元件，并将其与电化学、表面等离子体共振和石英晶体微天平等其他传感检测技术相结合的传感器。

DNA 生物传感器的原理是在基片上固定一条含有十几个到上千个核苷酸的单链 DNA，通过 DNA 的分子杂交，对另一条含有互补碱基序列的 DNA 进行识别，并结合为双链 DNA。然后通过转化元件将杂交过程所产生的变化转化为电信号，根据杂交前后电信号的变化量，计算得到被检 DNA 的含量。由于杂交后双链 DNA 的稳定性高，在传感器上表现出的物理信号，如电、光、声、波等，一般都较弱，因此有的 DNA 生物传感器需要在 DNA 分子之间加入嵌合剂，以提高物理信号的表达量。

## 二、生物传感器技术在食品安全检测中的应用

目前，生物传感器已被成功应用在食品安全检测、环境监测、发酵工业、医药领域甚至军事范畴。在食品安全检测领域中，传统的检测方法通常需要使用较为复杂、昂贵的仪器设备和相关的预处理手段，且难以实现现场检测。生物传感器的应用提高了分析速度和灵敏度，使检测过程变得更为简单，便于实现自动化。使传感器从定性检测发展到了定量测量阶段，延伸了检测人员感觉器官，扩大了观测范围，提升了检测的稳定性。

### （一）在食品添加剂检测中的应用

食品添加剂对食品工业发展的益处是毋庸置疑的，但过量的使用添加剂也会对人体产生一定的危害性。当前，已研制出了一些检测食品添加剂的生物传感器。

Camoannella 等将氨气敏电极与天门冬酶聚合并固定在渗析膜上，成功研制出了可直接检测甜味素（天门冬酰苯丙氨酸甲酯）的生物传感器，并具有较高的灵敏度，其检测下限可达 $2.6 \times 10^{-3}$ mol/L。

Mesarost 等曾采用卟啉微电极生物传感器检测食品中的亚硝酸盐，这种方法简便而快速，准确度和精确度较好。

此外，也有些生物传感器可用于测定食品中的色素和乳化剂等。

### （二）在食品中药物残留检测中的应用

近年来，国内外学者就生物传感器在农药残留检测领域中的应用做了一些有益的探索。在农药残留检测中最常用的生物传感器是酶传感器。不同酶传感器检测农药残留的机理是不同的，一般是利用残留物对酶活性的特异性抑制作用（如乙酰胆碱酯酶）来检测酶反应所产生的信号，从而间接测定残留物的含量。Starodub 等根据农药对靶标酶的活性抑制作用，分别以乙酰胆碱酯酶和丁酰胆碱酯酶作为敏感元件，研制出了不同离子酶场效应的晶体管酶传感器，可测量蔬菜中有机磷农药，检测限可达 $10^{-10} \sim 10^{-5}$ mol/L。但也有些是利用酶对目标物的水解能力（比如有机磷水解酶）来检测酶反应所产生的信号，实现农药残留的生物传感器检测，如 Mulchandani 等人开发了基于有机磷水解酶的安培型生物传感器用于检测有机磷农药，收到了极好的效果，对氧磷、甲基对硫磷这两种农药的最低检测限分别低达 $9 \times 10^{-8}$ mol/L、$7 \times 10^{-8}$ mol/L。

基于免疫原理的生物传感器在农药残留领域中也有应用，PHbyl 等人用蛋白 A 法将莠去津（Atrazine）的单克隆抗体固定在压电晶体的金电极表面上，样品中的莠去津吸附时引起石英晶体上负荷质量的改变，让晶体振荡频率发生变化从而测定待测物浓度，莠去津浓度的检测下限达到 1.5 ng/mL。

## （三）在食品中兽药残留检测中的应用

食品中的兽药残留通常采用基于表面等离子体共振技术（SPR）的生物传感器进行检测。此类传感器是一种基于表面等离子体共振产生敏感折射率物理光学现象的高精度光学传感器，其通过感测传感器表面折射率的微小变化而实现物质的定量检测。如果金属表面介质的折射率或者被测物介电常数发生变化，其共振峰的位置共振角或共振波长将发生改变，因此通过测定角度或波长的变化，即可测量出被测物在界面上发生反应的信息。Gustavsson 等将带有羧肽酶活性的微生物受体蛋白作为探测分子，采用基于表面等离子共振技术的生物传感器检测牛奶中内酰胺类抗生素，通过检测酶的活性值检测乳制品中的抗生素含量，其检测极限可达 2.6 g/ kg；SPR 生物传感器还被用来检测蜂蜜、对虾和猪。肾等样品中氯霉素或者代谢物氯霉素 – 葡萄糖苷酸的含量，检测极限低于 0.1 g/ kg。

目前，由于检测限、灵敏度、重复性等问题，生物传感器在农药残留、兽药残留检测的实际应用上还存在一定的局限性，大都是只作为一种相对含量高的样本进行快速筛选的方法和手段。因此，生物传感器在药物残留检测领域的应用潜力还有待于进一步地发掘。

## （四）在食品有害生物活性物质检测中的应用

有些食品含有多种具有生物活性的化合物，当与机体作用后能引起各种生物效应，称为生物活性物质。其中有些生物活性物质对人体有害，如凝集素、生氰糖苷、肌醇六磷酸、甲状腺肿素、皂角苷、植物雌激素等。国内外学者在有害生物活性物质的生物传感器检测方面也取得了很多成果。

Keusgen 等人曾用基于氨电极的电位传感器和电化学阻抗谱技术检测酶的水解产物 $NH_3$，从而测量出微摩尔浓度的氰化物。

上海交通大学农业与生物学院的研究人员根据竞争酶免疫反应原理，采用己烯雌酚抗体膜和过氧化氢电极组成传感器主体，将一定量的己烯雌酚和过氧化氢酶标记加到受检物品中，酶标记的和未标记的己烯雌酚将与膜上的己烯雌酚抗体产生竞争反应，根据酶标己烯雌酚与抗体的结合率可检测食品中己烯雌酚激素的含量。该类型传感器在检测肉类食品激素残留方面已得到较好的应用。

## （五）在食品微生物检测中的应用

据美国疾病预防控制中心资料显示，微生物及其产生的毒素是危害食品安全的重要因素之一，55.6% 的食物中毒事件与微生物有关。食品中致病菌的检测一直沿用传统的平皿计数法，方法烦琐、耗时。生物传感器的出现带来了微生物检测学上的革命，也使食品工业生产和包装过程中致病菌的自动在线检测成为可能，生物传感器在微生物检测方面的应用是当今检测技术研究的热点。

Liu 等用光学免疫传感器实现了鼠伤寒沙门菌的快速检测。利用抗体抗原原理，采用含有抗沙门菌的磁性微珠分离出待测溶液中的沙门菌，加入用碱性磷酸酯酶作标记的二抗，形成抗体"沙门菌—酶标抗体"的结构，经磁性分离后，在酶的水解作用下，底物对硝基苯磷酸产生对硝基苯酚，通过吸光度来测量沙门菌的总数。大量的实验表明，在 $2.2 \times 10^4 \sim 2.2 \times 10^6$ cfu/mL 范围内，此种测试方法具有良好的线性关系。

Carlson 等人研制了用于检测农产品中的黄曲霉毒素的生物传感器，主要基于免疫荧光原理，可在 2 min 内检测出 $0.1 \sim 50$ μg/mL 的浓度；卢智远等人研制成一种能快速测定乳制品中细菌含量的电化学生物传感器，实验结果表明，该生物传感器能有效地测定鲜奶中的微生物含量。

随着 DNA 微型传感器的研制，生物传感器可以迅速准确地断定食品来源疾病的细菌类型，使制造商免受数百万产品召回损失和可能产生的法律纠纷。在检测 DNA 方面，新传感器具备含有 DNA 片断的探头，可以完成检测。如果为了测试蛋黄酱样品中的沙门菌，可以利用具有相关 DNA 片断的探头来确定基因组中的细菌。用于食品中微生物检测的生物传感器种类很多，相关应用技术比较成熟，但是不少商品化仪器的检测限还偏高，在实际检测中易出现假阳性、假阴性的结果。

# 第五节　拉曼光谱分析技术

## 一、拉曼光谱分析技术概述

拉曼光谱是一种散射光谱。拉曼光谱分析法是基于印度科学家 C，V，拉曼（Raman）所发现的拉曼散射效应，对与入射光频率不同的散射光谱进行分析以得到分子振动、转动方面信息，并且应用于分子结构研究的一种分析方法。

### （一）拉曼光谱的原理

光散射包括弹性散射和非弹性散射。弹性散射的散射光和入射光的频率相同，即所谓的瑞利散射。瑞利散射包括由某种散射中心引起的米氏散射（波数小于 $10^{-5}$ m$^{-1}$）和由入射光波与介质内弹性波作用产生的布里渊散射（波数变化约 0.1 cm$^{-1}$）。

非弹性散射的散射光和激发光的频率不相同，如果散射频率低于入射频率则为斯托克散射，反之则为反斯托克散射，非弹性散射统称为拉曼散射。

拉曼光谱是光与物质分子间的作用所产生的联合光散射现象，研究的为散射光与入射光的能级差和化合物转动频率、振动频率之间的关系，拉曼光谱是分子极化率改变的结果。用散射强度对拉曼位移作图，通过峰的位置、谱带形状和强度来反映被测物质分子的化学键或官能团的转动频率和特征振动，并提供散射分子的环境和结构信息。激发光的波数和散射辐射的波数之差即为拉曼位移。

## （二）拉曼光谱的特点

拉曼光谱操作简单，样品不需前处理，还可利用光纤探头、蓝宝石、石英窗等对样品进行检测，且检测速度快，可重复，可实现无损检测。另外，拉曼光谱还具有其独特的优越性：

①由于水也具有微弱的拉曼散射信号，拉曼光谱可对水溶液样品进行分析。

②拉曼光谱单次扫描可覆盖 $50 \sim 4\,000\ cm^{-1}$ 的区间，可对无机物和有机物进行测定。

③激发光的波长可根据样品的特点来有针对性地进行选择。

④拉曼光谱的谱峰尖锐清晰，便于进行定性和定量分析。

⑤利用拉曼光谱进行分析时仅仅需要少量的样品，显微拉曼技术还可将激光束聚焦至 $20\ \mu m$，则对样品的需要量可减少至微克数量级。

⑥拉曼光谱测量对样品要求很低，样品不需进行研磨和粉碎，还可在气态、固态和液态的情况下进行测量。

⑦光纤的应用可实现远距离的在线监控，并提高测量的信噪比。

⑧共振拉曼光谱和表面增强拉曼光谱等技术的发展，提高拉曼光的强度，提高了检测的灵敏度。

# 二、拉曼光谱在食品分析中的应用

## （一）水的检测

拉曼光谱技术可对水分子的氢键结构和振动特征进行表征。有研究结果表明，在 $0 \sim 20℃$ 和大于 $20℃$ 时，水的结构是不同的。当冰融化成水时，仅有 $10\%$ 的氢键断裂，随着温度的升高，水的密度也递增，当温度升高至 $4℃$ 时，水的密度增至最大；但当温度高于 $17℃$，水的密度随着温度的升高而降低。

## （二）脂质的检测

在油脂行业中，量化脂肪酸的不饱和度和顺反异构体的手段常为传统的化学方法和气相色谱法。拉曼光谱法可检测植物油的含油量、脂肪酸组成和动物脂肪的结构，可将其作为质量控制的快速筛选方法。有研究发现，位于 $1\,656\ cm^{-1}$ 和 $1\,670\ cm^{-1}$ 的三酰甘油酯和食用油的特征拉曼谱带的强度和植物油的顺、反式异构体含量有一定的相关性，其分析的精度可达到 $1\%$。有学者采用拉曼光谱对鲑鱼脂肪酸不饱和度进行了预测，其结果表明此方法的稳定性较好，也可实现从水样品和高含量蛋白质的拉曼光谱中获取脂肪酸不饱和度信号的目的，便于实现在线快速检测。

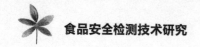

### （三）碳水化合物的检测

由于碳水化合物具有多种同分异构体，对其进行分析具有较大的难度。碳水化合物的拉曼光谱较为明确，提供的结构信息比较精准，随着糖化学研究的深入和拉曼光谱的发展，拉曼光谱已经成为碳水化合物结构分析的重要手段。有学者将便携式拉曼光谱仪与化学计量学技术相结合，基于苹果汁和梨汁的拉曼光谱在 866 cm$^{-1}$ 和 1 126 cm$^{-1}$ 处的差别，建立对浓缩苹果中渗入梨汁的快速检测新方法。

### （四）蛋白质的检测

拉曼光谱技术被应用于鉴别蛋白质及其组分的差异，通过谱图解析可得到多肽骨架构型信息和侧链微环境的化学信息及其受各种理化因素影响的信息。有研究者采用显微激光拉曼光谱对小麦胚芽 8S 球蛋白的二级结构进行了研究，检测结果表明小麦胚芽 8S 球蛋白的二级结构要是 β - 折叠，还有少量的无规卷曲构象和 α - 螺旋。

### （五）核酸的检测

拉曼光谱主要针对 DNA 结构和不同因素与其相互作用机理进行研究。研究人员研究了固定在银胶颗粒上的单个腺嘌呤分子的拉曼光谱，观察到腺嘌呤分子的强度波动和发光猝灭现象，结果表明拉曼光谱技术易于提高 DNA 测序的速度及准确度。

### （六）色素的检测

拉曼光谱常用来测定类胡萝卜素，有学者采用近红外拉曼光谱对番茄、芦丁、灯笼椒、辣椒黄素、天竺葵叶中的类胡萝卜素进行了在线分析，该方法能从不同尺寸的植物组织中获取类胡萝卜素的结构信息。

### （七）维生素的检测

拉曼光谱可提供维生素分子的完整信息，还可以对其结构进行进一步的表征和描述。有学者对维生素 C 的拉曼特征谱带进行了初步指认，并且结合 pH 的变化来研究吸附作用的规律和特点。

# 参考文献

[1] 王忠合 . 食品分析与安全检测技术 [M]. 中国原子能出版社，2020.

[2] 章宇 . 现代食品安全科学 [M]. 北京：中国轻工业出版社，2020.

[3] 冯翠萍 . 食品卫生学实验指导 [M]. 北京：中国轻工业出版社，2020.

[4] 吴玉琼 . 食品专业创新创业训练 [M]. 上海：复旦大学出版社，2020.

[5] 刘建青 . 现代食品安全与检测技术研究 [M]. 西安：西北工业大学出版社，2019.

[6] 焦岩 . 食品添加剂安全与检测技术 [M]. 哈尔滨：哈尔滨工业大学出版社，2019.

[7] 杨继涛，季伟 . 食品分析及安全检测关键技术研究 [M]. 北京：中国原子能出版社，2019.

[8] 赵丽，姚秋虹 . 食品安全检测新方法 [M]. 厦门：厦门大学出版社，2019.

[9] 刘少伟 . 食品安全保障实务研究 [M]. 上海：华东理工大学出版社，2019.

[10] 姚玉静，翟培 . 食品安全快速检测 [M]. 北京：中国轻工业出版社，2019.

[11] 宋卫江，原克波 . 食品安全与质量控制 [M]. 武汉理工大学出版社，2019.

[12] 刘涛 . 现代食品质量安全与管理体系的构建 [M]. 北京：中国商务出版社，2019.

[13] 张观发 . 生态文明建设与食品安全概述 [M]. 武汉：华中科技大学出版社，2019.

[14] 吴惠勤 . 安全风险物质高通量质谱检测技术 [M]. 广州：华南理工大学出版社，2019.

[15] 朱军莉 . 食品安全微生物检验技术 [M]. 杭州：浙江工商大学出版社，2019.

[16] 王卉 . 海洋功能食品 [M]. 青岛：中国海洋大学出版社，2019.

[17] 路飞，陈野 . 食品包装学 [M]. 北京：中国轻工业出版社，2019.

[18] 赵国华 . 食品生物化学 [M]. 北京：中国农业大学出版社，2019.

[19] 李宝玉 . 食品微生物检验技术 [M]. 北京：中国医药科技出版社，2019.

[20] 石慧，陈启和 . 食品分子微生物学 [M]. 北京：中国农业大学出版社，2019.

[21] 汪东风，徐莹 . 食品质量与安全检测技术 第 3 版 汪东风，徐莹 [M]. 北京：中国轻工业出版社，2018.

[22] 周巍 . 现代分子生物学技术食品安全检测应用解析 [M]. 石家庄：河北科学技术出版社，2018.

[23] 王晓晖，廖国周 . 食品安全学 [M]. 天津：天津科学技术出版社，2018.

[24] 刘翠玲，孙晓荣 . 多光谱食品品质检测技术与信息处理研究 [M]. 北京：机械工业出版社，2018.

[25] 付晓陆，马丽萍 . 食品农产品认证及检验教程 [M]. 杭州：浙江大学出版社，2018.

[26] 陈文 . 功能食品教程 [M]. 北京：中国轻工业出版社，2018.

[27] 陶瑞霄 . 主食加工实用技术 [M]. 成都：四川科学技术出版社，2018.

[28] 荣瑞芬，闫文杰 . 食品科学与工程综合实验指导 [M]. 北京：中国轻工业出版社，2018.

[29] 郭俊霞 . 保健食品功能评价实验教程 [M]. 北京：中国质检出版社，2018.

[30] 张震，宋桂成 . 食品药品监管信息化工程概论 [M]. 成都：电子科技大学出版社，2018.

[31] 胡雪琴 . 食品理化分析技术 供食品质量与安全、食品检测技术、食品营养与检测等专业用 [M]. 北京：中国医药科技出版社，2017.

[32] 吴晓彤，赵辉 . 现代食品的安全问题及安全检测技术研究 [M]. 北京：中国原子能出版社，2017.

[33] 刘野 . 食品安全管理体系的构建及检验检测技术探究 [M]. 北京：原子能出版社，2017.

[34] 张金彩 . 食品分析与检测技术 [M]. 北京：中国轻工业出版社，2017.

[35] 顾振华 . 食品药品安全监管工作指南 [M]. 上海：上海科学技术出版社，2017.